普通高等教育“十四五”规划教材

直升机机械系统用油技术

向　硕　何东海　杨　鑫　主编

中国石化出版社
·北京·

内容提要

我国直升机工业所使用的油品品种牌号繁杂，给销售、采购、管理和使用等环节的从业人员带来诸多困扰。本书主要介绍了直升机起落装置、旋翼、尾桨、传动、液压、操纵和燃油供给等机械系统使用的液体燃料、润滑油和润滑脂等油品的分类、作用、性能、选择和使用等方面的内容。

本书可以为直升机油品的销售人员、采购人员、设备润滑管理者以及设备设计者等提供必要的油品基本知识和应用常识，还可以用于指导用户如何根据设备类型、有关参数、操作条件等，正确选用合适的油品种类和档次，并确定合理的换油规范。

图书在版编目(CIP)数据

直升机机械系统用油技术/向硕，何东海，杨鑫主编. --北京：中国石化出版社，2025. 3. -- ISBN 978-7-5114-7825-2

Ⅰ. V31

中国国家版本馆 CIP 数据核字第 2025QW0028 号

中国石化出版社出版发行

地址：北京市东城区安定门外大街 58 号

邮编：100011　电话：(010)57512500

发行部电话：(010)57512575

http://www.sinopec-press.com

E-mail:press@sinopec.com

天津嘉恒印务有限公司印刷

全国各地新华书店经销

*

710 毫米×1000 毫米 16 开本 13.75 印张 280 千字

2025 年 3 月第 1 版　2025 年 3 月第 1 次印刷

定价：58.00 元

《直升机机械系统用油技术》编委会

主　　编　向　硕　何东海　杨　鑫

副 主 编　马　楷　高　峰　邓才超

编写人员　曹　毅　刘月皞　赵玉贞　苏　鹏

田　强　李红冀　张培理　樊韵宏

何　燕　杜　昕　张勤辉　沈廷鳌

周　毅　李　亮　刘　坪　董泽委

陈　志　杨朝山　杨　勐　包河彬

目　　录

第 1 章　直升机概述

直升机通常是指依靠航空发动机驱动旋翼旋转产生升力和推进力，能在大气中垂直起落及悬停并能进行前飞、后飞、侧飞和定点回旋等可控飞行的航空器。直升机由机身、起落架、动力装置、旋翼系统、操纵系统和其他机载设备组成。

1.1　直升机的种类

1.1.1　直升机的分类

按照旋翼反作用扭矩的平衡方式，直升机可分为四种。

1. *单旋翼带尾桨式直升机*

最常见的直升机只有一个主旋轴系统，在机身后部与主旋翼不同平面内安装一个尾桨系统，用于平衡因主旋翼转动引起的反扭矩，同时尾桨还可以用于实现直升机的方向操纵。

2. *双旋翼共轴式直升机*

这种直升机的两个主旋翼安装在同一个主轴上，由一台或两台发动机驱动。两个主旋翼转动方向相反，可以互相抵消反扭矩，使机身不随旋翼转动。

3. *双旋翼纵列式直升机*

这种直升机具有两个主旋翼轴，分别安装在机身的前端和后端，两个主旋翼轴的叶片转动方向相反，其反扭矩互相抵消。

4. *双旋翼横列式直升机*

这种直升机也有两个主旋翼轴，安装在机身两侧，两个旋翼转动不一定互相啮合，且有一定角度。

1.1.2　直升机类型的比较

单旋翼带尾桨式直升机是最常见的直升机，它的主要优点是设计和制造简单，只需一套操纵系统和减速传动系统。它的缺点有两个，一是需要安装尾桨来平衡主旋翼产生的反扭矩，且尾桨还要消耗一定的功率(通常悬停时占 8% ~

10%，平飞时占3%~4%）；二是尾桨安装在远离飞行员的后部，存在受地面障碍物影响和容易伤人的危险性。近年来，“涵道尾桨”和“NOTAR”装置的应用有效克服了上述两个缺点。

双旋翼共轴式直升机由于两个主旋翼转动方向相反，可以互相平衡反扭矩，且采用两个主旋翼，可减小主旋翼桨叶的尺寸。缺点是结构和操纵变得相当复杂，机身重量增加。

双旋翼纵列式直升机的优点是迎风面积小，阻力小，飞机重心范围大，有效载荷可平均分配到两个主旋翼上。缺点是后主旋翼由于可能受前主旋翼气流影响而使升力效率减小。克服该缺点的办法是将后主旋翼的安装平面升高。其他缺点与双旋翼横列式直升机相同。

双旋翼横列式直升机的优点是前飞时功率损失小。缺点是迎风面积大，阻力大，结构重量增加，传动和操纵复杂。

1.1.3 直升机与固定翼飞机的比较

相对于固定翼飞机，直升机速度慢、航程短、使用成本高。直升机的飞行具有以下特点：垂直起降、空中悬停、近地飞行、任意方向的侧飞或后飞。

直升机与固定翼飞机相比有许多根本性的不同点，其中主要的不同之处是4个基本力中的升力、推力和阻力的产生方法不一样。两种航空器都必须有能够在空气中运动的机翼才能产生升力。固定翼飞机的机翼与机身安装在一起，因此飞机起飞必须使整个飞机运动以产生足够的速度。升力由运动的翼型产生，要改变升力的大小，则必须改变翼型与相对气流之间的攻角。在固定翼飞机上，要想改变攻角必须通过改变机身沿横轴的俯仰角的大小。直升机升力的大小通过改变主桨叶的迎角来实现，不必改变机身的姿态。

固定翼飞机的推力是由螺旋桨拉力或发动机喷气产生的。而直升机前飞的推力是主旋翼产生的升力的向前分量。

1.2 直升机的发展和应用

1.2.1 直升机的发展和应用概况

中国古代的“竹蜻蜓”玩具，体现了现代直升机的基本原理。从设计概念来说，15世纪意大利艺术家达·芬奇绘出了世界上最早的直升机设计方案图。20世纪初，直升机的发展进入探索时期。直升机升空后要实现可控的稳定飞行，首先必须解决旋翼旋转引起的反扭矩问题。因此，早期的直升机多采用多旋翼方案，今天的双旋翼共轴式直升机也出现在这一时期的设计方案中，这些早期方案中另一个延续至今的是双旋翼纵列式直升机。

俄国人 B. 尤利耶夫另辟蹊径，提出用尾桨来平衡反扭矩的方案，还发明了可使旋翼桨距发生周期性变化的自动倾斜器，并于 1911 年制造出了验证机。这种单旋翼加尾桨布局的直升机成为现在最流行的形式，占世界直升机总数的 95% 以上。由于当时发动机效率不高，旋翼和控制技术过于原始，所以虽然有些直升机试验机实现了短距离飞行，但离实用还有较大差距。不过，这些探索为直升机的成功制造积累了宝贵的经验。

由于直升机独特的飞行特性，在试制阶段就引起了军事家们的高度重视。第一架可正常操纵的载人直升机是德国的 Fa－61，1936 年 6 月 26 日试飞成功。到 20 世纪 30 年代末，法国、美国和苏联的直升机都试飞成功，并迅速达到实用的程度。20 世纪 40 年代初，德国使用 FL－282 直升机在近海地区执行侦察任务。1942 年美国西科斯基公司研制了第一种用于军事目的的直升机 R－4，军方将其用于执行侦察和空中救护任务。1944 年 4 月 21 日，美国利用这种直升机在缅甸丛林成功搜索并营救出 1 名美国飞行员和 3 名英国伤员。

第二次世界大战以后，直升机获得了更多的应用。1946 年，美国开始用直升机开展航空邮政业务。1950 年 6 月 1 日，英国欧洲航空公司用 S－51 直升机开辟加利福尼亚到利物浦的客运业务。朝鲜战争时期，美国派出直升机在朝鲜进行机降作战。20 世纪 50 年代中期，法国在阿尔及利亚战场首次把直升机作为武器载机，执行轰炸和扫射任务。直升机在军事及民用领域逐步得到认可，但是由于活塞式发动机功率有限，因此限制了直升机的快速发展。

1950 年，美国波音公司最早试验成功涡轴发动机，并于 1951 年成功安装在直升机上。法国透博梅卡公司成功研制出“阿古斯塔”涡轴发动机后，西科斯基公司运用这种发动机于 1954 年研制出了世界上第一架涡轴直升机 S－59O。法国宇航公司也运用这种发动机研制了有名的“云雀”Ⅱ直升机，这是最早获得适航证的直升机。涡轮轴发动机、复合材料桨叶和新型桨毂的应用，使直升机在 20 世纪后半叶在军事和国民经济领域发挥了重要作用。

半个多世纪以来，直升机的发展经历了四代。20 世纪 60 年代前出现的直升机为第一代，典型代表有苏联的米－4 和美国的贝尔－47，最大速度 200 km/h，噪声水平高。第二代直升机出现于 20 世纪 70 年代中期前，有苏联的米－8、法国的“超黄蜂”等，最大速度 250 km/h，噪声有所下降。第三代直升机的典型机型有法国的“海豚”、美国的“黑鹰”和“阿帕奇”等，出现在 20 世纪 90 年代前，最大飞行速度达到 300 km/h，噪声进一步得到控制。此后出现了第四代直升机，飞行速度超过 300 km/h，噪声得到了较好控制，典型代表有北约组织的 NH－

90、美国已停止研制的“科曼奇”隐身武装直升机。

从具体技术上看，现代直升机的技术进步主要体现在先进的旋翼气动设计技术、旋翼桨毂向无轴承式过渡、尾桨结构的变化、复合材料的广泛使用、倾转旋翼概念的突破以及其他新概念研究的进展和验证等方面。另外，直升机的技术发展还包括传动系统的改进，电传操纵、主动控制技术的应用，机身抗冲击性能提高，起落架减振吸能等。

由于直升机具有使用灵活、可垂直起降、对机场的依赖比较小等优点，所以它的应用领域十分宽广。在军事方面，它可以完成机降突击、攻击、运输、通信、救援、侦察、指挥、电子对抗、后勤支援、反坦克、反潜、训练等任务。在民用方面，它可以用于运输、旅游、地质普查、矿床勘探、森林防护、农业服务、电气安装、医疗救护、紧急救援、作为公务专机、航线运输、边境巡逻、海关缉私、城市治安维护、海上油井服务、电影电视拍摄与转播等。随着社会经济的发展，直升机还将发挥更大的作用。

1.2.2 我国直升机的发展和应用概况

中国的直升机研制是从20世纪50年代后期起步的，经历了引进国外技术、参照设计、自行研制和进行国际合作等发展阶段，主要产品有直-5、直-8、直-9、直-10、直-11、直-15、直-19、AC313等型号，还有一些小型和轻型直升机，如“延安”2号、701型等。

1958年12月14日，中国第一架直升机首飞成功，三年后设计定型，这就是直-5直升机，如图1-1所示。该机最大起飞重量7600 kg，是一种多用途直升机，可用于空降、运输、救护、水上救援、地质勘测、护林防火、边境巡逻等，曾参与过邢台和唐山地震的救援工作。

直-8是中国研制的第二代大型直升机，如图1-2所示，于1985年12月11日首飞成功，1989年4月通过技术鉴定。直-8直升机装有3台发动机，采用金属桨叶和全金属的半硬壳式机身结构，最大起飞重量13000 kg。该机可用于运输、救护、搜索、警戒、反潜、扫雷等，特别适用于海上救援工作。

图1-1 直-5直升机

图1-2 飞行中的直-8直升机

1980 年，中国引进法国专利生产直 –9 直升机。这是一款代表 20 世纪 70 年代后期先进水平的新型多用途直升机，最大起飞重量 3850 kg，具有结构重量轻、有效载荷大、性能先进等特点，全机 80% 的蒙皮使用复合材料。由法国生产零部件，中国总装的首架直 –9 于 1982 年 2 月 6 日在首都机场表演试飞，1989 年通过技术鉴定。1992 年 1 月 16 日，国产化的首架直 –9 首飞成功。直 –9 有多个改型，中国驻港部队空军使用的就是直 –9 军用直升机，中国陆军航空兵也大量使用直 –9 武装型直升机。以直 –9 为基础的最新改进型号直 –19 武装直升机，最大起飞重量增至 4500 kg，2012 年正式公开展示，如图 1 –3 所示，随后进入批量服役阶段。

直 –10 专用武装直升机于 1998 年立项研制，2009 年交付使用。直到 2012 年出现在第九届珠海航展上，这一神秘的型号才被公众知晓。图 1 –4 所示的直 –10 专用武装直升机最大起飞重量 7000 kg，可载弹 1500 kg。

图 1 –3　直 –19 武装直升机

图 1 –4　直 –10 专用武装直升机

直 –11 轻型直升机是中国第一款自行设计制造并拥有自主知识产权的直升机。该机最大起飞重量 2200 kg，1996 年 12 月 26 日首飞成功，1998 年首批交付使用，性能表现出色，受到用户好评。图 1 –5 所示为中国陆军航空兵装备的直 –11 轻型直升机。

图 1 –5　直 –11 轻型直升机

AC313 是中国第一款完全按照适航条例规定和程序自行研制的大型运输直升

机(见图1－6)，于2010年3月18日首飞成功。AC313最大起飞重量13800 kg，可一次搭载27名乘客或运送15名伤员，可执行人员、物资的运输及搜索救援、抢险救灾等任务。

直－15是中国和法国合作研制的一款7吨级中型运输直升机，于2016年12月20日首飞成功。该机最大速度可达315 km/h，最大载客量18人。

在轻型直升机领域，北京航空航天大学研制成功了“海鸥”型无人驾驶直升机、“蜜蜂”16型共轴式单座直升机、“蜜蜂”18型无人驾驶直升机，在填补中国共轴式直升机空白的同时，使中国共轴式直升机研制技术取得突破性进展。图1－7所示为“蜜蜂”16型共轴式单座直升机。南京航空航天大学和西北工业大学也陆续成功研制出轻型直升机。

图1－6　AC313大型运输直升机

图1－7　“蜜蜂”16型共轴式单座直升机

1.3　典型直升机简介

1.3.1　“海豚”Ⅱ直升机简介

“海豚”Ⅱ直升机是法国宇航公司生产的一款轻型多用途直升机。最大起飞重量为4000 kg，采用两台阿赫耶－1C涡轴发动机，起飞功率为2×526 kW，单发动机最大应急功率为540 kW。尾桨直径1.1 m，尾桨叶11片；垂直安定面采用碳纤维复合材料。

该机具有结构重量轻、有效载荷大、性能先进、安全可靠、维护简单、翻修寿命长、经济性好等特点。发动机采用单元体结构设计；机身和辅助结构大量采用复合材料；主要承力结构采用铝板和Nomex(诺梅克斯)蜂窝夹层结构；采用星形柔性旋翼桨毂和玻璃纤维复合材料桨叶；采用涵道尾桨和碳纤维复合材料制成的垂直安定面与水平安定面；大量采用免维护的自润滑轴承；预留接头或插座，便于安装新的设备；采用不对称翼型的大垂尾，提高了直升机的操纵性和安全性，且尾桨消耗功率很小。我国在1980年引进了“海豚”直升机的专利技术，并研制生产出直－9直升机。

“海豚”Ⅱ直升机的主要数据介绍如下。

1. 外廓尺寸

总长度(旋翼旋转)：	13.46 m
旋翼直径：	11.94 m
旋翼轴前倾角：	4°
尾桨直径：	1.1 m
机身高度(至垂直安定面顶端)：	4.01 m
机身长度：	11.44 m
机身宽度：	2.03 m
货舱下表面离地高度：	0.34 m
旋翼桨毂离地高度：	3.47 m
尾橇离地高度：	0.78 m

2. 座舱尺寸

最大长度：	2.3 m
最大宽度：	1.92 m
最大高度：	1.16 m
地板面积：	4.2 m^2
座舱有效容积：	5 m^3

3. 性能数据

最大起飞重量：	4000 kg
正常巡航速度：	250～260 km/h
动升限：	4000 m
最大航程(不带副油箱)：	910 km
续航时间：	4 h

1.3.2 米－17系列直升机简介

米－17系列直升机是俄罗斯米里莫斯科直升机制造厂研制的双发、单旋翼带尾桨式多用途直升机，装有两台TB3－117MT涡轴发动机，单台起飞功率(限制)为1454 kW，在一台发动机停车后，另一台发动机的最大输出功率能增加到1666 kW，以保证直升机连续飞行。

发动机进气道的前部装有进气防沙装置，以净化进入发动机的空气。直升机上还装有一台辅助燃气涡轮发动机，用于提供主发动机起动所需的气源以及地面与空中的备用电源。由于发动机应急储备功率较大，所以米－17系列直升机的飞行性能、耐高温性能和高原性能较好。

米-17系列直升机的主要数据介绍如下。

1. 外廓尺寸

机身长度(含旋翼、尾桨):	25.35 m
机身宽度:	2.5 m
旋翼直径:	21.29 m
桨叶数量:	5片
旋翼轴前倾角:	4°30′
桨尖至尾梁最小间距(停放时):	不小于0.5 m
机身高度(含尾桨):	5.52 m
旋翼桨毂离地高度:	4.76 m
机身最低离地高度:	0.45 m
平尾安装角(相对尾梁轴线):	-3°
尾桨桨叶数量:	3片
尾桨直径:	3.91 m
主起落架轮距:	4.51 m
前起落架与主起落架间距:	4.28 m

2. 货舱尺寸

货舱长度:	5.34 m
货舱宽度(最大值):	2.34 m
货舱高度:	1.8 m
货舱容积:	23 m^3
货舱门尺寸(宽×高):	2.288 m×1.62 m

3. 装载数据

空机重量(含设备):	7000 kg
机内最大载荷:	4000 kg
货舱允许乘员:	27人

4. 性能数据

最大起飞重量:	13000 kg
最大巡航速度(最大起飞重量):	240 km/h
实用升限(最大起飞重量):	3600 m
航程(最大起飞重量):	465 km

1.3.3 “超黄蜂”直升机简介

“超黄蜂”直升机是法国宇航工业公司研制的三发多用途直升机，采用单旋翼带尾桨式布局、船体结构机身、前三点支柱式起落装置、6片金属旋翼桨叶，配备3台发动机，最大起飞重量13000 kg。国产直－8直升机就是在“超黄蜂”基础上仿制而成的。

“超黄蜂”直升机的主要数据介绍如下。

1. 外廓尺寸

机身长度(含旋翼、尾桨)：	23.035 m
旋翼直径：	18.90 m
桨叶数量：	6片
旋翼轴前倾角：	5°
机身高度(起落架全伸展状态)：	6.66 m
机身宽度(不含起落架)：	2.24 m
机身最低离地高度：	0.496 m
尾桨桨叶数量：	5片
尾桨直径：	4.00 m
主起落架轮距：	4.30 m
前起落架与主起落架间距：	6.567 m

2. 货舱尺寸

货舱长度：	7.00 m
货舱宽度(地板处)：	1.90 m
货舱高度：	1.83 m
货舱容积：	23.5 m^3
货舱门尺寸(宽×高)：	2.235 m×2.91 m

3. 装载数据

空机重量：	7370 kg
机内最大载荷：	4000 kg
货舱允许乘员：	27人

4. 性能数据

最大起飞重量：	13000 kg
巡航速度：	242 km/h
最大飞行高度：	3700 m
航程：	720 km

第2章　单旋翼带尾桨式直升机机械系统

单旋翼带尾桨式直升机是目前应用最广泛的直升机。其机械系统主要由起落装置、旋翼与尾桨、动力装置与传动系统、操纵与液压系统等组成，其中，动力装置与传动系统又包括发动机、传动系统、燃油系统和滑油系统。

2.1　起落装置

2.1.1　起落装置的组成与功能

1. 起落装置的组成

起落装置是直升机的重要组成部分，主要由缓冲装置、承力机构、机轮、收放机构、中立机构和转向机构组成，其主要作用是吸收着陆时的撞击能量，以减小着陆时机体受到的撞击载荷。此外，起落装置还可使直升机从地面/水面起飞、着陆、滑行、停放并减小滑行时由于地面不平而产生的撞击与颠簸。

起落装置是直升机上受力较大的部件，在每次起落中都承担着直升机的全部重量及冲击载荷，其工作性能直接影响直升机的起飞、着陆性能和安全。为了吸收直升机坠撞中的全部能量，保证乘员的安全，在设计直升机结构时的基本做法是利用由起落架、机身结构、座椅、旋翼支持结构等组成的能量吸收系统，使其在规定的状态下既能吸收直升机坠地冲击的全部能量，又能保证乘员的生存空间。在这个系统中，起落架吸收的能量通常占50%以上，而且它被破坏后不增加乘员的危险，不穿透所在部位或燃油箱。

起落装置完全暴露在整个使用环境中，并且经常接触液体、冰雪、油污及沙砾等，因此为防止腐蚀、损伤、机械部件卡滞及电子部件失效，需要经常对起落架进行清洗、保养和润滑。

2. 起落装置的功能

起落装置的主要功能如下。

1) 支撑飞机处于稳定的姿态；

2) 在飞机做地面机动动作时给予飞机支撑；

3)吸收着陆时的撞击能量；

4)降低飞机地面共振；

5)轮式起落架为飞机提供转弯和刹车功能。

2.1.2 起落装置的结构类型

根据直升机着陆场地的不同，起落装置可分为轮式、滑橇式和浮筒气囊式等。按是否可收放，可分为固定式和可收放式。

1. 轮式起落装置

轮式起落装置按结构形式可分为3种：构架式、支柱套筒式和摇臂式。

(1)构架式起落架

构架式起落架如图2－1所示，这种结构形式的起落架用作某些直升机的主起落架。构架式起落架主要由减振器、撑杆(一根或两根)以及轮轴和机轮等组成。减振器和撑杆分别与机身铰接，减振器与撑杆之间也采用铰接形式。机轮通过轮轴固定在撑杆的外端。当起落架受到地面的反作用力时，减振器和撑杆主要承受拉伸和压缩的轴向力，撑杆承受的弯矩较小，因此构造简单。构架式起落架一般较长，原因是减振器必须具有一定长度的行程，并且气体和油液压缩到行程的终止位置时，应具有一定的余量，这就要求减振器的尺寸足够大，起落架的尺寸也会随之增大。

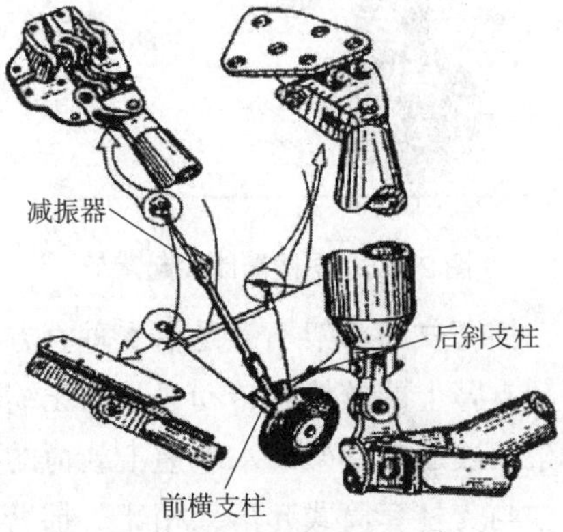

图2－1 构架式起落架

(2)支柱套筒式起落架

支柱套筒式起落架(见图2－2)主要由减振器、撑杆(或收放作动筒机构)、防扭臂、轮轴和机轮组成。减振器通过撑杆以及自身的接头固定在机身下部结构上，机轮通过轮轴直接固定在减振器的下端。

这种结构形式的起落架结构简单、紧凑，减振器的外筒具有较强的防扭能力。但这种起落架承受水平撞击时，减振支柱不能很好地起到减振作用，因为在没有倾斜角的支柱套筒式起落架上，水平撞击力不能使减振支柱受到压缩。此外，在着陆和滑行过程中，起落架上的载荷通常是不通过支柱轴线的，而支柱套筒式起落架的减振支柱在这种载荷作用下要承受较大弯矩，使活塞杆和外筒接触的地方(支点)产生较大的摩擦力。这样，不仅减振支柱的密封装置容易磨损，而且它的工作性能也会受到很大影响。在减振支柱的维护修理工作中，要注意活塞杆上下轴承的磨损情况和密封装置的状态。

(3)摇臂式起落架

如图2－3所示，摇臂式起落架主要由减振器、撑杆(或收放作动筒机构)、可转支臂、摇臂、轮轴和机轮组成，机轮通过摇臂连接在减振器的下端。

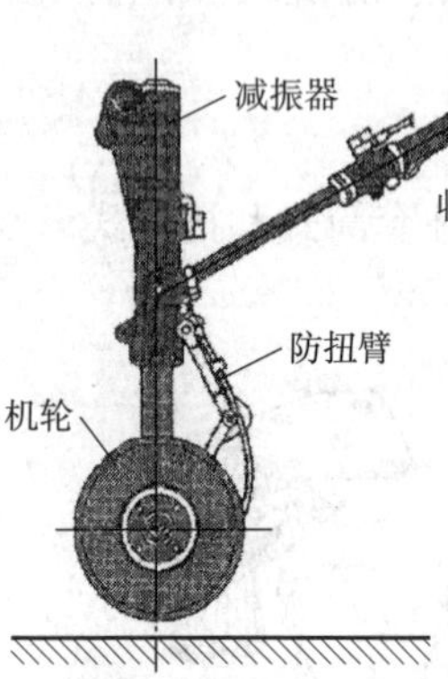

图2－2　支柱套筒式起落架

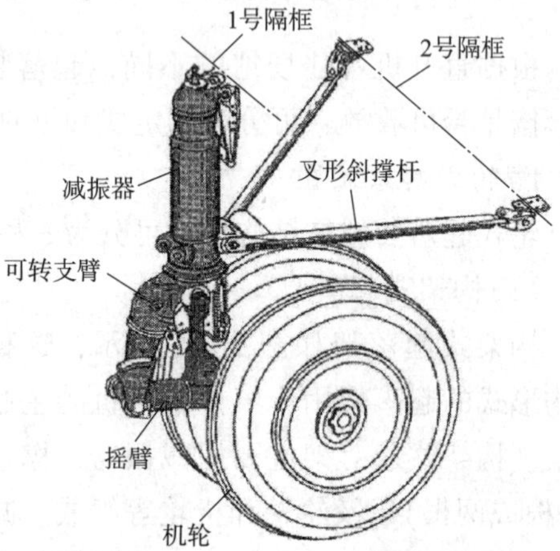

图2－3　摇臂式起落架

摇臂式起落架不管是承受垂直方向还是水平方向的撞击，都可以使摇臂围绕可转支臂上的铰接点转动，从而压缩减振器，使起落架起到减振作用。摇臂式起落架解决了起落架的水平撞击载荷的减振问题。

与支柱套筒式起落架相比，摇臂式起落架具有以下优点：承受水平撞击时，减振器能较好地发挥作用；摇臂式起落架的减振器一般只承受轴向力，不承受弯矩，因此密封装置的工作条件要好得多。

2. 滑橇式起落架

滑橇式起落架多应用在轻型直升机上，如R44直升机。

滑橇式起落架在着陆时，依靠结构的弹性变形来吸收撞击能量，起缓冲作用。它具有结构简单、可靠性高、不易损坏、地形适应性好、重量轻、造价低、易维护等优点。它的不足之处是不具备滑跑起降的能力，载荷有限，且有可能向机身传导低频振动，舒适度较差。为此，采用滑橇式起落架的直升机一般会安装缓冲器，以避免发生地面共振。

3. 浮筒气囊式起落架

有些型号的直升机，由于任务需要，在机身两侧安装了浮筒或气囊，如“云雀”Ⅱ直升机就有气囊式起落装置。

2.1.3　起落装置的布置形式及特点

起落装置布置形式的优劣是相对的。在选择起落装置的布置形式时，应根据直升机的任务和战术技术要求，全面考虑直升机的总体布置、使用特点、结构重量和气动力等多方面的要求，经综合分析后再决定。

1. 轮式起落装置的布置形式

轮式起落装置是目前直升机上使用最为广泛的起落装置，它主要有 3 种布置形式：前三点式、后三点式及四轮式。大多数轮式起落装置采用固定式，但也有少数直升机设计成收放式。

(1)前三点式

前三点式起落架的两个主机轮对称地安装在直升机重心的后面，一个前机轮位于机身的前部。为防止直升机着陆时尾桨或尾梁触地，尾梁的后部一般还装有尾撑或尾橇。

前三点式起落架的前轮需承受较大载荷，设计强度要高。而由于安装了尾撑，因此增加了结构重量。为保证直升机在地面滑行和停机时的横向稳定性，前三点式起落架的横向轮距较宽，方向稳定性更好，便于直升机开设后部舱门。因此，前三点式起落架往往适用于具有收缩上翘尾梁的机身，特别是直升机需要在机身后部设置货舱门的情况。从承载角度看，使主机轮靠近装载用的后舱门，是比较合理的。

(2)后三点式

后三点式起落架的两个主机轮对称地安装在直升机重心的前面，一个尾轮位于尾梁的下部。

后三点式起落架由于尾轮缓冲器短，承载较小，连接元件的重量较轻，同时又省去了尾橇或类似的保护装置，所以，是轮式起落装置中重量最轻的。主机轮安装在机身下面，气动阻力较小，在不平坦的地面上滑行或用拖车进行牵引时，由于纵向轮距较大，可以缓解机体的上下颠簸。但采用后三点式起落架的直升机在地面滑行时，方向稳定性较差。在停机时，因机头上翘而离地面较高，影响人员的上下和货物的装卸。

一般装有涵道风扇尾桨的直升机，其尾部可布置得较低，适合采用后三点式起落架。

(3)四轮式

四轮式起落架有两个主机轮和两个前机轮，两个主机轮对称地安装在直升机重心的后面，两个前机轮对称地安装在直升机重心的前面。

采用四轮式起落架的直升机，地面横向稳定性较好，可减小横向轮距，但前起落架的结构高度较高，气动阻力和结构重量较大。在纵列式直升机上，有时为降低后部货舱地板的离地高度，便于装卸货物，也可采用带双主机轮的四轮式起落架。

2. 轮式起落装置的布置特点

1) 在能见度不好的情况下，前三点式起落架直升机容易着陆，安全性高。

2) 在地面滑行时，前三点式起落架直升机的方向稳定性比后三点式起落架直升机好。

3) 前三点式起落架直升机的前起落架结构重量较大。直升机在俯冲着陆时，前起落架比尾起落架承受的载荷大得多，故前三点式前起落架的结构强度和刚度比后三点式起落架的尾起落架大，因而结构重量更大。大部分前三点式起落架直升机的前起落架均装有两个前机轮。

2.2 旋翼与尾桨

2.2.1 旋翼

旋翼是直升机的象征，也是直升机的重要部件，可为直升机提供升力和前进动力。对旋翼进行操纵可以改变或保持直升机的纵向和横向飞行姿态。

直升机的旋翼由桨叶和桨毂两部分组成。桨叶安装在桨毂上，而桨毂又安装在旋翼轴上。旋翼结构随着科学技术的发展和新材料的应用而不断变化。

自直升机诞生以来，旋翼桨叶的发展经历了四代：20 世纪 40 年代中期到 50 年代中期制造的直升机，其旋翼桨叶为木质或金属与木质混合结构，桨叶平均寿命约 600 h；20 世纪 50 年代中期到 60 年代中期制造的直升机，采用全金属材料的旋翼桨叶，桨叶寿命可达 1200 h 左右；20 世纪 60 年代中期到 70 年代中期制造的直升机，采用了玻璃钢材料桨叶，其寿命达到 3600 h；20 世纪 70 年代中期以后制造的直升机，采用新型复合材料桨叶，其寿命是无限的。复合材料桨叶的应用，不仅显著改善了气动性能，而且使直升机的适应性更佳，维护大为简化。其最大的优势是抗疲劳性能特别好，桨叶的寿命从早期的几百小时增加到上万小时甚至无限寿命。近几年，出现了“智能旋翼技术”。智能旋翼是指通过在直升机旋翼上采用主动控制手段，使旋翼桨叶能够识别外界信息，并根据获得的信息对桨叶自身的状态适当调整，从而达到减振、降噪等目的，进而大幅提高直升机的性能。智能旋翼是直升机技术未来的发展方向，具有广阔的应用前景。

旋翼桨毂主要有铰接式桨毂、半刚性跷跷板式桨毂、星形柔性桨毂、无铰式桨毂、无轴承式桨毂等。中轻型直升机桨毂的发展趋势是由复杂到简单，采用新材料，逐渐取消铰和轴承；大型直升机仍采用铰接式桨毂，但逐渐向简化结构的方向迈进。

旋翼系统的改进有利于提高直升机的操纵性，简化结构、降低成本、延长寿命，并提高安全性和可靠性。因此，直升机的更新换代可以旋翼的重大改进为标准。

2.2.2 尾桨

尾桨包括尾桨叶和尾桨毂，安装在直升机的尾部，也称尾部螺旋桨。发动机产生的功率通过传动系统，按需要传给尾桨，带动尾桨工作，产生拉力或推力。

尾桨的作用：平衡旋翼的反作用力矩(反扭矩)；增强直升机的方向稳定性；改变直升机的航向；斜置尾桨还可以提供部分升力。

由于尾桨直径小，工作时尾桨的锥角以及挥舞角都小于旋翼，因此由科氏力引起的尾桨摆振不太严重；而且尾桨叶的外部形状短而宽，其旋转面内承受弯矩的能力比旋翼强得多。为简化尾桨毂的构造，尾桨一般不设垂直铰。

传统尾桨的主要缺点：结构复杂，零件数量多，维护工作量大；受尾斜梁和旋翼下洗气流影响大，气动效率不高；噪声大，而且尾桨叶的片数越少，桨尖的速度越快，噪声就越大；安全性不好，在地面试车或起飞、着陆时，尾桨容易触地或伤害地面工作人员，超低空飞行时，尾桨容易撞击树木、电杆和电线等造成事故。

尾桨的改进措施：采用复合材料尾桨，改进尾桨叶的设计，简化和改善传统的尾桨毂。例如，采用“十字交叉梁”无铰式尾桨或改变尾桨的类型，使尾桨从暴露到隐蔽，增强安全性，提高气动效率，如“涵道风扇”式尾桨、取消尾桨(MD600 无尾桨直升机)。

2.3 动力装置与传动系统

2.3.1 发动机

直升机的动力装置一般采用涡轮轴发动机或活塞式发动机，用于驱动旋翼旋转，以产生升力与控制直升机飞行姿态的分力。

1. 航空活塞式发动机

(1)组成

航空活塞式发动机是一种燃烧汽油的往复式内燃机。它带动螺旋桨高速转动从而产生推力，主要由气缸、活塞、连杆、曲轴、进气活门和排气活门等组成，如图 2－4 所示。

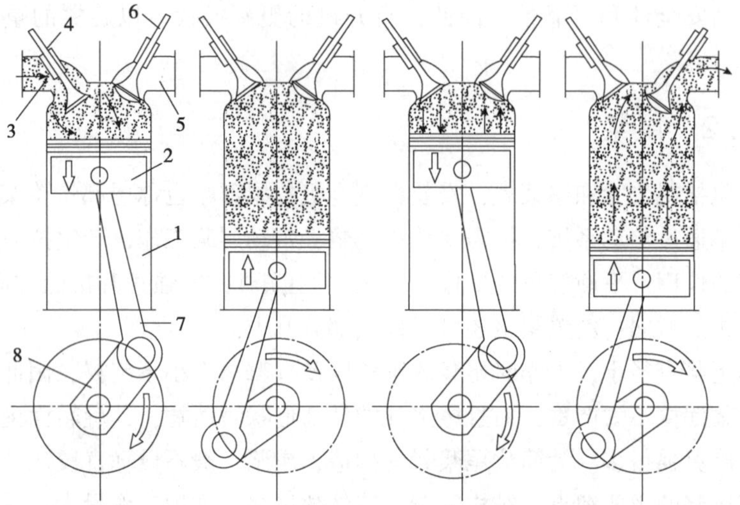

(a) 进气行程　(b) 压缩行程　(c) 膨胀行程　(d) 排气行程

图 2－4　活塞式发动机的结构和工作原理

1—气缸；2—活塞；3—进气活门；4—进气阀；5—排气活门；6—排气阀；7—连杆；8—曲轴

气缸是发动机的工作腔，油气混合气体在气缸内燃烧，产生的高温高压燃气推动活塞做直线运动并带动曲轴旋转。气缸头部装有保证油气混合气体进入气缸的进气活门和将燃烧后的废气排出缸体的排气活门。

活塞用于承受油气混合气体在燃烧时所产生的燃气压力，并将燃料燃烧后的内能转变为活塞运动的机械能。活塞在气缸中处于最上位置为上死点位置；活塞在气缸中处于最下位置为下死点位置。

连杆将活塞和曲轴连接在一起，用来传递活塞和曲轴之间的运动。曲轴将活塞的往复运动变成自身的旋转运动并带动螺旋桨转动，使发动机产生推力。

(2)工作原理

航空活塞式发动机一般都以汽油为燃料，每一循环包括四个行程(即活塞在气缸中上下运动各两次)，即进气行程、压缩行程、膨胀行程和排气行程，如图 2－4 所示。

在进气行程中，活塞从上死点位置运动到下死点位置，进气活门开放而排气活门关闭，雾化的汽油和空气的混合气体被下行的活塞吸入气缸。在压缩行程，活塞从下死点位置运动到上死点位置，进气活门和排气活门都关闭，混合气体在气缸内被压缩，在上死点位置附近，由装在气缸头部的火花塞点火。在膨胀行程中，混合气体被点燃后，具有高温高压的燃气开始膨胀，推动活塞从上死点位置向下死点位置运动。在此行程中，燃烧气体所蕴含的内能转变为活塞运动的机械能，并由连杆传给曲轴，成为带动螺旋桨转动的动力，所以膨胀行程也叫做功行程。在排气行程，活塞从下死点位置运动到上死点位置，排气活门开放，燃烧后的废气被活塞排出缸外。当活塞到达上死点位置后，排气活门关闭，此时就完成了四个行程的循环。

为满足功率的要求，航空发动机一般由多气缸组合构成，多个缸体同时工作带动曲轴和螺旋桨转动以产生足够的动力。缸体的数量和布置形式多种多样，图 2－5 所示为 3 种缸体布置形式。不管哪种布置形式，都必须保证活塞运动与曲轴运动协调，不能在运动中互相牵制。

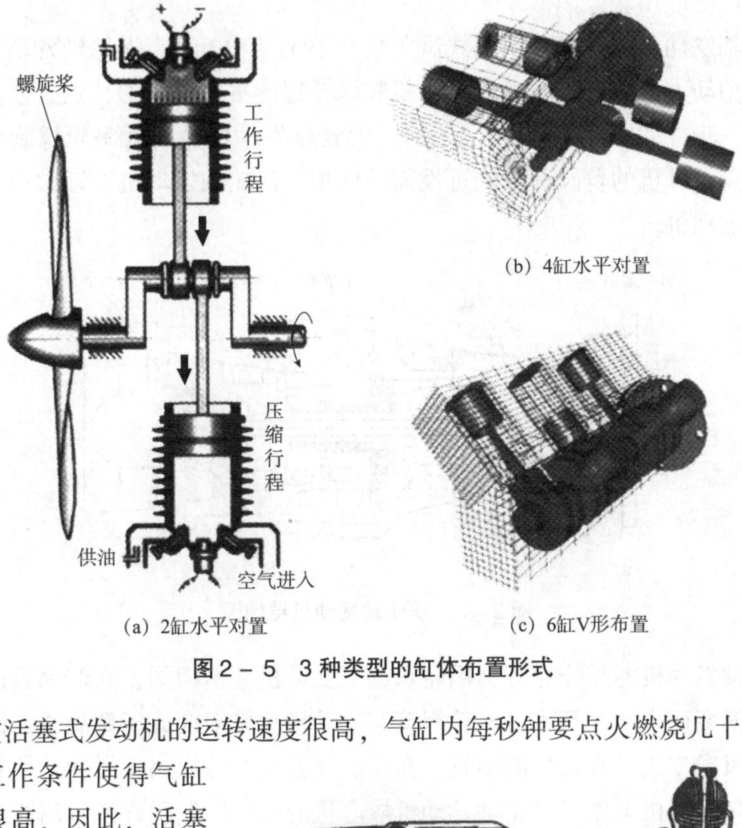

(a) 2缸水平对置
(b) 4缸水平对置
(c) 6缸V形布置

图 2－5　3 种类型的缸体布置形式

航空活塞式发动机的运转速度很高，气缸内每秒钟要点火燃烧几十次。高温高压的工作条件使得气缸壁温度很高，因此，活塞式发动机必须配备冷却系统。活塞式发动机上最早采用的是液体冷却。液冷式发动机的气缸呈直线排列（小型发动机）或 V 形排列，如图 2－6（a）所示，在发动机机体外壳内有散热套，具有一定压力的冷却液在套中循环流动，将热量带走。液体冷却系统包括水箱、水泵、散热器和相应的管路系统等，结构复杂而笨重，因此，后来采用气

(a) 液冷式
(b) 气冷式

图 2－6　活塞式发动机的冷却方式

冷式冷却系统，如图 2 -6(b)所示。气冷式发动机气缸以曲轴为中心，排成星形，故又称星形发动机。气缸外面有很多散热片，飞行时产生的高速气流将气缸壁的热量散去，从而达到冷却目的。

2. 涡轮轴发动机

涡轮轴发动机是由燃气通过动力涡轮输出轴功率的燃气涡轮发动机，是直升机的主要动力源。涡轮轴发动机出现得较晚，但已在直升机和垂直/短距起落飞机上得到广泛应用。

涡轮轴发动机直升机首次正式试飞是在 1951 年 12 月。涡轮轴发动机作为直升机的新型动力，兼有涡轮喷气发动机和涡轮螺旋桨发动机的特点，使直升机的发展更进一步，如图 2 -7 所示。当时，涡轮轴发动机被划入涡轮螺旋桨发动机一类。随着直升机的普及和其先进性能的体现，涡轮轴发动机逐渐被视为一种独立的喷气发动机。

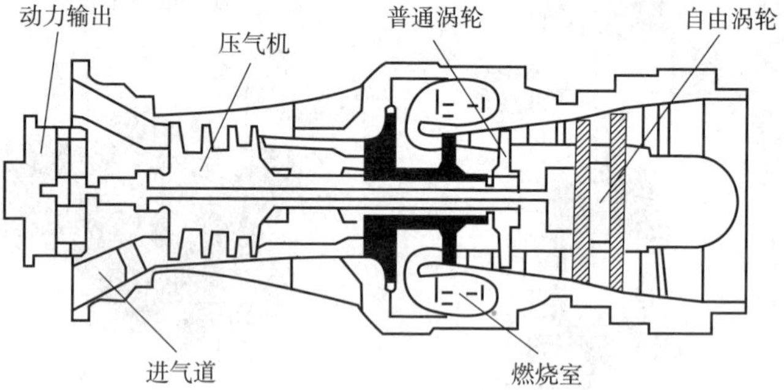

图 2 -7　涡轮轴发动机结构图

涡轮轴发动机的工作原理与涡轮螺旋桨发动机基本相同，它们都是由涡轮风扇发动机演变而来的，只不过涡轮螺旋桨发动机将风扇变成了螺旋桨，而涡轮轴发动机将风扇变成了直升机的旋翼。高能燃气首先对普通涡轮做功，使它带动压气机，维持发动机工作。涡轮轴发动机核心机的出口燃气所含的可用能量几乎全部供给自由涡轮做功，通过传动轴、减速器等带动直升机的旋翼旋转，使直升机升空飞行。有些涡轮轴发动机的动力涡轮直接以高转速(12000 ~ 25000 r/min)输出，有些则通过减速器以大致为 6000 r/min 的转速输出。此外，从涡轮流出来的燃气，经过尾喷管喷出，可产生一定的推力，但由于喷速不大，这种推力很小，如折合为功率，大约仅占总功率的 10% 。有时喷速过小，甚至不产生推力。涡轮轴发动机的喷口，可以向上、向下或向两侧，不像涡轮喷气发动机那样非向后不可，这有利于直升机设计时的总体安排。

对于涡轮轴发动机，除要求重量轻、耗油率低和维护方便外，工作可靠性也非常重要。直升机一般用于执行短途飞行任务，使涡轮轴发动机经常在起飞、爬高、悬停等大功率状态下工作，而且工作状态不断变化，因此要求部件有良好的耐低频疲劳性能。直升机没有固定的机场，经常接近地面飞行，特别是在充满尘沙或盐雾的大气中频繁起落，发动机经常受到外来物的侵袭，因此零部件，特别是压气机叶片要有良好的抗侵蚀能力，进气部分常装有防护装置。

与活塞式发动机相比，涡轮轴发动机的主要优点是功率大、质量轻和体积小，且由于没有活塞式发动机的往复运动，所以振动小、噪声低。涡轮轴发动机直升机无论航程、速度、升限还是装载量，都优于活塞式发动机直升机，经济性也更好，但耗油量比活塞式发动机直升机大。随着功率的提高，此差距将会缩小。

2.3.2 传动系统

1. 传动系统的作用

直升机是依靠发动机驱动旋翼和尾桨旋转产生拉力而保持飞行的。旋翼和尾桨的旋转要消耗发动机的功率，而在发动机将功率传递给旋翼、尾桨及其他附件的过程中存在两个矛盾：一是发动机的转轴和旋翼、尾桨不在一条轴线上；二是发动机的转速和旋翼、尾桨的转速不一致，前者快，后者慢。

为了解决上述两个矛盾，直升机设置了传动系统。传动系统用于汇总发动机输出轴的功率(扭转力矩)，并将其按一定的比例和方向传给旋翼、尾桨和安装在主减速器上的有关附件，使它们获得相应的工作转速和功率。

传动系统一般由主减速器、传动轴、中间减速器、尾减速器和旋翼刹车装置等组成。

主减速器借助定轴轮系减速和周转轮系减速相结合的方法来实现减速增扭，并通过螺旋锥齿轮来改变传动方向。内部设有独立的滑油系统以保证传动齿轮和轴承的润滑及散热。外部装有附件传动机构和自由行程离合器。

传动轴包括发动机与主减速器之间的主传动轴、主减速器向尾桨传递功率的尾传动轴以及带动风扇工作的风扇轴。传动轴一般都带有联轴器，后者可减少制造及安装误差，减小机体变形及降低环境温度所带来的影响。

尾减速器的输出轴是尾桨轴，输入轴与尾传动轴相连，且输出轴与输入轴之间的夹角一般为90°。尾减速器一般由一对螺旋锥齿轮构成。有的直升机还设有中间减速器，它也由一对螺旋锥齿轮组成，夹角的大小取决于尾传动轴转折的要求。

旋翼刹车装置一般安装在主减速器带动尾传动轴的输出轴处或散热风扇轴处，其作用是在发动机关车后，尽快使旋翼停止转动；或者在直升机停放时，避免非人为因素使旋翼和尾桨转动。

2. 传动系统的一般要求

现代直升机上的动力传动装置，是一个传递机械能的由各附件组成的整体，除了少数直升机采用柔性皮带传动外，大多数直升机采用刚性构件，采用直接啮合传动原理。

齿轮式传动装置具有以下特点：传动比固定不变、功率传递范围大、传递效率高、零件配置紧凑。齿轮传动的主要问题：造成磨损和黏结，特别是齿根和齿顶部分容易被磨损，也使两齿轮接触区的单位压力较高。由主动齿轮向从动齿轮传递的全部功率实际上是通过一个齿轮实现的，这样会在两齿轮接触面出现分离黏着力，使得两齿轮在接触区内的金属微粒好像熔接在一起，这种现象称为黏结。加之高转速、高压力，导致接触区表面温度大幅度上升，放出大量热能，促使金属微粒熔接。为防止齿轮磨损和黏结，应选择优质的齿轮材料，提高齿轮加工精度，并保证齿轮的有效润滑和散热。

为保证在漏油、失去润滑条件下传动系统仍能保持一段时间的传动能力，使受损直升机利用这段时间脱离险境，安全返航，对武装直升机的传动系统提出了基本的生存能力要求，即在失去润滑条件下至少具有 30 min 的动力传输能力。

齿轮与轴、轴与轴承支座的位置与设计都会影响接触载荷的分配。一般在考虑齿轮传动时力求让轴承支座靠近齿轮附近或尽可能使两支座位置与齿轮对称，实在不能对称则应设法提高轴的刚度补偿。在工艺上尽可能将受力大的齿轮与轴采取整体式制造，这样既可以减轻结构重量，又可以简化装配。

3. 主减速器

(1) 主减速器的功用

主减速器是直升机上的主要传动部件之一，也是传动装置中结构最复杂、体积最大、重量最重的部件，一般为齿轮传动式。

主减速器的主要功能是将高转速、小扭矩的发动机功率变成低转速、大扭矩功率传递给主旋翼轴，并按转速、扭矩需要将功率传递给尾桨、附件齿轮箱等。在直升机上，它还作为中枢受力构件，直接承受主旋翼轴产生的全部作用力和力矩并传递给机体。主减速器的功能还包括：提供发动机的安装支点；安装旋翼刹车附件；安装飞行控制部件；接收多台发动机的输入以实现统一输出。

(2) 主减速器的结构

主减速器通常由若干结构机匣组成，用于支撑和安装减速齿轮及轴系。现代直升机的主减速器多采用模块化的结构设计，以便于拆装维护。

主减速器的结构一般包括输入机匣、底部机匣及轴承支架、周向环形机匣、上部机匣。输入机匣和周向环形机匣由合金钢与镁合金制成。输入机匣采用花键与发动机功率输出轴的柔性联轴器连接，以减少高速旋转下的轴向同心度的微小误差。输入斜齿轮在锥形滚棒轴承的支撑下，连接自由轮组件，将功率传给主减速器的其他齿轮。

底部机匣和轴承支架支撑着底部驱动轴。底部驱动轴向上与伞形齿轮、第一级周向齿轮的中心齿轮相连接，向后与输出斜齿轮、液压泵等附件驱动齿轮相连接。

主减速器借助齿轮传动来降低发动机输入轴转速，增大输出轴扭矩。随着直升机技术的发展，对主减速器传递的功率要求越来越高。由于发动机与主旋翼的转速差越大，旋翼轴的扭矩就越大，齿轮载荷也就越高，为减轻载荷，必须采取多级减速和齿轮系卸荷等保护措施。周向齿轮分两级减速即为了实现这一目的。由于两级减速需要在较短的距离内实现较大的减速比，除增大齿轮部件的刚度和强度外，还可采取增加齿轮数量和增大齿轮尺寸的办法，吸收大扭矩载荷。

4. 中间减速器

发动机的功率通过主减速器和尾轴传给尾桨，为了提高外露尾桨的位置，使直升机抬头时不致使尾桨触地，某些直升机在尾梁与尾斜梁之间安装了一个中间减速器，使尾轴的轴线向上转折一定的角度。

中间减速器一般采用一对螺旋锥齿轮传动，有些小型直升机甚至采用一个万向接头来代替中间减速器，从而改变传动方向。中间减速器不一定起减速的作用。

5. 尾减速器

尾减速器主要用于改变尾传动轴的转速和传动方向，以带动尾桨旋转。此外，它还用于尾桨叶的变距，以保证直升机的航向操纵。

与中间减速器相似，尾减速器也是通过一对螺旋锥齿轮传动，达到变速、换向的目的。在润滑方式上，尾减速器也采用泼溅式润滑。不同之处在于，尾减速器内还有一套保证直升机航向的尾桨变距操纵装置。

不同直升机上安装的尾桨变距操纵装置是不一样的，有的采用蜗轮蜗杆式变距操纵装置，它将脚操纵系统传给蜗轮的转动变为蜗杆的直线运动，以操纵尾桨叶变距；有的由安装在尾减速器上的液压助力器直接操纵做直线运动，结构简单。

6. 传动轴

传动轴用于将发动机输出的功率传给旋翼和尾桨，一般分为主传动轴和尾传动轴。

主传动轴是指发动机功率输出轴至主减速器输入轴之间的传动轴。有的直升机发动机的功率输出轴直接与主减速器的功率输入轴相连接，则不设置主传动轴。

尾传动轴是指主减速器到尾减速器之间的传动轴。尾传动轴由于细长且刚度低，并且固定在刚度较小的尾梁及尾斜梁上，当尾梁在载荷的作用下发生弯曲变形时，就被迫一起弯曲。而且由于尾传动轴一般不在尾梁的中性层上，因此尾梁的弯曲变形会引起尾传动轴拉长或缩短，使尾传动轴受到附加的弯矩和轴向力。为了消除这些附加载荷，尾传动轴必须带有能实现角度补偿与长度补偿的联轴器。此外，考虑到各减速器和各轴承座之间的不同同心度、尾梁与尾传动轴制造时的长度误差以及气温变化对尾传动轴和尾梁的影响，联轴器也是必须安装的。同样，主传动轴也需要带角度和长度补偿的联轴器。

7. 旋翼刹车装置

旋翼刹车装置用于缩短旋翼的停转时间。在直升机停放、进行拆装和定期工作时，利用旋翼刹车装置使传动系统制动，以防旋翼转动。它由刹车传动机构和刹车机构两部分组成。

刹车传动机构的传动方式有两种：一种是机械钢索传动式，目前应用较多；另一种是液压传动式。

机械钢索式传动机构一般由旋翼刹车手柄、钢索及其护套、滑轮和弹簧式加载杆等组成。刹车手柄一般安装在座舱的左右驾驶员之间的地板上或座舱顶部。为了防止在旋翼刹车的情况下起动发动机，旋翼刹车手柄均与发动机的起动电路(或燃油流量操纵手柄)联动。当旋翼刹车手柄处于“刹车”位置时，发动机不能起动。

刹车机构应用较普遍的有卡钳式和闸式两种，一般安装在主减速器机匣与功率输出轴之间。它主要由刹车盘和刹车块组成。刹车盘由传动系统带动旋转，刹车块由传动机构操纵其动作。

当旋翼刹车时，刹车块贴向转动的刹车盘，二者之间产生摩擦，从而制动传动系统。

2.3.3 燃油系统

1. 燃油系统的主要功能及特点

直升机燃油系统的主要功能：一是可靠供油，保证燃油系统能在各种规定的飞行状态和工作条件下安全可靠地将燃油提供给发动机；二是存储燃油，油箱中能够存储完成飞行任务所需的全部燃油，包括紧急复飞和着陆后的备用燃油；三是调节重心，通过燃油的有序使用，调整直升机的横向和纵向位置重心；四是作为冷却介质，冷却滑油、液压油和其他附件。

军用直升机大部分采用涡轴发动机作为动力装置，燃油消耗率较低。油箱多为软油箱，一般安装在客货舱地板下部，紧靠直升机重心，因此燃油消耗对直升机重心和平衡产生的影响较小。直升机多采用交输供油系统，可以实现任意油箱向单台发动机的供油。当某个油箱的油泵失效时，其他油泵依靠交输系统仍能保证燃油供给。燃油系统还建有可靠的防火系统，以控制火势蔓延，及时灭火；有的直升机燃油泵设有快卸机构，维护人员不放油也不进入油箱，就可拆装油泵。燃油的添加和油箱的检查也非常方便，提高了燃油系统的维护性能。燃油箱内的引射泵借助燃油增压泵提供的引射流，可将油箱较低处的含水油液引射到增压泵的进口，减少水在油箱底部的沉积，尽可能降低油箱的微生物腐蚀。

2. 燃油供给系统基本结构及供油方式

直升机燃油供给系统主要由油箱、油泵、油滤、控制附件、燃油管路、系统工作检测设备及油箱通气系统等组成。根据直升机燃油供给系统燃油供应方式不同，现代直升机燃油供给系统可以分为压力式供油和重力式供油两种。

压力式供油是在直升机油箱下部或机身两侧装有燃油增压泵，通过对燃油增压使燃油上行给发动机供油。油箱内有两个电动燃油增压泵，燃油被增压后依次经过单向活门、切断阀、机身油滤、发动机油滤、发动机驱动的燃油泵，最后到达发动机燃油控制系统。压力式供油系统一般用于涡轴发动机。

重力式供油是使油箱位置高于发动机，以重力方式给发动机供油。在重力式供油系统中，燃油从通气的油箱开始，依次经过出口油滤、开关阀、主油滤、气化器，最后进入发动机。重力式供油系统常用于活塞式发动机。

3. 航空燃油的种类及要求

直升机不允许使用混合燃油，只能使用生产厂家在维护手册中指明的类型和等级的燃油。活塞式发动机一般使用航空汽油，而涡轴发动机则使用航空煤油。航空燃油应该具有以下性能：一是在所有工作条件下都能够通过油泵传送并且易于流动；二是在地面允许发动机起动和提供可靠的再次点火功能；三是在任何条件下都能有效地燃烧及提供尽可能高的热值；四是燃烧对燃烧室和涡轮叶片造成的腐蚀最小；五是燃油的腐蚀性尽可能低，而且能对燃油系统的运动部分提供足够的润滑；六是着火的危险程度低。

为满足航空燃油的性能要求，在燃油中允许添加一些混合物，以改变燃油的特性。如添加燃油系统防冰剂，能有效降低燃油中水分的结冰点；添加腐蚀抑制剂，能防止燃油系统管路和燃油箱中的铁质金属生锈；添加静电抑制剂，能防止在燃油中形成大的电位差；添加生物杀虫剂，能抑制燃油中微生物的生长。燃油必须保持清洁。外来污染能引起油箱和相关部件的腐蚀与损伤，导致发动机严重故障；燃油系统中使用的密封胶可能进入系统，阻碍、损伤活门、油泵等部件。燃油系统若要打开通风口或断开某些连接部分，必须使用堵盖或专门设计的口盖以防外来物进入。堵盖由橡胶、塑料或可以用于燃油系统的金属制成。不仅要清洁已安装的系统，还要清洁一些地面设备，如地面测试装备、容器、加油车和储油箱，都应定期进行污染物的检查。燃油中应添加微生物抑制剂。航空煤油中含有可以在水中繁殖的真菌。真菌本身非常纤细并且有很多颜色，从白色到褐色再到接近黑色，大量的真菌会带来难闻的气味。如果燃油系统或油箱中含有水分，真菌就可繁殖并进一步腐蚀油箱。除了腐蚀和堵塞油管与油滤，真菌污染也可能导致燃油量指示不稳或错误。而过度添加微生物抑制剂会在油箱内产生结晶从而堵塞油路，所以须严格按照手册中的要求添加。必须严格限制燃油中含有的水分和杂质，经常检查储存燃油的污染情况，定期从这些油箱的放油口放沉淀以检验燃油中是否含有水分。给直升机加油的油车一般装有浮子式放油口和水分离器，应每天检查油箱排水口、管路有无水分、沉淀和其他污染。如果油样中发现微生物污染，应检查储油罐中的污染状况。

4. 燃油供给系统附件

(1)燃油箱

燃油箱用于储存飞行所需的燃油，一般来说飞行所需的燃油均储存在主油箱中。为避免主油箱中余油过多，有些直升机设置有消耗油箱。燃油先从主油箱转输到消耗油箱，再由消耗油箱提供给发动机使用。在直升机远距离飞行时，可根据需要在客舱(或货舱)中加装辅助油箱或转场油箱。燃油箱按其结构可分为软油箱和硬油箱两类。

(2)燃油泵

燃油泵是燃油供给系统的动力附件，用于向发动机燃油系统提供一定流量的压力燃油，以满足发动机工作的需要。燃油泵按结构可分为离心泵、旋板泵、齿轮泵和引射泵等几类。

(3)油滤组件

油滤组件的作用是滤除流入发动机燃油系统燃油中的杂质。油滤组件一般由壳体、盖子、滤杯、旁通活门和油滤堵塞指示装置组成。油滤的滤芯多采用滤网式，也有少数滤芯为线隙式。

旁通活门的作用：在油滤堵塞时保证燃油继续供应，防止燃油减少导致发动机供油量下降，甚至导致发动机空中停车。

油滤使用一段时间后，杂质会附着在滤芯上，使流过滤芯的燃油受到阻滞，滤芯的内外产生油压差。随着杂质的增多，油滤堵塞会越来越严重，滤芯内外的油压差会逐渐增大。当油压差增大到一定程度时，旁通活门在油压差的作用下被打开，此时，部分燃油将不经滤芯过滤，而由旁通活门直接流向发动机。旁通活门打开的同时，自动接通油滤堵塞指示器电路，显示油滤堵塞。

5. 燃油供给系统控制附件

(1)转场油箱

当直升机需要增加航程时，可加装转场油箱。转场油箱系统由转场油箱与固定支架组装而成，通过螺杆安装在货舱地板上。油箱输油软管与机身转输接管嘴连接。通气软管与机身通气管连接，使后者与大气相通。油箱端部有加油口，可对油箱进行重力加油。

(2)油箱通气

燃油通气系统由燃油箱通气、转场油箱通气和油箱舱通气三部分组成，三者都是直接通大气。油箱通气系统有三个作用：平衡油箱内外气体压力，确保加油、抽油和供油的正常进行；避免油箱内外产生过大的压差造成油箱结构损坏；通过增压作用确保供油泵在高空的吸油能力，提高供油可靠性。

当油箱内的供油泵向发动机供油时，油箱油面会下降。若油箱密闭，油箱内就会形成负压，负压不仅会导致供油泵吸油困难，造成供油中断，还会造成油箱因外部气压大于内部气压而受到挤压，最终导致结构损坏。燃油通气系统不仅要做到将油箱与外界大气相通，还必须防止直升机姿态改变时燃油从通气口溢出而引起火灾。油箱通气系统一般包括两组独立的通气管路，这两组通气管路连到膨胀油箱上，膨胀油箱通过安装在其顶部的防溢油阀与通气管路上的防回火装置、绝缘管以及两条通气导管相连。

(3)燃油加热器

航空燃油中的水分在低温下易形成冰晶，这可能发生在油箱，也可能发生在主燃油滤里。如果发生在主燃油滤里，就会堵塞燃油滤，减缓燃油供应量，导致发动机停车，引发安全事故。因此有的直升机上安装了防冰油滤，或者安装燃油加热装置。发动机上的燃油/滑油热交换器就是一种比较成熟的加热装置。

燃油加热器是一种根据需要选装的设备，在驾驶舱里通过控制开关可以使热空气或热油通过加热装置为燃油加热。燃油/滑油热交换器在加热燃油的同时，还可以对发动机滑油起到降温冷却的作用。

(4)燃油供给系统指示与监控设备

燃油供给系统指示与监控设备由压力指示与监控设备和油量指示与监控设备两部分组成。

2.3.4　滑油系统

直升机发动机和减速器分别有独立的滑油系统润滑。当直升机采用多台发动机时，每台发动机都拥有独立的滑油系统。减速器包括主减速器、中间减速器和尾减速器，其中主减速器的滑油系统为独立滑油系统，中间减速器和尾减速器常采用泼溅润滑方式。主减速器、中间减速器及尾减速器上都安装了磁螺塞金属屑信号器，以保证润滑时没有金属屑。

1. 发动机滑油系统

(1)滑油系统的作用和类型

发动机工作时，滑油系统连续不断地将足够数量的清洁滑油，输送到发动机各转动机件的轴承和传动齿轮的啮合处进行润滑，以减少机件的磨损，带走摩擦产生的热量和杂物。发动机滑油系统的作用主要有润滑、冷却、密封和清洁。

常用的发动机滑油系统分为湿式油底壳滑油系统和干式油底壳滑油系统。湿式油底壳滑油系统中润滑油盛装在发动机油底壳中，润滑油喷射到发动机各部位完成润滑等任务后，部分可通过重力向下流至油底壳，再经过滤器、滑油泵等重新进入油道。湿式油底壳滑油系统结构简单，制造成本较低，但发动机重心偏高，不能满足直升机极限状态下的润滑要求。干式油底壳滑油系统中盛装润滑油的装置不作为发动机的一部分，而是单独外置一个储油容器或滑油箱，通过进出油管与发动机相连，涡轴发动机和活塞式发动机均可采用此种滑油系统。干式油底壳滑油系统因额外增加了储油箱，结构比湿式油底壳滑油系统更复杂，增加了直升机重量，制作成本较高，但避免了“挂油”引起的发动机功率降低的情况，直升机可以做各种极限机动动作。

(2)滑油系统的组成

直升机发动机滑油系统一般主要由滑油箱、滑油过滤器、滑油散热器、滑油泵、油路及放油开关等组成，并安有金属屑信号器、温度压力传感器及油滤堵塞指示器等安全检视装置。

滑油箱根据直升机设计的不同位置可能在发动机舱内或接近发动机的其他位置，作用是储存一定量的润滑油，确保在各种飞行姿态下都能向滑油泵供给充足的润滑油。油箱的容积设计需要考虑飞机机动性能和发动机的润滑需求，以保证在紧急情况下仍能供应一定的润滑油。

滑油散热器的作用是控制润滑油温度，使其正常发挥作用。散热器通常采用空气–滑油热交换器或油–油热交换器的形式，通过与外界空气或燃油等介质的热交换，将润滑油中的热量传递出去，从而避免润滑油过热导致润滑效果下降或润滑油变质。

滑油泵是滑油系统的核心部件，负责将润滑油从滑油箱抽出，并通过油路输送到发动机的各个润滑点。通常，滑油泵采用离心式或齿轮式，分为增压级和回油级，其工作原理是利用发动机的动力输出，通过机械传动或电动驱动，使润滑油达到一定的压力和流量，确保其能够到达远端的润滑部位。

滑油过滤器用于清除润滑油中的杂质和磨损产生的颗粒，确保润滑油的清洁度，保护发动机内部的摩擦表面不受污染和磨损。滑油过滤器通常包括粗滤和细滤，可以有效延长润滑油和发动机部件的使用寿命。

金属屑信号器通常设置在滑油系统中的回油管路中，能够检测润滑油中金属屑等杂质，并通过信号输出进行预警或报警，提醒操作人员及时采取措施。

2. 主减滑油系统

滑油系统是传动系统的重要组成部分，其性能往往直接影响传动系统的安全可靠性和性能。主减滑油系统的主要功能是向所有摩擦副和齿轮、轴承和花键连接处供油，以减小摩擦和对零件进行有效的冷却，避免磨损和胶合故障，保证其正常工作。主减速器在传动系统中非常重要，对滑油系统性能和结构的设计要求更为严格。主减滑油系统具有以下特点。

(1)采用压力润滑方式

由于主减速器中需要充分润滑、冷却的关重件(关键、重要的部件)较多，并且具有高速、大扭矩的特点，所以无法采用一般的溅油方式对其进行润滑和冷却。主减滑油系统通常采用压力供油、喷嘴喷射滑油的方式，以保证润滑油能够到达摩擦副表面，形成稳定的油膜。而对于一些高速运转的轴承，主减滑油系统则采用轴承环下润滑的方式，以达到更好的润滑、冷却效果。

(2)系统结构紧凑

由于主减速器的体积和重量受到严格的限制，滑油系统需满足结构紧凑的要求。所以，主减滑油系统在其储油池、油管和喷嘴等方面都需要采用特殊的设计。

直升机一般采用湿式油底壳滑油系统方案，即将主减速器机匣底部的壳体作为滑油池，这样就可以省去单独的滑油箱，以达到节省空间、减轻重量的目的。图2-8为典型的湿式油底壳滑油系统结构示意。

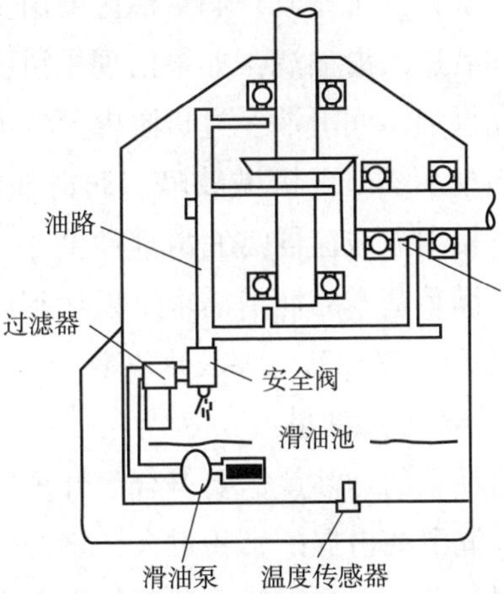

图2-8　湿式油底壳滑油系统结构示意

(3)有较强的适应能力

为了保证主减速器在各种环境和工况下都能够正常工作，主减滑油系统必须对温度、压力等环境参数的波动具有很强的适应能力。因此，主减滑油系统一般都设置温度调节活门、压力调节装置和油滤旁通活门等调节装置，以提高滑油系统的可靠性。

(4)具有应急润滑功能

应急润滑功能是指当位于主减速器外部的油管、散热器等发生损坏而导致润滑油压力下降时，滑油系统仍能够保证最基本的润滑油供应量，在一定时间内维持主减速器的正常运转。为了保证直升机的安全可靠性，在现代直升机的设计中，一般都要求在主滑油系统的基础上，增加应急滑油系统作为备份，以满足主减速器在紧急情况下的润滑需求。典型的主减滑油系统结构示意如图 2 –9 所示。

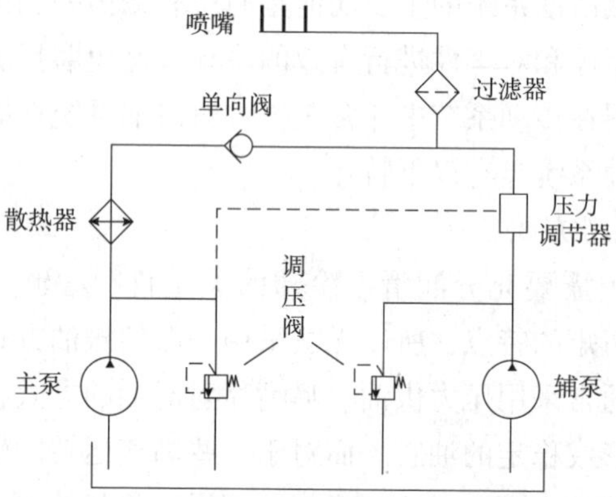

图 2 –9　典型的主减滑油系统结构示意

系统正常工作时，润滑油主要由主滑油泵提供，润滑油通过外部油管经散热器冷却后进入滑油滤；如果出现主滑油泵供油量不足的情况，辅助滑油泵可以进行补充供油，润滑油经过机匣内部的油管进入滑油滤。

当主系统出现机械故障、润滑油泄漏导致的压力下降时，辅助滑油泵将单独、直接向主减速器需润滑部件供油，使滑油系统内的润滑油压力保持在较低的水平，满足基本的润滑需求，以达到应急润滑的目的。

3. 滑油系统的主要技术参数

(1)滑油加油量

滑油箱的加油量需要符合设计规定要求。加油量过多时，在润滑油温度升高以后，润滑油占据的容积过大，将妨碍油箱通气，致使润滑油中的气体过多，影响润滑和散热，严重时，还可能引起系统气塞，并使润滑油消耗量过大；加油量过少时，不能保证有足够的润滑油来润滑、散热，会使润滑油循环加快，引起润滑油温度过高，影响润滑和散热。

(2)滑油消耗量

发动机工作时，由于离心通风器不可能将滑油蒸气中的润滑油完全分离出来，会有部分润滑油随气体排至机外，同时，各轴承处的挡油装置也不可能将润滑油全部挡住，因此，润滑油必然有消耗。正常情况下，滑油消耗量不大于 0.6 L/h。

(3)滑油压力

滑油压力是指滑油附件出口的滑油压力，它的大小可通过滑油压力表来检查。滑油压力过小时，将使系统供油不足，影响润滑和散热；滑油压力过大时，会使系统渗漏润滑油，造成消耗量过大。

(4)滑油温度

滑油温度是指润滑油回油管路上的滑油温度。滑油温度通过装在回油管路上的温度传感器来进行测量。发动机工作时，回油系统的报警温度是(210 ±6) ℃。滑油温度过低时，润滑油黏度过大，不易流动；滑油温度过高时，润滑油黏度过小，不易黏附在机件表面，并可能引起润滑油提前变质。这两种情况都会使机件运行不良。

2.4 操纵与液压系统

2.4.1 操纵系统

1. 操纵系统概况

(1)单旋翼带尾桨式直升机的操纵原理及特点

直升机在空中有6个自由度，即沿 x(纵轴)、y(竖轴)和 z(横轴)3个轴的移动与绕这3个轴的转动。在稳定飞行时，直升机处于一种平衡状态，作用在它上面的合力和合力矩之和均等于零。

若要改变直升机的飞行状态，就要改变作用在直升机上的力和力矩，打破原来的平衡状态，建立新的平衡状态，这就是直升机的操纵。完成这种功能的系统就是操纵系统。飞行员正是通过操纵系统来控制直升机的飞行，保持或改变直升机的平衡状态。

由于单旋翼带尾桨式直升机纵向和俯仰运动、横向和滚转运动互不独立，所以只需要4种操纵就可以控制6个自由度的运动，这4种操纵是纵向操纵、横向操纵、航向操纵和总距操纵。直升机纵向、横向操纵都联结在一根驾驶杆上，所以也称为手操纵系统。当然，直升机的纵、横向操纵是彼此独立、互不影响的，都通过改变自动倾斜器的倾斜角，来改变旋翼拉力的方向。航向操纵通常用脚操纵，所以又称脚操纵系统。它通过改变尾桨桨叶的桨距，来实现尾桨拉力的变化，从而改变航向。总距操纵通过改变自动倾斜器的上、下位置，来改变旋翼的总桨距，从而改变旋翼的整体拉力。通常，拉力的改变也会导致旋翼需用功率的改变，因此在调整旋翼总桨距的同时，要调整发动机的输出功率。为了简化操纵，一般将发动机的油门操纵与总距操纵交联起来，称为总桨距－油门操纵，用一根总桨距－油门杆来控制。

有些直升机的总桨距－油门杆上还设有油门环。在旋翼总桨距不变的情况下，转动油门环，可同时改变每台发动机的燃油供油量，以便同时改变每台发动机的输出功率。

(2)典型直升机操纵系统及必要条件

典型直升机的操纵系统可以分为主操纵系统和尾操纵系统。主操纵系统包括周期变距操纵和变总距操纵；尾操纵系统主要指尾桨操纵系统。

周期变距操纵主要通过操纵驾驶杆来实现；变总距操纵通过操纵总桨距－油门杆来实现；尾桨操纵则通过脚蹬实现。飞行操纵系统必须有符合人员操纵习惯的、安全的、有效的和精确的操纵特性，还应满足灵敏性、刚性、稳定性、不可逆转性、有操纵感觉度、有备用系统等条件。

灵敏性要求液压助力器必须有足够的灵敏度，一旦收到飞行员的操纵指令，能在最短的时间内做出响应。操纵系统可以通过消除柔性以及连接点和安装点的间隙来获得刚性，通过确保液压油内没有空气存在可保证液压助力器的刚性。操纵系统还必须具有稳定性，以防止动力飞行操纵组件的无意操纵，减轻飞行员的操纵压力。作用在旋翼上的任何气动载荷不应该反过来操纵液压助力器，这需通过液压助力器内的液压锁来实现，即分油活门在零位或中立位时，传动活塞两侧的油腔都是关闭的，液压油既不能流入也不能流出液压助力器的腔体。

在操纵系统中，飞行员所感受的只是来自克服系统的静摩擦和操纵分油活门所需要的极小的力。如果驾驶舱内的操纵没有力的感觉，就有可能是由于过度操作而超越直升机结构在飞行包线内所承受的应力极限。因此，直升机上装有弹簧式加载机构或电动(电液)配平机构，使驾驶员在操纵驾驶杆或脚蹬时产生力的感觉，这种力的大小与直升机的速度和飞行员的操纵输入量成正比。为使直升机能自动保持稳定的飞行状态，直升机一般还装有自动驾驶仪控制的飞行辅助操纵舵机。由于飞行操纵系统对直升机的飞行安全非常重要，因此直升机一般有两套液压操纵系统。

(3)直升机操纵系统的发展

随着直升机技术、电子技术和控制理论的发展，以及对直升机飞行品质要求的不断提高，直升机的操纵系统在数十年间经历了从简单机械式、液压助力式、电传操纵到光传操纵的发展，目前还在研究和试验智能操纵系统。

简单机械式操纵系统通过操纵杆、拉杆及摇臂等与自动倾斜器相连，利用钢索、滑轮等操纵尾桨。目前在小型直升机上还会采用简单机械式操纵系统。其优点是简单、直接、可靠，缺点是旋翼桨叶的变距力会传到驾驶杆上，因而杆力较大且易抖动。此外，操纵线系的间隙、摩擦都会表现在驾驶杆上，降低了操纵品质。

目前大多数直升机采用液压助力式操纵系统，即把液压助力器增加到机械式操纵系统中，驾驶杆不直接操纵自动倾斜器或尾桨，而是控制液压作动筒的伺服阀，由液压作动筒驱动自动倾斜器运动。其优点是操纵力大、无回力，驾驶杆力可以按照理想规律由力感与配平系统提供。此外，还可以增加电子增控增稳系统，将其信号接入伺服阀，以改善直升机的操作稳定性。其缺点是结构复杂、质量大、易出故障，必须设置两套液压系统。

当代先进直升机已采用电传操纵系统。电传操纵系统由驾驶杆经多余度电路向计算机输入操纵指令，计算机控制液压作动筒来驱动自动倾斜器使旋翼变距。它具有以下优点：

1）计算机软件可以有效保证直升机具有良好的稳定性和操纵响应，使直升机达到满意的飞行品质；

2）全系统尺寸小、质量轻、便于安装；

3）容易实现多余度及具有故障自应变能力，使直升机的生存力大为改善。

电传操纵系统的缺点是容易受电磁脉冲静电感应的影响，使可靠性下降。一般认为，电子系统不及机械系统结实耐用，因而电传操纵系统必须是多余度的。

为消除电传操纵系统易受电磁干扰的缺陷，人们又开始研究光传操纵系统。其基本特点是采用光缆传输编码光脉冲信号。这种操纵系统尚处于研发阶段，尚未得到应用。

直升机的应用领域非常广泛。但是，直升机的操控比较困难，这是阻碍直升机获得广泛应用的原因之一。目前，国内外都在研究智能操纵系统，以改善直升机的飞行品质，使之完全适应任务需要，也使直升机的飞行操纵简化，以便于驾驶。

2. 座舱操纵机构的结构

直升机座舱操纵机构包括总桨距－油门杆、驾驶杆、脚蹬和发动机油门单操手柄，其中总桨距－油门杆、驾驶杆和脚蹬一般都设置有两套，分别供正、副驾驶员对直升机实施操纵。两套总桨距－油门杆分别布置在驾驶员座椅左侧的座舱地板上，两套驾驶杆及脚蹬分别对称布置在座舱地板纵轴线的两侧。发动机油门单操手柄一般固定在座舱顶棚的操纵板上或固定在座舱地板的支架上。

3. 操纵线系的结构

操纵线系是指座舱操纵机构到自动倾斜器之间的部分，又称传动机构。操纵线系通常有硬式、软式和混合式 3 种。

硬式操纵线系主要由传动拉杆、摇臂等组成。其特点是变形量小、摩擦力小、操纵反应灵敏，但重量较重、占空间大，装配时不易绕过其他设备。

软式操纵线系主要由钢索、滑轮和扇形件等组成。其特点是体积小、重量轻、结构简单，安装时易于绕过机身的内部结构和各种设备；但钢索易磨损，操纵灵敏性稍差。

混合式操纵线系由硬式和软式线系组合而成，兼具硬式和软式线系的优点与缺点。直升机的手操纵和总距操纵系统均为硬式操纵线系。航向操纵一般采用混合式操纵线系，以便于传递较远的路线。

4. 自动倾斜器

操纵直升机的飞行状态最主要的就是控制旋翼拉力的大小和方向，即控制旋翼的总距和周期变距，完成这一功能的部件就是自动倾斜器。常见的自动倾斜器类型有球铰式和万向接头式。各型自动倾斜器的功能是一样的，都具有以下特点：

1)随旋翼旋转，与每一片桨叶相联结，可改变每片桨叶的桨距；

2)能够向任意方向倾斜，以实现周期变距；

3)能够沿旋翼轴上下移动，以实现变总距。

5. 辅助操纵附件

旋翼的总距和周期变距以及尾桨距的改变，都是由驾驶员对操纵系统分别实施操纵的结果。随着飞行速度的加快和飞行重量的增加，凭借人力直接操纵旋翼和尾桨变距是难以实现的。而且，操纵所受的载荷是交变的，会引起操纵线系和操纵机构的振动，从而影响飞行品质。

为了解决操纵力过大和操纵系统的振动问题，现代直升机的操纵系统一般都装有不可逆式液压助力器，驾驶员只需用很小的力去操纵液压助力器的分油活门，即可驱动旋翼和尾桨变总距或周期变距。液压助力器解决了操纵系统振动和操纵力过大的问题，但由于驾驶员操纵时无力的感觉，容易引起操纵过度，为此在直升机操纵系统中应配备有感觉系统。

2.4.2 液压系统

1. 液压系统概况

(1)液压油的特性

现代典型直升机液压系统一般分为主液压系统、辅助液压系统和应急液压系统。主液压系统主要由主旋翼和尾桨伺服机构提供液压动力，减少飞行员的操纵力，使飞行员可以准确且轻易地操纵直升机。辅助液压系统用于操纵起落架的收放、机轮和旋翼刹车。应急液压系统一般为应急放起落架提供液压源，还可以为飞行操纵系统的伺服机构提供地面调试用的液压源(常称为地面辅助功能)，以及给刹车系统增压。

液压油的主要特性是润滑性、黏性、压缩性、抗燃性(防火特性)、机械稳定性和化学稳定性。

润滑性是指液体能够在两个部件的摩擦面之间形成一层“油膜”的特性。黏性是指当流体流动时，由于分子间内聚力的作用而产生的内摩擦力。黏度过高或过低都会影响油液的润滑性，对系统的功率损失也有重大影响。压缩性是指液体所受的压力增大时其体积缩小的一种性质。通常，压缩性应尽可能小，当液压油中混有气泡时，其压缩性将显著增大，引起传压迟缓、系统抖振，进而使液压系统的工作受到影响。衡量抗燃性的一般指标为闪点、燃点和自燃点。液压油必须有良好的防火性能，主要是指有高的闪点。机械稳定性是指液体在长时间的高压作用下，保持其原有物理特性的能力。化学稳定性主要是指油液抗氧化的能力。

(2)液压传动基础

液压系统是利用液体能够在导管中流动和传递压力的特性进行工作的。它突出的优点是响应速度快和具有较大的功率放大系数，因而在固定翼飞机和直升机以及机械设备中得到广泛应用。直升机的旋翼和尾桨就是借助液压传动进行操纵的。

液体静压力的传递情况可以根据帕斯卡定律得出，在密闭的充满液体的连通容器中，只要在小活塞上施加较小的力 F_1，就可在大活塞上支撑起较大的载重 F_2。液压系统中各种传动装置，都是应用这个定律去克服很大的载荷的。

液压系统进行工作时，为了克服旋翼、尾桨等的外载荷，必须有足够的作用力作用在液压助力器的传动活塞上，即系统内的工作油液必须具有足够的压力。为了保证对旋翼、尾桨的操纵速度，进入液压助力器工作的高压油液还必须具有足够的流量(单位时间内流入液压助力器的油液体积)。压力和流量的乘积，就是系统的液压传动功率。系统油液的压力大，表示克服的外载荷大；系统油液的流量大，表示被操纵部件的传动速度快。压力大或流量大，都说明液压传动功率大。

液压传动功率是由液压泵供给的，液压传动原理实质上就是液压泵如何将输出功率传给液压助力器进行传动工作。

除此以外，液压泵输出的功率传到液压助力器时，由于经过一系列附件和许多导管，要损失掉一部分功率，即压力会有所降低，流量会有所减小，这对认识液压系统及其附件的工作原理和正确使用并维护液压系统很重要。因此，还要了解液压系统的压力损失和节流原理。

(3)油液流动的压力损失

受流动阻力的影响，油液在管路中流动时，各处的压力是不相等的。

在液压助力器内，油压只用来克服外载荷。而在液压泵出口处，液压泵要将油液输送至液压助力器，不仅要克服传动活塞杆上的外载荷，而且要克服从液压泵到液压助力器之间整个管路上的流动阻力。油液流过每一小段管路、每一个附件时，都要克服流动阻力，消耗一部分能量，即都有压力损失。因此，油液在流动时，压力是逐渐下降的。

液体的压力损失包括沿程损失和局部损失两部分。

沿程损失是由液体在管路中流动时各层液体之间存在黏性摩擦而引起的压力损失。油液的黏度和流速(或流量)越大，流动时消耗的能量越多，压力损失就越大。所以，在其他条件相同的情况下，油液的流量越大，压力损失就越大。油液不流动时，没有压力损失，管路中各处油压相等。此外，沿程损失的大小还与管路的情况有关。导管越长、管径越小或管壁越粗糙，油液流动时的压力损失就越大。

局部损失是由液体的流动方向或管路的截面形状发生急剧变化(例如液体流过弯曲的导管或流过附件、导管内的节流小孔等)而引起的压力损失。试验证明，导管弯曲度越大，附件、接头或导管等的内径变化越大，流动时消耗的能量越多，压力损失也越大。

(4)液压系统的基本组成

液压系统按功能划分，一般包括4种元件：动力元件，指液压泵，其作用是将电动机或发动机产生的机械能转换成液体的压力能；控制调节元件，即各种阀，用于调节液体的压力、流量和方向，以满足工作要求；执行元件，包括液压作动筒和液压助力器，其功能是将液体的压力能转换为机械能；辅助元件，除上述3种元件之外的其他元件都称为辅助元件，包括油箱、油滤、散热器、蓄压器及导管、接头和密封件等。

一个基本的液压系统只需包括一个液压油箱、电动泵、选择活门、液压作动筒、油滤和必要的管路。

液压系统除了上述基本组成外，一般还会设置液示指示与监控设备，以便指示和控制系统的工作状态。

2. 液压系统的动力附件

液压系统使用的动力源为液压泵。液压泵都是容积式泵，利用容积变化来进行吸油、排油。在现代直升机液压系统中，中低压系统多采用齿轮泵，高压系统一般采用柱塞泵。多余度的液压系统，一般还采用电动液压泵作为备份的液压泵。

3. 液压系统的控制附件

液压系统的控制附件用来控制液压系统中工作油液的流动方向、压力和流量，以满足液压执行元件对运动方向、力、运动速度、动作顺序等方面的要求，分为压力控制阀、方向控制阀和流量控制阀3大类。

压力控制阀：利用阀芯上的液压作用力和弹簧力保持平衡来进行工作，一旦平衡被破坏，阀口的开度或通断就会改变。它包括溢流活门、卸荷活门和转换活门等附件。

方向控制阀：功用是控制液流的通、断和改变液流的方向或通路。它包括单向活门、自封活门、电磁开关和电磁活门等附件。

流量控制阀：通过改变节流口的开口面积来控制流量，以控制或协调执行机构的运动速度。它包括节流器和定量活门等附件。

各型液压阀均由阀体、阀芯和操纵机构(包括手动、机控、电磁控制或液动操纵机构)3部分组成，利用阀芯在阀体内的相对运动来控制阀口的通断及开口大小来实现控制和调节。它在系统中不做功，也不进行能量转换，只是对液压系统起控制作用。

4. 液压系统的辅助附件

液压系统的辅助元件是液压系统中不可缺少的一部分。它包括液压油箱、液压油滤、蓄压器、密封装置、液压导管、接头等部件。这些辅助元件的数量最多，分布极广，但一旦出现问题，就会影响整个液压系统的性能，甚至破坏液压系统的工作，给直升机带来安全风险。

5. 液压系统的执行附件

液压系统的执行元件是对外界做功的一种液压元件。它将液体的压力能转换为机械能，大多服务于操纵系统，通常称为液压助力器(或称舵机、伺服机构)。它们的具体结构虽然各有区别，但作用只有一个，即对输入的指令信号进行功率放大，以便推动旋翼和尾桨变总距或者周期变距，起到助力作用。

液压助力器按作动筒的配置形式，可分为单作动筒式、双作动筒串联式和双作动筒并联式3种。

第3章 航空燃油

3.1 航空活塞式发动机燃料

航空活塞式发动机燃料又名航空汽油。主要成分为 $C_5 \sim C_{12}$脂肪烃和环烷烃类，以及一定量的芳香烃，主要含有催化裂化汽油的精制组分，并添加适量的异丙苯、烷基化汽油、工业异辛烷、异戊烷和四乙基铅，以及十万分之一的抗氧剂，有时还加入少量腐蚀抑制剂及少量油溶性染料。航空活塞式发动机燃料是一种用于飞机的高辛烷值燃料，曾经用于赛车中，具有足够低的冰点(-60 ℃)和较高的发热量，以及良好的蒸发性和足够的抗爆性，只用于往复式发动机飞机上。喷气式飞机和涡轮螺旋桨式飞机则使用喷气燃料。

3.1.1 航空活塞式发动机对燃料的要求

对航空活塞式发动机燃料的质量要求虽然和对车用汽油质量要求有类似之处，即要求燃料具有适当的蒸发性、良好的抗爆性和安定性，无腐蚀性、不含机械杂质和水分，但具体要求的程度有所不同。航空活塞式发动机燃料与车用汽油的质量要求区别主要有下列几点。

1. 蒸发性限制较严格

航空发动机要求使用的汽油具有良好的蒸发性，能在化油器和进气系统中充分气化，不致冲稀润滑油而造成磨损。直接喷射式发动机允许燃料气化时间很短(曲轴转动至上止点后30°开始喷油，至上止点前20°结束，以转速2600 r/min计，相当于0.01~0.02 s)，所以要求燃料具有良好的蒸发性。与车用汽油比较，航空活塞式发动机燃料中尾馏分较少，终馏点限制在180 ℃(实际上一般为160 ℃左右)，50%和90%馏出温度都比车用汽油低。这说明航空活塞式发动机燃料的平均蒸发性要比车用汽油好。

同时，为了保证良好的高空性能，防止发生气阻而造成飞行事故，对航空活塞式发动机燃料的轻质馏分含量也作了严格限制，规定初馏点不低于40 ℃，蒸气压力不大于48 kPa。这说明航空活塞式发动机燃料中不得含有过轻的组分，以免蒸发性过高。而车用汽油为了扩大来源，对初馏点通常不限制，对蒸气压的要求也宽松得多。

蒸发性过高的汽油还会使化油器的进气管和节气阀等处结冰，导致发动机转速下降，功率降低，严重时会使发动机停车。通常在湿度较大及温度处于 -10 ~ 30 ℃范围内时，结冰现象最易发生。适当提高进气温度和控制燃料的蒸发性，均有利于消除化油器结冰现象。

2. 抗爆性要求较高

苏制和国产航空活塞式发动机的压缩比都不是很高(例如，运 -5 飞机使用的活塞 -5 型发动机压缩比为6.4，直 -5 使用的活塞 -7 型发动机压缩比为6.9等)，但由于有增压，气缸的温度和压力较大，要求使用抗爆性较高的汽油，无增压装置而且压缩比较低的发动机则要求使用抗爆性中等的汽油。例如，功率高、超载强度大的 AⅢ -73TK 发动机选用的是100 号航空活塞式发动机燃料。超载强度稍次的活塞 -8 发动机使用95 号航空活塞式发动机燃料。

飞机在起飞或执行特殊任务时，要求发动机发出最大的功率，在这种情况下，除利用增压器提高进气压力外，还需加浓混合气，即采用富油混合气进行工作。有些辛烷值相同的燃料在富油状态下工作时抗爆性能不同，因此，航空活塞式发动机燃料不仅要在较贫油状态下有良好的抗爆性，而且在富油状态下也能发出较大的功率。换句话说，航空活塞式发动机燃料既要求有较高的辛烷值，也要求具有较高的品度值。

3. 安定性要求较高

为了保证飞行安全和发动机可靠工作，并适合较长时间储存，要求航空活塞式发动机燃料比车用汽油具有更良好的安定性。航空活塞式发动机燃料一般不含有热裂化产品，性质较为安定，但乙基液的含量较车用汽油高很多，因此在储存和运输过程中，应采取措施，防止四乙基铅分解和燃料变质。

4. 低温性要求较高

飞机在高空低温下飞行时间较长时，燃料的温度下降，若含有悬浮水，就会结成微小的冰晶，堵塞滤孔，阻碍供油。因此，航空活塞式发动机燃料中不允许含有不溶解的水分和机械杂质，规定结晶点不高于 -60 ℃，而车用汽油对低温性没有要求。

3.1.2 航空活塞式发动机燃料的性质

1. 蒸发性

航空活塞式发动机燃料在平时呈液体状态，在燃烧时则呈气体状态。航空活塞式发动机燃料由液体状态转化为气体状态的性能，叫航空活塞式发动机燃料的蒸发性。航空活塞式发动机燃料必须在进气道或燃烧室中气化，与空气按一定比例形成混合气体才能在气缸中燃烧。航空活塞式发动机燃料蒸发的完全程度、与空气混合的均匀程度，都与蒸发性有关，所以蒸发性直接影响汽油的燃烧速度和燃烧完全程度，从而影响发动机的功率和经济性。近代汽油机燃料蒸发形成混合气的时间极短，为 0.005 ~ 0.05 s，因此，要求车用汽油具有良好的蒸发性，以保证在各种条件下发动机容易起动、加速和正常运转。汽油的蒸发性越好，就越易气化，在冷车和低温情况下能使发动机顺利起动和正常工作。反之，若汽油的蒸发性不好，汽油气化不完全，难以形成足够浓度的混合气，不但发动机不易起动，而且使发动机工作不稳定，燃烧不完全，增大燃油消耗。此外，没有被燃烧的油滴形成液膜流入气缸后，会沿气缸和缸壁间的间隙进入曲轴箱，使气缸和缸壁间的润滑油被冲洗掉，从而使气缸的密封性下降，气缸的最大压力下降，发动机的输出功率减小。气缸和缸壁间的润滑油被冲洗掉后，气缸和缸壁间的磨损相应增大。液膜进入曲轴箱，对润滑油产生稀释作用，使润滑油黏度下降。气缸和缸壁间的密封作用是靠润滑油实现的，润滑油黏度下降，势必造成润滑油从摩擦部位的流失增加，润滑油的密封性随之下降。此外，润滑油黏度下降，还会使润滑油的润滑性下降，导致发动机运动部件的磨损增大。总之，液膜的产生会使发动机的燃料消耗量增加、输出功率下降、运动部件的磨损增大。因此，蒸发性不好的汽油，不宜使用，特别不宜在冬季使用。

蒸发性也不宜过好，否则会使汽油在保管时由于蒸发太快而损耗增大，而且在夏季使用时，汽油进入化油器以前就蒸发为气体，在汽油泵、输油管等曲折处或油管较热的部位形成气泡。这些气泡就像塞子一样会堵住油管，妨碍汽油流动，使供油不畅甚至中断，造成发动机熄火停车，这种现象称为“气阻”。在炎热季节、在高海拔行驶或重负荷下工作的汽车发动机，如使用蒸发性太好的汽油，就易产生“气阻”现象，造成行车故障。

因此，汽油的蒸发性要适宜，不能太好，也不能太差。在汽油标准中衡量汽油的蒸发性，我国使用的质量项目是馏程和饱和蒸气压。

(1)馏程

馏程是指汽油在规定条件下蒸馏所得到的，以初馏点和终馏点(干点)表示其蒸发特征的温度范围。

1)馏程的测定。汽油蒸馏的测定方法有 2 种，一种是 GB/T 255—1977，另一种是 GB/T 6536—2010。这两种方法原理相同，在仪器设备和操作条件以及精密度计算等方面略有不同。现在车用标准中采用 GB/T 6536—2010 的方法，其测定仪器如图 3 - 1 所示。

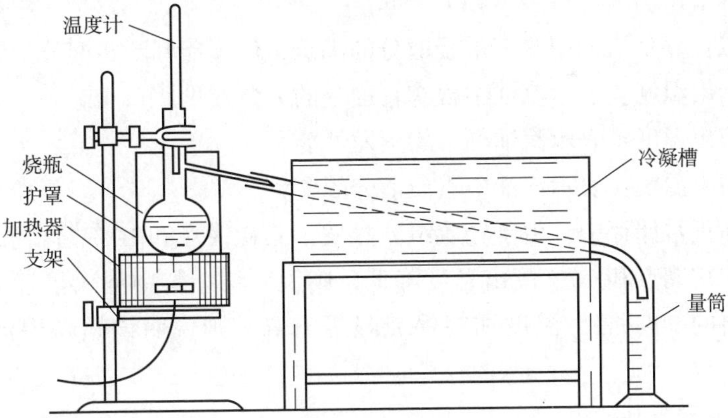

图3-1　馏程测定仪

测定时按规定用量筒取100 mL汽油倒入蒸馏烧瓶中，以规定的速度加热使之沸腾。汽油蒸气通过蒸馏烧瓶的支管，经冷凝槽中冰水冷却后又变成液体汽油。记下从冷凝管滴入量筒第一滴汽油的蒸馏温度，即为初馏点。然后依次记下量筒内回收的冷凝液体达到10 mL、50 mL、90 mL时的蒸馏温度，它们分别称为10%馏出温度、50%馏出温度、90%馏出温度。继续蒸馏直至烧瓶底部最后一滴液体气化一瞬间所记录的温度为干点。终馏点是在蒸馏试验条件下，全部液体从蒸馏烧瓶底部蒸发后所观察到的温度计最高读数。

蒸馏完毕，烧瓶中残留物体积(毫升)所占加入试样的百分数为残留量。用100%减去总回收百分数(馏出量+残留量)之差为损失量。

在测定时，汽油的初馏点不易测定准确，因为在取样和试验操作过程中轻质馏分很易蒸发掉。在国家标准中，对车用汽油的初馏点也未作具体要求。

2)馏程的意义。馏程是汽油蒸发性的主要质量项目。通过馏程即可知道汽油的沸点范围，也可判断汽油组成中轻质和重质成分的大体含量，并据此衡量汽油蒸发性的好坏。在汽油生产过程中，馏程常作为重要的控制项目之一，并据以调节炼制的操作条件。

各种液体燃料的馏程都有详细规定。馏程测定可以判定燃料的沸点范围。各种燃料的沸点范围不同，常用液体燃料的沸点范围如表3-1所示。

表3-1　常用液体燃料的沸点范围

燃料	沸点范围/℃
航空活塞式发动机燃料	40~180
车用汽油	35~205
喷气燃料	150~300
车用柴油	200~365

汽油各馏出温度可以表示如下概念。

初馏点：表示汽油中含有最轻馏分的沸点，但不能判断轻馏分的含量多少。

10%馏出温度：表示汽油中含有轻馏分的大概数量。

50%馏出温度：表示汽油的平均蒸发性能。

90%馏出温度：表示汽油中重质馏分的含量。

燃料在正常储存中，由于轻质组分蒸发，其初馏点和10%馏出温度会升高。如果燃料的初馏点和10%馏出温度降低，则说明该燃料中混入了轻质燃料。同理，若燃料的90%馏出温度和终馏点显著升高，则说明该燃料中混入了重质燃料。

(2)饱和蒸气压

饱和蒸气压是指在规定条件下，油品在规定的试验仪器中气液两相达到平衡时，液面蒸气所显示的最大压力。以千帕(kPa)表示。

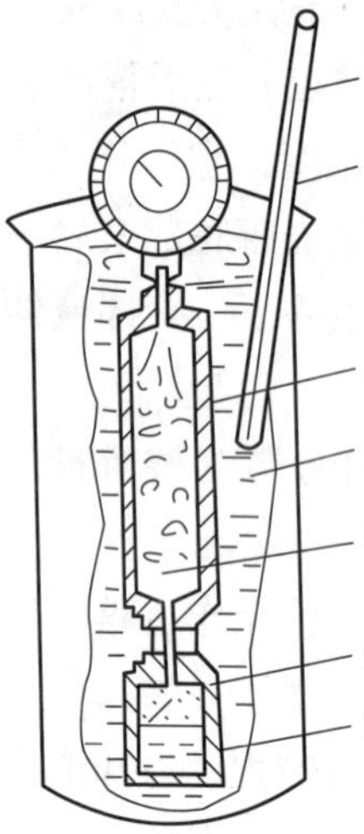

图3－2　饱和蒸气压测定仪

1)饱和蒸气压的测定。按国家标准GB/T 257，饱和蒸气压是在雷德法饱和蒸气压测定装置中测定的。该装置中的测定仪器(见图3－2)包括3部分：燃料室、空气室和压力计。仪器的最下部分为盛放汽油样品的燃料室，与燃料室连接的是空气室。空气室的容积为燃料室的4倍。压力计可以使用压力表或水银压差计。

测定时将预先准备好的汽油样品装入燃料室，连接空气室及压力计，并放入温度保持在38 ℃的水浴中，然后振荡容器，测定汽油样品产生的最大蒸气压(以kPa表示)。测定时，压力计上所示最大蒸气压数值，实际上为空气室内空气、水蒸气和试油蒸气的总压力，测得的结果经校正后即为试油的饱和蒸气压。国家标准GB/T 8017—2012《石油产品蒸气压的测定　雷德法》，其方法概要如下：

将经冷却的试样充入饱和蒸气压测定仪的燃料室，并将燃料室与37.8 ℃的空气室相连接。

将该测定仪浸入恒温浴[(37.8 ±0.1) ℃]，并定期振荡，直至安装在测定仪上的压力表的压力恒定，压力表读数经校正后即为雷德蒸气压。所用的仪器与图3－2所示的仪器相同。

2)测定饱和蒸气压的意义。饱和蒸气压越大说明汽油的蒸发性越好，反之越差。

饱和蒸气压的大小主要由汽油中轻质组分多少决定。饱和蒸气压高的汽油，含有较多的低分子组分。

饱和蒸气压的大小，同化油器发动机的低温起动性能有密切关系。如饱和蒸气压过低，发动机起动困难，在寒冷地区冬季更为严重；但饱和蒸气压过大，又会使发动机供油系统产生气阻，增加储运和使用中的蒸发损耗。

(3)蒸发性对发动机工作的影响

汽油的蒸发性直接影响发动机各项工作的正常进行。这主要是因为蒸发性和混合气的形成直接相关。化油器发动机在运行中，要求汽油蒸发性必须保证在任何气候条件下发动机都易于起动，加热迅速，从一种工作状态平稳地过渡到另一种工作状态，使各气缸混合气平均分配和尽可能少地稀释润滑油。

1)蒸发性对发动机起动的影响。发动机起动时，曲轴转速一般仅为 30 ~ 40 r/min，空气在喉管的流速很小(一般仅为 3 ~4 m/s)。在气温低的条件下，汽油不易蒸发，只有 4% ~10% 气化，造成发动机起动困难。未蒸发的汽油进入气缸，成为无益的消耗，同时还将润滑油从气缸壁上冲下，以及经活塞环的缝隙流入曲轴箱内，稀释曲轴箱内的润滑油。这种情况增高了燃料的消耗，加速了发动机的磨损和润滑油的稀释。

发动机起动难易与汽油中轻馏分含量有关，而轻馏分的含量又主要取决于 10% 馏出温度高低和蒸气压的大小。另外，汽油在 70 ℃以前的馏出百分数(体积)也和冷起动难易有关。

10% 馏出温度低，易在低温下起动。10% 馏出温度低，汽油中轻质馏分多，蒸发性好，发动机就易在较低的环境温度下起动。

10% 馏出温度低的汽油，由于蒸发性良好，能迅速形成合乎要求的混合气，所以冷起动时间短，起动时耗油量相对较低。

汽油饱和蒸气压与冷起动的关系是：饱和蒸气压越大，蒸发性越好，在较低的气温下越易起动；反之，冷起动就越困难。

2)蒸发性对发动机形成气阻的影响。汽油车在高温地区行驶，特别是爬坡时，其发动机燃料供给系统(油泵或输油管)常发生气阻，造成供油中断。此外，高原地区也常发生气阻现象。

气阻使供油减少，工作混合气变稀，因而造成发动机工作不稳定，发生抖动，并出现化油器回火以及功率下降等情况。当供油量减少到混合气浓度低于着火浓度界限(爆炸浓度界限)时，发动机即熄火。

汽油的供油系统产生气阻，是因为当汽油受热时，其中最轻质馏分首先变为蒸气，体积急剧增大(1 L 汽油完全变为蒸气时，其体积可增至约 150 L)，结果在输油管中产生很多气泡，使输油管实际横截面缩小、供油量减少，严重时产生气阻、堵塞油路、中断供油，导致发动机熄火。

气阻形成难易主要由4个因素决定，即汽油的饱和蒸气压、10%馏出温度、大气压力及空气温度。

饱和蒸气压越高，越易形成气阻。汽油的饱和蒸气压越高，含有轻质组分越多，蒸发性越好，形成气阻的倾向就越大。饱和蒸气压是用来控制汽油不致发生气阻的重要质量指标。

10%馏出温度越低，越易形成气阻。10%馏出温度过低，表示汽油中的轻质组分含量多，易在夏季炎热地区产生气阻。

大气压力越低，越易形成气阻。大气压力低时，汽油易气化，形成气阻的可能性越大。青藏高原平均海拔3000～5000 m，其大气压力均为55.8～70.5 kPa，在该地区不能使用蒸气压过高的汽油。

在空气温度高或大气压力低的使用条件下，要采取措施防止发生气阻。如加强发动机室的通风，对汽油泵和输油管进行冷却或隔热，减少输油管的弯角，选用适合的汽油，保证汽油泵压力等。

3）蒸发性对发动机预热的影响。汽油发动机起动后，不能立即加负荷使用，应使发动机预热，使各部件获得良好润滑，使水箱温度达到50 ℃左右，这个过程称为暖机过程。

发动机预热时间长短，取决于发动机的设计、工作环境的气温和汽油的蒸发性。如果进气管温度低，发动机转速慢，汽油蒸发性差，那么大部分汽油不能蒸发而成液膜状进入气缸，燃烧不充分，导致发动机预热速度慢，不能很快进入正常工作状态。

汽油的蒸发性，特别是50%馏出温度是影响发动机预热的重要因素。汽油50%馏出温度低，也就是平均蒸发性好，容易蒸发参加燃烧，放出的热量多，因此发动机预热时间短。

4）蒸发性对发动机加速性的影响。当发动机由低速变为高速时，进入气缸的浓混合气立即增加，这样才能提高发动机功率，提高转速。加速时能否获得足够浓的混合气，与汽油50%馏出温度密切相关。汽油50%馏出温度较低，就能迅速蒸发，与空气形成浓混合气进入气缸，保证发动机转速增加。

5）汽油的蒸发性对混合气分配的均匀性、发动机磨损、燃料消耗量、润滑油稀释的影响。汽油的90%馏出温度和干点（或终馏点）是影响混合气均匀的指标。90%馏出温度和干点过高，由于蒸发不完全，在进气系统生成的液膜数量增多，使气缸分配的混合气不均匀，造成动力损失；由于燃烧不完全而在燃烧室内积炭，未蒸发的重质馏分会冲掉气缸壁上的润滑油，渗入曲轴箱，稀释润滑油。这既增加了汽油的消耗，又使润滑油的润滑性能下降，造成机件磨损。

(4)蒸发性对储运的影响

汽油的蒸发性越好，在气压低或气温高的情况下，轻质成分越容易挥发，产生气阻，会造成装卸汽油困难，有时甚至卸不下油。

汽油蒸发性越好，表示它含的馏分越轻，因此，在储运时蒸发损失越大。汽油的蒸发损失不仅是数量的损失，而且还会引起汽油的质量发生变化。由于储运条件不同，蒸发的损失也不一样。实践证明，储存的温度高、汽油蒸发面积大、容器不严实都可使蒸发损失增加。

汽油蒸发性好，易形成可燃混合气，遇火源，可能造成火灾。同时，汽油的蒸气对人体健康有害，汽油蒸发性越好，越易造成火灾和产生对人体有害的影响，因此在储运时应加强管理。

2. 抗爆性

内燃机的热功效率与它的压缩比直接相关。随着内燃机压缩比增大，内燃机的平均指示压力增高，燃料消耗率降低。即压缩比大的发动机，其功率和经济性好，表3－2中的数据清楚地证明了这一关系。但是提高汽油机压缩比受到制造发动机的材质和汽油质量的限制，下面只讨论有关汽油质量的问题。

表3－2　汽油机压缩比与功率和耗油率的关系

压缩比	功率	耗油率
6.0	100	100
7.0	108	93
8.0	114	88
9.0	118	85
10.0	120	82

(1)爆震现象

有的汽油在低压缩比汽油机中能够正常工作，但在高压缩比汽油机中，则出现气缸壁温度剧烈升高、发出金属敲击声、排出大量黑色烟雾状废气、发动机功率下降、耗油率增加，甚至气缸零件烧坏、轴承振裂等问题。这一现象称为爆震。爆震时，汽油机的压缩比虽高，其热效率并未提高，反而有所下降，原因是汽油的抗爆性太差。具有良好抗爆性的汽油，即使在高压缩比的汽油机中工作，也不会产生爆震现象。因此，不同压缩比的汽油机，必须使用抗爆性与其相匹配的汽油，才不会出现爆震现象。

(2)产生爆震燃烧的原因

汽油机的爆震是由汽油不正常燃烧引起的，发生在燃烧过程的后期。汽油机产生爆震燃烧的根本原因是未燃混合气产生自燃。

汽油在汽油机中正常燃烧时，先在进气道中形成可燃混合气，进入气缸后，被炽热的气缸壁和活塞头加热，温度达到200 ℃以上，混合气中的烃类被氧化，形成过氧化物。当火花塞发出电火花后，火花塞周围的烃类因受热使得过氧化物积累速度加快。当过氧化物浓度达到一定程度时，火焰中心首先在火花塞附近形成并迅速燃烧，火焰呈球面以 20 ~ 25 m/s 的传播速度向火焰前方的未燃混合气平稳推进，气缸内的压力及温度的变化均匀。

当使用抗爆性不好的汽油时，燃烧的情况不同。汽油发动机在点火燃烧后，其火焰是以扩散的方式向四周传播的，离火花塞较远的未燃混合气受已燃气体的压缩和热的辐射，温度升高，压力增大，产生大量的过氧化物自由基，氧化所放出的热量又使混合气温度升高，温度升高又促进了过氧化物自由基的产生，当混合气的温度升高至燃料的自燃点时(自由基的繁殖速度大于其消失速度)，过氧化物剧烈分解，使得燃料自行着火燃烧，其火焰也以扩散的方式向四周传播，但会与正常火焰发生相互撞击，从而产生冲击波，形成爆震燃烧，同时气缸内部局部的温度和压力急剧升高。

(3)爆震燃烧的危害

汽油机在正常燃烧时，燃烧室的最高温度为1800 ~2000 ℃，最大压力 2940 ~ 3920 kPa，火焰传播速度 15 ~ 35 m/s；而在爆震燃烧时，燃烧室的最高温度为2000 ~2500 ℃，瞬间压力高达 9800 kPa，爆震冲击波的传播速度达 1300 ~ 2300 m/s，由于爆震燃烧时的温度、压力及冲击波的传播速度都远高于正常燃烧，因此爆震燃烧会带来如下危害。

1)损坏机械。由于爆震燃烧产生的最大压力是正常燃烧的二倍，发动机曲轴等动力传输系统承受的压力相应增大，容易导致机械损坏。此外，爆震燃烧产生的冲击波在气缸内来回撞击气缸，使发动机出现振动，也容易损坏机械。

2)燃料消耗增加。爆震燃烧产生的高温会导致燃料燃烧产物裂解，如 CO_2 裂解为 O_2 和游离碳，裂解的燃料在排气行程中因来不及燃烧而被排出气缸，从而使得燃料消耗增加。

3)发动机输出功率下降。爆震燃烧产生的冲击波尽管压力很大，但属于瞬时冲击压，不能被发动机用于做功，相反，由于冲击波在气缸内来回撞击缸壁，使发动机出现振动而消耗动力，发动机输出功率相应下降。发动机出现轻微爆震，其输出功率下降 1% ~2%；发动机出现中等爆震，其输出功率下降 4% ~5%；发动机出现强烈爆震，其输出功率可下降 10%。

4)排气冒黑烟。发动机爆震燃烧的高温裂解产物游离碳，在排气行程中来不及燃烧就被排出气缸，这不仅会导致燃料消耗增加，而且还会造成对环境的污染。

汽油机发生爆震主要与汽油性质有关。如果汽油很易氧化，形成的过氧化物易分解，自燃点很低，就比较容易发生爆震现象；反之，如果汽油不易氧化或形成的过氧化物容易分解而不易积聚或自燃点很高，则爆震现象不易发生。同时汽油机压缩比过大，气缸温度过高，也容易引起爆震现象。

(4)抗爆性的评定指标

汽油的抗爆性表示汽油在一定压缩比发动机中不产生爆震燃烧的性能。汽油在贫油混合气状态下运行时的抗爆性用辛烷值来表示，在富油混合气时的抗爆性用品度来衡量。因而车用汽油和航空活塞式发动机燃料抗爆性的表示方法不同。车用汽油的抗爆性用研究法辛烷值来表示，航空活塞式发动机燃料的抗爆性除用马达法辛烷值表示外，还可用品度来表示。

1)辛烷值(ON)。辛烷值是在规定的试验条件下与被测汽油抗爆性相同的标准燃料中所含异辛烷的体积百分数。标准燃料由不同体积的异辛烷(2，2，4－三甲基戊烷)和正庚烷混配而成。异辛烷被用作抗爆性优良的标准，辛烷值规定为100；正庚烷被用作抗爆性低的标准，辛烷值规定为0。将两者按不同体积比进行混配，就可以得到辛烷值由0～100的各种标准燃料。

辛烷值测定是在标准试验条件下，把试油与已知辛烷值的标准燃料(参比燃料)在爆震试验机上进行比较，若爆震强度相当，则标准燃料中所含异辛烷的体积百分数即为试油的辛烷值。依测定条件不同，主要有以下几种辛烷值。

马达法辛烷值(MON)：测定条件较苛刻，发动机转速为900 r/min，混合气温度149 ℃。它反映汽车在高速、重负荷条件下行驶时汽油的抗爆性。

研究法辛烷值(RON)：测定条件缓和，发动机转速为600 r/min，混合气为室温。这种辛烷值反映汽车在市区慢速行驶时汽油的抗爆性。对同一种汽油，因马达法辛烷值测定条件比研究法辛烷值苛刻，所以马达法辛烷值低于研究法辛烷值5～10个单位，这个差数称为汽油的敏感性或敏感度。

道路法辛烷值：也称行车辛烷值，用汽车进行实测或在全功率试验台上模拟汽车在公路上行驶条件进行测定。道路法辛烷值也可用马达法和研究法辛烷值按经验公式计算求得，马达法辛烷值和研究法辛烷值的平均值可近似地表示道路法辛烷值。

汽车在道路上行驶时对汽油辛烷值的要求，不能单独用MON或RON来描述，目前采用抗爆指数这一指标来表示汽油的抗爆性能。

$$抗爆指数 = (MON + RON)/2$$

我国车用汽油以研究法辛烷值和抗爆指数为抗爆性评定指标。汽油辛烷值越高，其抗爆性越好。我国车用汽油的牌号就是按研究法辛烷值大小划分的，如93号车用汽油要求其研究法辛烷值不小于93。

辛烷值越高，发动机的压缩比越高，发动机的燃料经济性越好。

2)品度。品度就是以化学纯异辛烷在增压航空法测定机上，在富油混合气条件下工作时，试油发出的平均指示压力(或平均功率)与化学纯异辛烷发出的数值相比的百分数。燃料的品度值越高表示该燃料在富油混合气工作条件下可发出的功率越高，抗爆性也越好。

航空活塞式发动机燃料的抗爆性不仅要用辛烷值表示，还必须用品度表示。这主要是因为辛烷值只能反映飞机在巡航时，发动机在贫油混合气(过剩空气系数 $\alpha=1.0$ 左右)条件下工作时的抗爆性。当飞机起飞、爬高时，为了得到最大功率，发动机必须在富油混合气($\alpha=0.6\sim0.65$)条件下工作，此时需用品度来衡量汽油的抗爆性。

我国航空活塞式发动机燃料的牌号用辛烷值/品度表示其燃烧性能，如 95 号航空活塞式发动机燃料要求其马达法辛烷值不低于 95，品度不低于 130。

3)品度测定。品度是在标准单缸发动机中，在严格的规定条件下，与一定的标准燃料相比较而测得的。

航空活塞式发动机燃料的品度测定是以纯异辛烷为标准燃料，规定异辛烷的品度为 100。在规定的发动机和操作条件下，将待测航空活塞式发动机燃料在富油混合气条件下不发生爆震所能发出的最大功率和纯异辛烷所能发出的最大功率之比，作为航空活塞式发动机燃料的品度。例如，某汽油的品度为 130 即表明该汽油在富油混合气条件下不发生爆震工作时所能发出的最大功率比纯异辛烷发出的最大功率大 30%。

(5)抗爆性与其组成的关系

1)汽油抗爆性与其化学组成的关系。不同烃类辛烷值存在差别是因为各族烃的氧化特点不同。正构烷烃所生成的过氧化物容易分解成两个新自由基，因而过氧化物积累速度快、易自燃。芳香烃和高度分支的异构烷烃所形成的过氧化物分解时不易形成新自由基。而环烷烃和烯烃介于两者之间。因而烃类的抗爆性以芳香烃和高度分支的异构烷烃最好，环烷烃和烯烃次之，正构烷烃最差。

直馏汽油含芳香烃和异构烷烃量少，其辛烷值一般为 50 ~ 70；含芳香烃和异构烷烃数量较多的催化裂化汽油，辛烷值较高，约为 88。

2)汽油抗爆性与馏分组成的关系。表 3－3 中数据表明，同一类烃中，随分子中碳原子数增加，沸点升高，抗爆性变差。所以同一原油的汽油馏分越轻，辛烷值越高。因此汽油在使用和储存过程中，轻组分的蒸发损失会引起汽油辛烷值明显降低。

表 3-3 不同碳数正构烷烃的沸点和辛烷值

正构烷烃中碳数	C_4	C_5	C_6	C_7	C_8
沸点/℃	-0.5	36.5	68.7	98.4	125.7
辛烷值(MON)	90.5	61.9	26	0	-17

(6)提高汽油辛烷值的方法

提高汽油辛烷值的根本方法是改变汽油的化学组成，增加高辛烷值的芳香烃和异构烷烃的含量。这可以通过与高辛烷值组分调和或经催化裂化、加氢裂化、催化重整、烷基化、催化叠合等炼制工艺来实现。高辛烷值的航空活塞式发动机燃料就是以辛烷值较高的催化裂化汽油为基础油，加入工业异辛烷、异戊烷和异丙苯等高辛烷值组分调和而成的。

通过加入抗爆剂来提高汽油的辛烷值也是常用的方法之一。四乙基铅是应用最多、效果最好的抗爆剂，但由于其排放物会对环境造成污染，因此目前已被禁用。目前使用的抗爆剂主要有甲基环戊二烯三羰基锰(简称 MMT)和含氧化合物。含氧化合物主要用作汽油的调和组分，其中比较重要的有甲醇、乙醇、甲基叔丁基醚(MTBE)和叔丁醇(TBA)，它们都具有相当高的无铅辛烷值和调和辛烷值。

3. 汽油的氧化安定性

汽油在储存或使用条件下保持其原有性质的能力称为汽油的氧化安定性。

汽油在长期储存中，会逐渐发生氧化。烃类的氧化反应是链反应，最初是少量活泼的烃因光照或受热发生分解，产生性质活泼的自由基，自由基极易与氧作用，生成一系列氧化中间产物。最初的氧化产物主要是自由基和过氧化物，它们都能溶解在燃料中，因此看不出燃料有什么显著变化。进一步氧化会生成醇、醛、酮和酸性物质，使燃料的酸度增加。随着反应的继续进行，一些物质经过聚合作用，就产生了胶质。胶质是一种分子量很大的深褐色氧化产物，呈溶解状态，使燃料的颜色逐渐变深。随着氧化和聚合加深，胶质越来越多，最后胶质便聚合成黏稠的胶状沉淀物。因此，总的来讲，氧化的结果是燃料的酸度增大，实际胶质增加，颜色变深，严重氧化时还会产生沉淀。应当注意的是，随着氧化的进行，实胶质持续增加，而酸度往往呈波动性增加。

汽油严重氧化会给使用带来很大危害。氧化生成的胶质沉积在油罐、油箱中，会使新加入的燃料迅速变质，降低新油的储存期。燃料中胶质过多会堵塞燃料滤清器，破坏燃料的正常供给。黏稠的胶质沉积在油管、喷嘴、化油器等部位，会严重影响燃料的供应和混合气的形成。沉积在进气阀上的胶质，受热后形成十分黏稠的胶状物，使进气阀出现黏着现象，甚至使进气阀关闭不严，产生漏气，严重时甚至将进气阀烧坏或将其完全黏住，使发动机无法工作。胶质的挥发性很低，进入燃烧室后，在高温下极易受热分解而生成积炭，除了降低导热系数，造成零件局部过热外，还会增大气缸压缩比，使燃烧室温度升高，增强爆震倾向，易形成炽热点，引起早燃。沉积在火花塞上的积炭，会导致点火不良。氧化生成的酸性物质，会增强燃料的腐蚀性，缩短发动机的寿命。总之，安定性差的汽油，会严重影响发动机正常工作，降低燃料的储存期。

(1)评定汽油氧化安定性的指标

汽油的氧化安定性用溶剂洗胶质含量、诱导期、碘值及溴值来进行评定。

1)溶剂洗胶质含量。溶剂洗胶质含量是指 100 mL 燃料在试验条件下所含胶质的 mg 数，单位是 mg/100 mL。测定方法是将 50 mL 试油放在 160～165 ℃的蒸发浴中，引入空气[流速为(600 ±90) mL/s]吹扫油面 30 min，用正庚烷进行抽提，干燥后称量残渣。该残渣量即为汽油的溶剂洗胶质含量。GB 17930—2016《车用汽油》产品规范中要求溶剂洗胶质含量不超过 5 mg/100 mL。

由于许多车用汽油人为掺进了非挥发性油品或添加剂，所以用正庚烷将蒸发残渣中非挥发性油品或添加剂抽提出来是非常必要的，有助于测得有害的胶质物质。

从测定方法可知，溶剂洗胶质含量是燃料在试验条件下加速蒸发时所具有的胶质，它包括燃料中原来实际含有的胶质和试验过程中产生的胶质。

溶剂洗胶质含量通常表明燃料在使用过程中，在进气道和进气阀上生成沉积物的倾向。实际胶质含量低的燃料在进气系统中很少产生沉淀，能保证发动机顺利工作。实际胶质含量越高，发动机能正常行驶的里程就越短。此外，燃料胶质含量增加，气门被卡住时的正常行驶里程一般变短。使用溶剂洗胶质含量小于 10 mg/100 mL 汽油的汽车发动机，无故障行驶的里程数是无限制的；但当汽油溶剂洗胶质含量为 26～50 mg/100 mL 时，无故障行驶里程会缩短，不超过 5000 km。

溶剂洗胶质含量是液体燃料在储存过程中的重要质量控制指标之一。液体燃料在储存过程中，液体表面和空气中的氧接触，在常温下一些不安定的烃类自动氧化，首先生成过氧化物，经过分解、缩合等反应生成大分子胶质。因此，储存中如发现汽油溶剂洗胶质含量有快速增长的趋势时，应尽快使用。

2)诱导期。诱导期是汽油在 100 ℃和压力为(686.5 ±4.9) kPa 氧气条件下未产生明显氧化所经历的时间，单位是 min。这是应用最广泛的汽油储存安定性的评定方法。

诱导期表示汽油在储存中产生氧化和形成胶质的倾向。诱导期长，说明汽油的氧化安定性好，这种汽油适合长期储存。

用不同原油和不同加工方法生产的汽油，它们的化学组成不同，因而氧化反应的特征必然存在差异。由于诱导期的测定只考虑氧的消耗量。若汽油形成胶质首先氧化生成醇、醛、酸、酮，而后进一步氧化生成胶质，这一过程中吸氧占优势，那么其诱导期能够反映燃料的氧化安定性。若汽油形成胶质是以聚合、缩合、与烯烃共聚占优势的氧化，由于在氧化过程中吸氧较少，所以，诱导期就不能反映燃料的氧化安定性。其诱导期虽长，但氧化安定性并不好，在储存中生成的胶质较多。例如，某催化裂化汽油的诱导期虽然大于720 min，但在320 min时，油中的实际胶质已高达93 mg/100 mL，表明其氧化安定性很差。

(2)影响燃料氧化的因素

燃料是否易于氧化，首先与其化学组成有关，温度、空气、金属、水分等外界条件对燃料的氧化也有很大影响，若条件适宜可起加速氧化的作用。

1)燃料组成。燃料组成是燃料氧化的内因，与燃料氧化安定性有密切关系。燃料中各种烃在液相中抵抗氧化的能力各不相同，芳香烃、烷烃、环烷烃氧化安定性好，在常温液相时均不易和空气中的氧反应，产生胶质的倾向小，储存中不易氧化变质。不饱和烃(主要是烯烃和二烯烃)在常温液相时易和空气中的氧反应，是燃料氧化变质的主要原因。燃料中如含不饱和烃则氧化安定性差，储存中容易氧化产生胶质和有机酸。

除不饱和烃对燃料氧化安定性有不利影响外，含硫或含氮的化合物也能引起燃料变色或变质(产生胶质或沉淀)，从而降低燃料的氧化安定性。

燃料中氧化生成的胶质本身有催化作用，会加速燃料的氧化。这是因为氧化生成的胶质中含有很多不稳定的过氧化物，过氧化物分解可以引发氧化链反应，加速燃料的氧化。

燃料的化学组成由原油性质和加工工艺决定，尤其是烯烃含量受加工工艺影响很大。直馏产品、加氢产品烯烃含量很少，氧化安定性好，催化重整、烷基化产品烯烃含量也少，而催化裂化产品烯烃含量较多，氧化安定性较差。与此相对应，不同产品因加工工艺不同，烯烃含量各不相同，氧化安定性也有明显差异。车用汽油和航空活塞式发动机燃料比较，车用汽油含烯烃多，航空活塞式发动机燃料含烯烃很少，含四乙基铅较多。因此，车用汽油不安定的主要原因是烯烃氧化，而航空活塞式发动机燃料不安定的主要原因则是四乙基铅的氧化分解。

2)储存条件。储存条件对燃料的氧化也有很大影响，是燃料氧化的外因。温度、空气、金属、水分、光线等对燃料的氧化均有影响。

温度升高时，燃料的氧化速度加快。氧化过程是化学反应，而一般化学反应都随温度的升高而加速。如在昆明地区做桶装车用汽油的储存试验，半年以后，在山洞里存放的车用汽油，实际胶质由3.4 mg/100 mL增加到6.2 mg/100 mL；在树荫下存放的车用汽油，实际胶质由3.4 mg/100 mL增加到8.2 mg/100 mL；而露天存放的车用汽油，实际胶质由3.4 mg/100 mL增加到15.8 mg/100 mL。半年后露天存放的胶质几乎为山洞存放的4.4倍。许多试验证明，若储存温度升高10 ℃，胶质生成速度则增加2.4～2.8倍。

昼夜温差大，也会加快燃料的氧化。温差大，容易发生“小呼吸”，使油罐中消耗的氧不断得到补充。燃料与空气接触越多，越易氧化，产生胶质现象越严重。燃料表面积大，容器剩余空间大，大小呼吸次数多等，都促使燃料与空气接触的机会增多，加速燃料氧化。为减少与空气接触的机会，减缓燃料的氧化，储油容器应盛装至安全容量，并减少倒装次数。

金属对燃料的氧化有明显的催化作用，燃料与金属接触时，氧化速度加快。不同金属的催化作用也不同，金属对汽油催化作用的强弱顺序依次为铜、铅、锌、铝、铁、锰，这些金属在汽油中的浓度达到0.1～1 μmol/L时，就具有催化作用，而铜的浓度超过0.01 μmol/L时，对汽油氧化安定性就有危害。据文献记载，铜能使汽油胶质生成量增大6倍。汽车油箱不仅有铜(铜滤网)，而且有铅(镀铅层)，因此，车用汽油氧化特别快。据试验，油箱内没有涂环氧树脂清漆的，由于铜、铅的催化作用，在同样条件下，实际胶质生成量增大46～55倍。可见，金属对氧化反应的催化作用是很大的。

水分的存在也会加速燃料氧化，抗氧防胶剂在水中有一定的溶解度，水能将燃料中的抗氧防胶剂抽提出来，降低燃料的氧化安定性，促进胶质、酸度增长。表3－4是某汽油在无水和有水条件下储存时，实际胶质含量的变化情况。可见，水分对胶质的增长影响极大。

表3－4　水分对汽油生成胶质的影响

储存条件	储存中汽油的实际胶质含量/(mg/100 mL)			
	开始	1月后	3月后	6月后
无水时	4	4	6	8
有水时	4	6	11	22

光线本身是一种能量，照射燃料会加速燃料的分解，引发氧化链反应。如目前我国生产的车用汽油大都加有非铅抗爆剂MMT，MMT最大的特点是见光分解，特别是在阳光下分解速度更快，并引发氧化链反应，分解后很快出现变色和沉淀，因此，加有MMT的车用汽油一定要避光取样和储存。航空活塞式发动机燃料中加有四乙基铅，四乙基铅受光照很容易分解，不仅产生灰白色沉淀，还会分解产生自由基而引发烃类的氧化链反应。

(3)液体燃料氧化的一般规律

液体燃料在储存过程中的液相氧化有一定规律，液相氧化过程一般可分为3个阶段。

储存初期，液体燃料的氧化反应很慢，氧化产物(胶质)生成较少，增加缓慢，这一段时间称为液相氧化的诱导期。当燃料储存一定时间，氧化反应会迅速加快，氧化产物迅速增加，这一阶段称为液相氧化的加速期。当燃料氧化进行到一定程度，氧化速度会趋于平缓或近于终止，这一阶段称为液相氧化的平缓期。图 3 – 3 是液体燃料液相氧化的一般曲线，图中 *OA* 段为诱导期，*AB* 段为加速期，*BC* 段为平缓期。

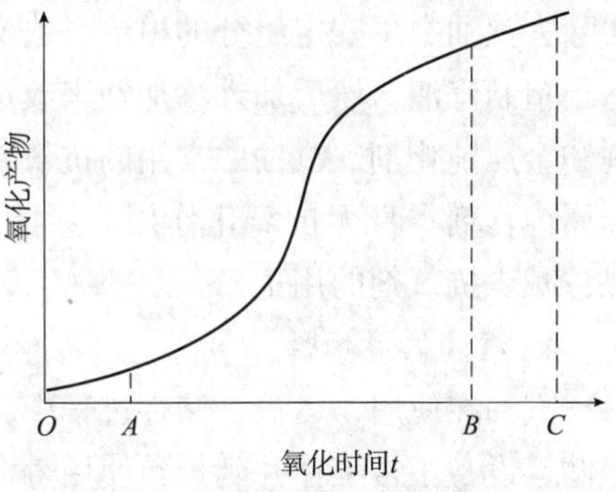

图 3 – 3　液体燃料液相氧化动力学曲线

燃料氧化出现诱导期的原因一是最初产生自由基较少，开始氧化的反应链不多；二是液体燃料中常加有抗氧剂。当液体中自由基和过氧化物生成量增加到一定程度，或抗氧剂消耗完毕后，液体燃料的氧化反应便进入加速期。当容器中的氧或燃料中易于氧化的物质消耗殆尽，氧化反应便进入平缓期。

某油库储存一种加有抗氧剂的汽油，12 个月后进行指标化验，胶质仍在 7 mg/100 mL以内。可是储存 15 个月后，胶质就增到 25. 6 mg/100 mL；储存 18 个月后，胶质突增到60 mg/100 mL。可见，实际储存中胶质的增长是符合上述变化规律的。

在液体燃料储存过程中，一方面，为了减少轮换次数，人们总希望储存时间尽量长；另一方面，如果储存时间超过诱导期，氧化速度加快，实际胶质迅速增加，有可能导致液体燃料变质，影响使用。理想情况是将燃料储存到诱导期结束就发出使用，但遗憾的是，至今还不能准确预测燃料的诱导期，因此，实际工作中，应定期进行实际胶质的化验，掌握油料变质规律，确定燃料是否适合继续储存。如发现实际胶质增加速度加快，说明已经进入氧化加速期，应尽快发出使用，避免严重氧化变质。

目前，根据不同油料的氧化安定性好坏，分别给不同油料规定了储存期，在正常储存期内，一般不会出现严重的氧化变质。但不同炼油厂、不同批次的油料的氧化安定性各不相同，储存条件也千差万别，特别是近年来由于原油质量不断下降，液体燃料的氧化安定性总体呈下降趋势，即使在储存期内也可能出现严重氧化变质的情况，因此，定期化验对确保燃料质量至关重要。

(4) 改进汽油氧化安定性的方法

汽油的氧化变质取决于汽油的化学组成，同时又受到各种外界条件的影响。采用降低储油温度、减少温差变化、降低储罐空间氧浓度、避免与金属接触和避光储存等措施可以延缓汽油变质，但不能从根本上解决问题。而选用不同精制方法除去汽油中不安定组分的根治方法又很难完全实现。通常采用较经济的方法是适当精制汽油，然后加入添加剂来改进汽油的氧化安定性。常用的添加剂有抗氧剂和金属钝化剂。汽油中常用的抗氧剂是2，6－二叔丁基对甲酚(代号为T501)。金属钝化剂本身无抗氧化作用，只能与抗氧剂一同使用，提高抗氧剂的抗氧效果，减少抗氧剂的用量。

4. 汽油的腐蚀性

汽油在使用、运输、储存过程中，不可避免地要同金属接触。为保证汽油机和储运设备正常工作并延长其使用寿命，要求汽油对金属没有腐蚀性。

(1)引起汽油产生腐蚀性的原因

汽油中的烃类并不腐蚀金属，汽油对金属的腐蚀完全是由活性硫化物、有机酸、水溶性酸或碱等非烃杂质造成的。

直馏和二次加工汽油中的活性硫化物主要是低分子硫醇，催化裂化汽油中硫醇性硫含量在300 μg/g以上，用一般碱洗精制方法不能全部除去，危害较大。汽油中硫醇性硫含量超过0.006%时，汽油具有恶臭，极易生成胶质，并会引起金属腐蚀，生成硫醇盐。苯硫酚氧化生成的磺酸，对金属有强烈的腐蚀作用。

汽油中含有的全部硫化物都可认为具有潜在的腐蚀性。汽油在发动机中燃烧后，硫化物全部转化成SO_2和SO_3，它们与排气管中的凝结水相遇，形成强腐蚀性的亚硫酸和硫酸；SO_2和SO_3还可能顺气缸壁渗入曲轴箱，进入润滑油，遇水化合腐蚀滑油系统。

汽油中的有机酸包括精制时残余的和氧化生成的酸性物质。通常以后者为主，它们随汽油储存时间的延长而增加，在汽油中含量很高。其腐蚀性比环烷酸强，部分溶于水，因此，汽油含微量水分或储罐中有水垫时，酸浓度可能很大，会引起金属严重腐蚀。表3－5所示为汽油储存时间与酸度、实际胶质和金属被腐蚀程度的关系。金属被腐蚀程度用每100 cm^2铅表面上被腐蚀而损失掉的铅的克数来表示。表3－5中数据表明，随储存时间延长，酸度和实际胶质迅速增加，对金属的腐蚀也日趋严重。

表3－5　汽油储存时间与酸度、实际胶质和金属被腐蚀程度的关系

储存时间/d	酸度/(mgKOH/100 mL)	实际胶质/(mg/100 mL)	铅的损失/($g/100\ cm^2$)
538	4	124	0.55
528	9	178	1.1
538	11	203	1.6
535	21	325	2.6
710	208	1000	13.2

汽油中的水溶性酸碱主要是无机酸和无机碱。水溶性酸能腐蚀多种金属，水溶性碱只对铝有腐蚀性。商品汽油中不允许存在水溶性酸和碱。汽油中的水溶性酸和碱，主要是汽油精制过程处理不到位而残留下来的。但汽油氧化也会产生少量能溶于水的小分子有机酸，导致出现水溶性酸。

(2)腐蚀性评定方法

评定汽油腐蚀性的质量指标有铜片腐蚀、硫醇性硫含量、硫含量、水溶性酸或碱、酸度和博士试验等。

1)铜片腐蚀。把一定规格的磨光铜片置于50 ℃的汽油中，经3 h后，直接观察汽油使铜片发生的颜色变化来判断汽油的腐蚀性。铜片腐蚀试验的目的是定性检测燃料中是否含有活性硫化物，因活性硫化物在常温下能直接腐蚀金属。

2)硫醇性硫含量。硫醇性硫含量可进行定性和定量检测。硫醇性硫属活性硫化物，不仅对金属有腐蚀性，还会使燃料产生恶臭，故要限制燃料中硫醇性硫含量。

3)硫含量。硫含量用于检测燃料中的总硫量(活性硫化物和非活性硫化物之和)，但由于液体燃料要求铜片或银片腐蚀(喷气燃料)试验合格，因而硫含量主要检测的是非活性硫化物。

4)水溶性酸或碱。水溶性酸或碱用来检测燃料中是否有溶于水的无机酸、低分子有机酸或无机碱，因为这些组分对金属有强烈腐蚀性。

5)酸度。酸度是中和100 mL燃料所需KOH的mg数。它用于检测燃料中无机酸和有机酸的总含量，但由于液体燃料要求水溶性酸和碱合格，即不允许含无机酸，故酸度检测的是液体燃料中的有机酸含量。成品汽油中所含有机酸极少，其酸度通常接近零。但在储存和使用中，由于液体燃料中不安定组分氧化而生成过氧化物，过氧化物分解，部分生成有机酸，因而，储存中酸度增长是液体燃料变质的一个重要标志。所以，酸度也是表示液体燃料氧化安定性的重要质量指标之一。

5. 环保与排放特性

机动车尾气中污染物(碳氢化合物、一氧化碳、二氧化碳、氮氧化合物、颗粒物等)的排放量越来越大，造成的大气污染问题也越来越严重。减少机动车尾气中污染物排放量已成为保护环境的迫切需要，也是我国执行《京都议定书》的迫切需要。

近20年来，各国虽然在改进发动机中燃料燃烧过程、汽车尾气净化等方面都取得了较大的进展，但仍不能满足环境保护的要求。20世纪90年代以来，发达国家提出了从源头解决汽车尾气污染问题的根本措施，即炼油厂采用新工艺、新技术生产清洁汽油燃料，为汽车提供低硫、低苯、较低烯烃、较低芳香烃和高辛烷值的清洁汽油。此举能够比较圆满地解决汽车尾气造成的大气污染问题。

汽车发动机(特别是电喷车)在运行一段时间后，发动机燃油供给系统会有不同程度的油垢、胶状物和积炭生成。这些污垢使发动机油道不畅、供油不均、雾化变差、燃料燃烧不完全，从而导致发动机功率下降、油耗增加、运转不稳、加速性差、排烟量加大，尾气中的碳氢化合物、一氧化碳、氮氧化合物含量增加，造成环境污染，影响人体健康。使用加入了多效汽油清净添加剂的清洁汽油可以使这一问题得到根本性的解决。

清洁汽油是一种新配方汽油，既能够为汽车提供有效的动力，又能减少有害气体的排放。清洁汽油的炼制过程主要是严格控制硫含量、苯含量、芳香烃含量、烯烃含量，从而减少汽车排放的污染气体。此外，为改善汽车燃料供给系统的清洁度，特别是电喷车燃料供给系统的清洁度，发达国家的清洁汽油和我国部分城市销售的清洁汽油中还加入了汽油清净添加剂，以增强清除各种沉积物的能力。使用清洁汽油能提高汽车的燃料经济性，降低排气污染，因而清洁汽油在全世界得到迅速发展。

清洁汽油最早是从汽油无铅化开始的。烷基铅作为高效汽油抗爆剂从 20 世纪 20 年代开始工业化应用，到 20 世纪 70 年代末，全世界每年加入汽油的铅多达 35 万吨。为了减少铅排放造成的污染，20 世纪 70 年代开始，世界各国相继开启了汽油无铅化进程。1975 年，日本普通汽油实现了无铅化。1978 年，日本优质汽油铅含量限值为 0.13 ~ 0.23 g/L。1987 年，日本车用汽油已全部不加铅，日本为世界汽油无铅化最早的国家。美国从 1975 年开始限铅，1985 年无铅汽油比例为 64%，含铅汽油铅含量限值为 0.13 g/L，1993 年实现了汽油无铅化(占 99%)。此后欧洲各国相继实现汽油无铅化。我国于 2000 年 1 月 1 日停止生产含铅汽油，同年 7 月 1 日停止销售和使用含铅汽油，实现汽油无铅化。

为降低汽车排气污染、保护环境，20 世纪 90 年代以来，西方发达国家和地区如美国和欧洲相继实施新的汽车排放污染物控制标准和汽油标准，对汽车和燃料提出了较高要求，除全面使用无铅汽油外，还对汽油中的硫含量、苯含量、芳香烃含量、烯烃含量进行了严格的限制，并且适当增氧来改善燃烧条件。1998 年 6 月 3 ~ 5 日在比利时布鲁塞尔举行的第三届世界燃料会议上，美国汽车制造商协会(AAMA)、欧洲汽车制造商协会(ACEA)和日本汽车制造商协会(JAMA)联合发布了《世界燃油规范》(简称《规范》)，第一次在世界范围内对车用燃油(包括车用汽油和车用柴油)提出了科学、明确、详细的指标要求。制订《规范》的目的是在世界范围内协调车用燃油的质量要求和标准制度，规范燃油质量与汽车技术的发展，以应对日益严格的油耗法规和不断升级的排放标准要求。

《规范》第一版于 1998 年 12 月发行，之后经过 4 次修订，最新的第五版于

2013 年 9 月正式发布。第五版《规范》根据市场对汽车排放控制和燃油经济性要求的不同，将车用汽油分为 5 类(见表 3－6)。

表 3－6 《世界燃油规范》汽油标准(部分指标)

等级		Ⅰ	Ⅱ	Ⅲ	Ⅳ	Ⅴ
辛烷值	不小于	91/95/98	91/95/98	91/95/98	91/95/98	95/98
密度(15℃)/(kg/m^3)		715～780	715～770	715～770	715～770	720～775
硫/(μg/g)	不大于	1000	150	30	10	10
铅/(g/L)	不大于	0.013	不可察觉	不可察觉	不可察觉	不可察觉
锰/(g/L)	不大于	无人为添加	不可察觉	不可察觉	不可察觉	不可察觉
氧/%	不大于	2.7	2.7	2.7	2.7	2.7
苯/%(体积分数)	不大于	5	2.5	1.0	1.0	1.0
芳香烃/%(体积分数)	不大于	50	40	35	35	35
烯烃/%(体积分数)	不大于		18	10	10	10
50%馏出温度/℃		77～110	77～100	77～100	77～100	65～100
90%馏出温度/℃		130～175	130～175	130～175	130～175	130～175
终馏点/℃	不大于	205	205	205	205	205
燃油喷嘴清净度(流量损失)/%	不大于	10	5	5	5	5
进气阀黏滞(通过/失效)			通过	通过	通过	通过
进气阀清净度(平均)/(mg/阀)						
方法 1(CECE－05－A－93)	不大于		50	30	30	30
方法 2(ASTM D5500)	不大于		100	50	50	50
方法 3(ASTM D6210)	不大于		90	50	50	50
燃烧室沉积物						
方法 1(ASTM D6201)	不大于		140	140	140	140
方法 2(CECE－F－20－A－98)/(mg/单机)	不大于		3500	2500	2500	2500

由于欧美日排放法规的变化，《规范》对 5 类车用燃油对应的市场进行了重新说明。其中：

第Ⅰ类车用燃油适用于对排放控制没有或只有初级要求的市场，如美国 Tier 0、欧Ⅰ(欧盟机动车污染物排放第Ⅰ阶段标准)或相当排放标准的市场。

第Ⅱ类车用燃油适用于对排放控制需求有严格要求的市场，如美国 Tier 1、欧Ⅱ、欧Ⅲ或相当排放标准的市场。

第Ⅲ类车用燃油适用于对排放控制需求有更严格要求的市场，如美国 LEV(低排放法规)、加州 LEV 或 ULEV(超低排放法规)、欧Ⅳ、日本 JP2005 或相当排放标准的市场。

第Ⅳ类车用燃油适用于对排放控制需求有更高要求的市场，以保证复杂的NO_x(氮氧化合物)和微粒后处理技术得到应用，如美国 Tier 2、Tier 3、美国环保署 2007/2010 重型道路车排放法规、非道路车 Tier 4、加州 LEVⅡ、欧Ⅳ、欧Ⅴ、欧Ⅵ、日本 JP2009 或相当排放标准的市场。

第Ⅴ类车用燃油适用于对排放控制和燃油经济性都有极高要求的市场，以保证提高发动机效率的技术得到应用。

对汽油而言，其主要差异是对硫含量、苯含量、芳香烃含量、烯烃含量的限制越来越严格，在第Ⅱ～Ⅴ类汽油中还增加了汽油机使用性能(主要是清净性能)方面的检测。

第五版《规范》还将车用汽油的金属含量、硅含量、磷含量等指标统一调整为痕量金属，限值要求为不大于 1 mg/kg，或者检测不出，以两者中较低者为准。痕量金属包括但不限于铜、铁、锰、钠、磷、铅、硅、锌。另外，在注释中还明确了氯元素属于有害元素，不允许人为添加。随着发动机技术的进步，机器精密度日益提高，车用燃油的金属元素及其他危害物质的存在会严重损害发动机。痕量金属指标扩大了危害性金属的范围，且限值更加严格，有助于保护发动机。这明确了污染物对发动机的危害。车用汽油中磷元素的存在会造成火花塞失效，降低催化转化器活性。硅元素，即使是低浓度的硅元素也会造成氧传感器失效以及在发动机和催化转换器上生成更多的沉积物。氯元素会对发动机的传动装置、燃油系统、排放控制系统造成严重危害。

最新的《规范》中对第Ⅳ、Ⅴ类车用汽油在铜片腐蚀的基础上增加了银片腐蚀指标，这是因为在此类市场中，部分发动机燃油系统采用了含银部件，如燃油液位传感器单元。车用汽油中可能含有的高活性硫化物即使含量很低也会导致含银部件腐蚀，进而导致燃油读数失真。

我国清洁汽油的发展从 20 世纪 90 年代开始，首先是限制铅含量，在 1993 年 7 月 1 日执行的 GB 484—1993《车用汽油》标准中，将铅含量由 GB 484—1989 中的不大于 1.0 g/L 下降为不大于 0.35 g/L(90 号)和 0.45 g/L(93 号、97 号)，同年还推出了 SH 0041—1993《无铅车用汽油》标准，其铅含量为不大于 0.013 g/L，牌号有 90 号、93 号和 95 号。1993 年推出的这两个标准中，均无对苯含量、芳香烃含量、烯烃含量进行限制，硫含量要求不大于 0.15%。1999 年，我国推出了 GB 17930—1999《车用无铅汽油》，该标准除将铅含量下降为不大于 0.005 g/L 外，还对汽油中的硫含量、苯含量、芳香烃含量、烯烃含量进行了严格的限制，硫含量下降为不大于 0.10%，苯含量不大于 2.5%(体积分数)，芳香烃含量不大于 40%(体积分数)，烯烃含量不大于 35%(体积分数)，并且允许适当增氧(有机氧化物含量不大于2.7%)来改善燃烧条件。我国目前车用汽油产品规范是2016年12月23日颁布并开始执行的GB 17930—2016，对汽油中的硫含量、苯含量、芳香烃含量、烯烃含量、锰含量进行了严格的限制，该产品规范相关指标与《世界燃油规范》中的Ⅳ类汽油规定较为接近，但没有燃油喷嘴清净度、进气阀黏滞、进气阀清净度、燃烧室沉积物等使用性能要求，即没有强行规定汽油清净剂的加入。1999年6月1日，国家环保总局发布的GWKB1—1999《车用汽油有害物质控制标准》中，明确规定车用汽油中应加入能有效清除积炭的清净剂。

我国目前对汽车排放的控制主要采用的是欧洲汽车排放标准，表3-7所示是欧洲汽车排放标准中的汽油标准。

表3-7 欧洲车用汽油主要控制指标

汽车排放标准	欧洲Ⅰ号	欧洲Ⅱ号	欧洲Ⅲ号	欧洲Ⅳ号	欧洲Ⅴ号	欧洲Ⅵ号	国Ⅵ
实施时间/年	1992	1996	2000	2005	2009	2012	2019
硫含量/(mg/kg) 不大于	1000	500	150	50	10	10	10
苯含量/% 不大于	2.5	2.5	1	1	1	1	0.8
芳香烃含量/% 不大于	—	—	42	35	35	35	35
烯烃含量/% 不大于	—	—	18	18	18	10	18

3.1.3 航空活塞式发动机燃料的牌号及使用

1. 航空活塞式发动机燃料的牌号

目前我国航空活塞式发动机燃料产品规范是GB 1787—2018《航空活塞式发动机燃料》。航空活塞式发动机燃料根据马达法辛烷值不同分为75号、UL91号、95号和100号、100LL号5个牌号，其中"UL"代表无铅，"LL"代表低铅，95号和100号航空活塞式发动机燃料还要求其品度值不低于130。航空活塞式发动机燃料的技术要求和试验方法如表3-8所示。

表3-8 航空活塞式发动机燃料的技术要求和试验方法(GB 1787—2018)

项目		质量指标					试验方法
		75号	UL91号	95号	100号	100LL号	
马达法辛烷值	不小于	75.0	91.0	95.0	99.6	99.6	GB/T 503
品度	不小于	—	—	130	130	130	SH/T 0506
铅含量①							
四乙基铅/(g/kg)	不大于	—	0.028	3.2	2.4	1.2	ASTM D5059
铅/(g/L)	不大于	—	0.013	1.48	1.12	0.56	

续表

项目		质量指标					试验方法
		75 号	UL91 号	95 号	100 号	100LL 号	
净热值②/(MJ/kg)	不小于	—	43.5	43.5	43.5	43.5	GB/T 384
颜色		无色	无色	橙色	绿色	蓝色	ASTM D2392
染色剂加入量/(mg/L)	不大于						
蓝色					2.7	2.7	
黄色					2.8		
橙色				14.5			
密度③(20 ℃)/(kg/m³)		报告					GB/T 1884、GB/T 1885
馏程							GB/T 6536
初馏点/℃	不低于	40	报告	40	报告		
10%馏出温度/℃	不高于	80	75	80	75		
40%馏出温度/℃	不低于	—	75	—	75		
50%馏出温度/℃	不高于	105	105	105	105		
90%馏出温度/℃	不高于	145	135	145	135		
终馏点/℃	不高于	180	170	180	170		
10%与50%蒸发温度之和/℃	不低于	—	135	—	135		
残留量/%(体积分数)	不大于	1.5	1.5	1.5	1.5		
损失量/%(体积分数)	不大于	1.5	1.5	1.5	1.5		
蒸气压④/kPa		27~48	38~49	27~48	38~49		GB/T 0794
酸度⑤(以 KOH 计)/(mg/g)	不大于	1.0	—	1.0	—		GB/T 258
冰点⑥/℃	不高于	-58.0					GB/T 2430
硫含量⑦/%	不大于	0.05					SH/T 0689
氧化安定性(5 h 老化)							SH/T 0585
潜在胶质/(mg/100 mL)	不大于	6					
显见铅沉淀/(mg/100 mL)	不大于	—		3			
铜片腐蚀(100 ℃, 2 h)/级		1					GB/T 5096
水溶性酸或碱		无					GB/T 259
机械杂质及水分		无					目测⑧
芳香烃含量⑨/%(体积分数)	不大于	30	—	35	—		GB/T 11132
水反应/体积变化/mL	不大于	±2					GB/T 1793

注：允许加入的抗氧剂为2，6－二叔丁基对甲酚。

允许加入成品中的蓝色染料为1，4－二烷基氨基蒽醌；黄色染料为对二乙基氨偶氮苯（颜色索引号No. 11021）或1，3－间苯二酚－2，4－二偶氮烷基酚；橙色染料为油溶黄。

与用户协商加入抗静电剂，应符合有关规定的要求。

① 也可采用GB/T 2432方法测定，当测试结果发生争议时，以ASTM D5059为仲裁方法。当样品的铅含量大于1.32 g/L时，应采用GB/T 2432方法测定。

② 净热值应在加乙基液前测定。也可采用GB/T 2429、ASTM D3338方法测定，当净热值测试结果发生争议时，以GB/T 384为仲裁方法。采用GB/T 2429测定净热值时，方法中硫含量的测定除GB/T 380以外，还可采用GB/T 11140、GB/T 17040、SH/T 0253、SH/T 0689、NB/SH/T 0842等方法，当硫含量的测试结果发生争议时，以SH/T 0689为仲裁方法。

③ 也可采用SH/T 0604方法测定，当测试结果发生争议时，以GB/T 1884、GB/T 1885为仲裁方法。

④ 也可采用GB/T 8017方法测定，当测试结果发生争议时，以GB/T 0794为仲裁方法。

⑤ 酸度应在加乙基液前测定。

⑥ 当冷却至－58 ℃还没有结晶出现时，可以报告冰点小于－58 ℃。也可采用SH/T 0770方法测定，当测试结果发生争议时，以GB/T 2430为仲裁方法。

⑦ 也可采用GB/T 380、GB/T 11140、GB/T 17040、SH/T 0253、SH/T 0689、NB/SH/T 0842等方法测定，当测试结果发生争议时，以SH/T 0689为仲裁方法。

⑧ 将油样注入100 mL的玻璃量筒中观察，应当透明，没有悬浮和沉降的机械杂质及水，对实验结果有异议时，以GB/T 511和GB/T 260为仲裁方法。

⑨ 芳香烃含量应在加乙基液前测定。

符合本标准技术要求的航空活塞式发动机燃料应分别标记为："75号航空活塞式发动机燃料""UL91号无铅航空活塞式发动机燃料""95号航空活塞式发动机燃料""100号航空活塞式发动机燃料"或"100LL号低铅航空活塞式发动机燃料"。

2. 航空活塞式发动机燃料的选用

随着活塞式发动机飞机逐渐被淘汰，航空活塞式发动机燃料的使用范围逐渐缩小。目前我军使用航空活塞式发动机燃料的飞机有初教－5、初教－6、乌杜－2、运－5（安－2）、直－5（米－4）、里－2、伊尔－14、西－46（C－46）、西－47（C－47）、杜－2、杜－4等。

根据飞机发动机对航空活塞式发动机燃料抗爆性的要求，75号适用于轻负荷和低速度的飞机，如初教－5、初教－6；100号适用于重负荷和高速度的飞机，如杜－4；其余的飞机均适用95号。

航空活塞式发动机对燃料抗爆性的选择，虽然主要依据压缩比和增压情况，但是发动机产生爆震的影响因素很多，例如燃烧室形状、火花塞位置等都有一定的影响。所以选择燃料的抗爆性是一个多方面因素的综合问题。当大体从压缩比、增压程度选定辛烷值和品度合乎要求的燃料后，尚需在发动机上进行试验。如能保证发动机充分发挥其设计性能，并能在所要求的寿命期内长期、安全地运转，则证明该燃料符合发动机要求，否则应重新选定燃料。

3. 航空活塞式发动机燃料的使用

使用航空活塞式发动机燃料时，必须严格遵照发动机说明书规定的牌号选用汽油，即汽油的抗爆性必须符合要求。长期存放的航空活塞式发动机燃料，如果保管不当，有可能出现抗爆性降低的情况。对于抗爆性下降的航空活塞式发动机燃料，应根据降质的情况具体进行分析和处理。辛烷值下降不超过 1 个单位的航空活塞式发动机燃料，仍可使用于原装备上(油料工作制度规定航空活塞式发动机燃料的使用指标，抗爆性允许下降 1 个单位)。航空活塞式发动机燃料如果辛烷值下降较多，而其他性质合格，可发给要求辛烷值低一点的飞机使用。例如 95 号航空活塞式发动机燃料辛烷值降低较多，但未低于91，不能用在直－5 或伊尔－14 飞机上，但可以用在运－5 或里－2 飞机上，因为后者过去是使用91/115 航空活塞式发动机燃料的。航空活塞式发动机燃料的代用，一般应遵循抗爆性相等的原则。在不得已的情况下，如果要用低抗爆性航空活塞式发动机燃料代替高抗爆性航空活塞式发动机燃料，必须根据有关规定代用和遵守有关使用注意事项。例如，装 R－2800 发动机的西－46 飞机，缺乏 100 号航空活塞式发动机燃料时，可用95 号航空活塞式发动机燃料代替，但是，在使用95 号航空活塞式发动机燃料时，禁止使用一速及二速增压工作状态。

在储运过程中，如保管不当，航空活塞式发动机燃料的蒸发性可能降低，主要是使燃料的初馏点、10% 馏出温度和50% 馏出温度升高。对于指标发生变化的航空活塞式发动机燃料，可按油料的使用指标允许偏差的范围处理，即使用时，10% 馏出温度允许比规格高 1 ℃，50% 和 90% 馏出温度允许比规格高 2 ℃。

4. 航空活塞式发动机燃料的储存

目前生产的航空活塞式发动机燃料性质安定，只要在储存和运输过程中，注意质量管理，即使存放 5 ~ 10 年，性质变化也不大，仍然符合规格要求。

由于航空活塞式发动机燃料中烯烃含量较少，在储存中的质量变化规律与车用汽油不同。航空活塞式发动机燃料在储存中胶质和酸度的变化不大，主要是四乙基铅分解和轻质成分蒸发问题。四乙基铅的分解随温度的增加和光线的照射而加剧。因此，航空活塞式发动机燃料应尽量储存在地下洞库，保持低温，密封满装。在航空活塞式发动机燃料中加入抗氧剂 2，6－二叔丁基对甲酚和滤光性染料，均可有效地提高燃料的安定性，减轻光线对四乙基铅的分解作用。

出现铅沉淀的航空活塞式发动机燃料，必然导致抗爆性降低，影响使用性能。为了恢复燃料的抗爆性，可先滤去铅沉淀，得到透明的汽油，然后根据燃料的规格重新添加铅水至规定量即可。经过处理恢复品质的航空活塞式发动机燃料，不宜再保存，应尽快发出使用。

除75号航空活塞式发动机燃料外，其他航空活塞式发动机燃料均加有大量乙基液，并有染料着色。因此，航空活塞式发动机燃料的毒性较车用汽油更大，使用中应严格注意防毒，严禁用加铅航空活塞式发动机燃料洗涤零件或衣物，或作其他用途。

3.2 喷气燃料

喷气燃料是石油产品之一，英文名称 jet fuel，别名航空煤油，主要由不同馏分的烃类化合物组成。喷气燃料密度适宜，热值高，燃烧性能好，能迅速、稳定、连续、完全燃烧，且燃烧区域小，积炭量少，不易结焦；低温流动性好，能满足寒冷地区和高空飞行对油品流动性的要求；热安定性和抗氧化安定性好，可以满足超音速高空飞行的需要；洁净度高，无机械杂质及水分等有害物质，硫含量尤其是硫醇性硫含量低，对机件腐蚀小。

喷气燃料适用于燃气涡轮发动机和冲压发动机。超音速飞行器可使用喷气燃料。

喷气燃料多采用一次通过部分转化的工艺，加工过程中采用共凝胶型催化剂，催化剂量装填多，分子筛含量少，芳香烃饱和能力强，因而油品具有密度大、烟点高、热值高、芳香烃低的特点。

喷气燃料是涡轮喷气发动机、涡轮风扇发动机、涡轮螺旋桨发动机、涡轮轴发动机的动力燃料。直升机主要使用喷气燃料。

3.2.1 涡轮发动机的主要组成及工作原理

1. 涡轮喷气发动机

采用活塞式发动机的飞机在高空飞行时，因为高空空气稀薄，气缸吸入的空气量少，使发动机功率下降，飞机只能在10000 m以下空域飞行。因螺旋桨效率的限制，飞行速度很难超过900 km/h，当飞行速度达到800 km/h的时候，螺旋桨桨尖部分实际上已接近音速，跨音速流场使得螺旋桨的效率急剧下降，推力不增反减。螺旋桨的迎风面积大，阻力也大，极大阻碍了飞行速度的提高。为了提高飞行速度和飞机发动机的功率，涡轮喷气发动机出现了。

涡轮风扇发动机、涡轮螺旋桨发动机、涡轮轴发动机设计是以涡轮喷气发动机为基础，其工作原理与涡轮喷气发动机基本相同，下面介绍涡轮喷气发动机的组成及工作原理。

(1)涡轮喷气发动机的主要组成

涡轮喷气发动机由进气道、压气机、燃烧室、涡轮和尾喷管组成，战斗机的涡轮和尾喷管间还有加力燃烧室，见图3－4及图3－5。

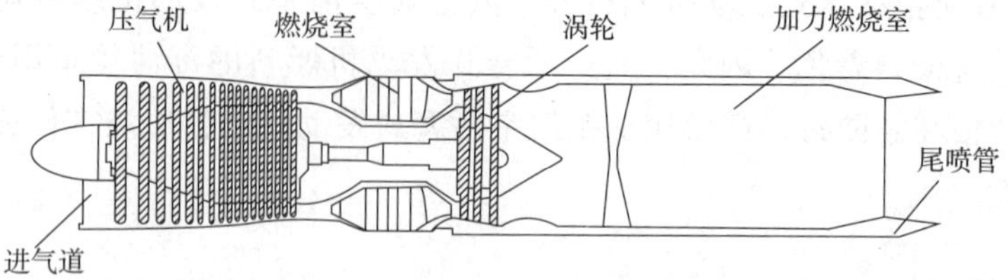

图3－4 涡轮喷气发动机结构图

图3－5 国产涡喷－7涡轮喷气发动机

1)进气道。空气首先进入的是发动机的进气道，当飞机飞行时，可以看作气流以飞行速度流向发动机，由于飞机飞行的速度是变化的，而压气机适应的来流速度是有一定范围的，因而进气道的功能就是通过可调管道，将来流调整为合适的速度。在超音速飞行时，在进气道前和进气道内气流速度减至亚音速，此时气流的滞止可使压力升高十几倍甚至几十倍，大大超过压气机中的压力提高倍数。

2)压气机。空气流过压气机时，压气机工作叶片对气流做功，由于压气机是收敛型通道，使气流的压力、温度升高。通过压气机来压缩空气，提高空气压力，从而提高热能的利用程度。这是因为气体压缩得越厉害，压力越大，燃烧后燃气膨胀得越大，燃气从喷口喷出时，带走的未被利用的热量就越少。这样，热能的利用程度就越高，从而提高发动机的经济性，增强发动机的动力。

3)燃烧室。燃烧室是发动机给气体加热的主要部件。经压缩的空气与燃料混合在燃烧室燃烧后，温度、压力大大提高，高温、高压的气体膨胀加速，将热能转变为动能，从而产生推力。

4)涡轮。涡轮由导向器和工作叶轮组成，用来将燃气的部分热能转换为机械能，带动压缩器和其他附件工作。

压缩器叶轮轴与涡轮叶轮轴，由联轴器连接起来组成一个整体，这个整体叫作发动机转子。转子由前、中、后三个轴承支撑。前轴承和后轴承为滚柱轴承，中轴承为滚珠轴承。

5)加力燃烧室。进入涡轮喷气发动机中的空气，只有小部分(30%)与燃料混合参加燃烧，大部分用来冷却燃气，使进入涡轮前的燃气温度低于900 ℃。如果能使这部分空气参加燃烧，则能进一步提高发动机的推力。加力燃烧室的作用，就是在燃气出涡轮后喷入燃料，与多余的空气混合，再次点火燃烧，加热燃气，提高流速，增大推力。

6)尾喷管。尾喷管是使高压、高温燃气膨胀和加速的机件。

(2)涡轮喷气发动机的工作原理

涡轮喷气发动机属于热机的一种，从产生输出能量的原理上讲，喷气式发动机和活塞式发动机是相同的，都需要有进气、加压、燃烧和排气4个阶段，不同的是，在活塞式发动机中这4个阶段是分时依次进行的，但在喷气发动机中则是连续进行的，气体依次流经喷气发动机的各个部分，就对应着活塞式发动机的4个工作位置。

1)进气。空气首先进入的是发动机的进气道，通过进气道的可调管道，将进入的空气流速度调整为压气机适应的来流速度。

2)加压。进气道后面的压气机是专门用来提高气流压力的，空气通过高速旋转的离心式压气机，由于压气机的收敛型通道，使气流的压力、温度升高。在亚音速时，压气机是气流增压的主要部件。此时空气压力为$(3\sim5)\times10^5$ Pa，温度升高到150～200 ℃。

3)燃烧。燃料由高压燃油泵经喷嘴连续喷入燃烧室，与空气混合后燃烧，形成高温燃气。燃烧室中心燃气温度可达1900～2200 ℃。为了避免烧毁涡轮叶片，在燃烧室第二区送入过量空气，使燃烧室末端温度降到750～850 ℃。燃气的部分内能在涡轮中膨胀转化为机械能，推动与压气机装在同一轴上的涡轮高速旋转(转速达8000～16000 r/min)，带动空气离心式压气机工作。在涡轮喷气发动机中，气流在涡轮中膨胀所做的功正好等于压气机压缩空气所消耗的功加上传动附件克服摩擦所需的功。

经过燃烧后，涡轮前的燃气能量大大增加，因在涡轮中的膨胀比远小于压气机中的压缩比，涡轮出口处的压力和温度都比压气机进口高很多，发动机的推力就是由一部分燃气的能量转化而来的。

4)排气。从涡轮中流出的高温高压燃气，在尾喷管中继续膨胀，以高速从尾喷管中向后喷出。由于喷出速度比气流进入发动机的速度大得多，发动机获得了反作用的推力。

气流从燃烧室出来时的温度越高，输入的能量就越大，发动机的推力也就越大。但是，由于涡轮材料等的限制，目前只能达到1650 K左右。飞机有时需要短时间增加推力，就在涡轮后再加上一个加力燃烧室喷入燃油，让未充分燃烧的燃气与喷入的燃油混合再次燃烧。由于加力燃烧室内无旋转部件，温度可达

2000 K，可使发动机的推力增加至1.5倍左右。其缺点是油耗急剧加大，同时过高的温度也影响发动机的寿命，因此发动机开加力一般是有时限的，低空不过十几秒，多用于起飞或战斗时，在高空则可开较长时间。

(3)涡轮喷气发动机的辅助工作系统

涡轮喷气发动机除主要部件外，还须有若干辅助系统与之配合才能工作。这些附件都是由发动机转子带动的，在压气器轴的前端，用齿套连接中心传动轴；中心传动轴直接带动滑油回油泵和离心式油气分离器工作，并通过垂直传动轴带动起动发电机、主燃料泵、加力燃料泵、中介油泵、滑油进油泵等。

涡轮喷气发动机给喷气式飞机提供推力，使飞机升空飞行。喷气发动机产生推力的大小，是由发动机喷出燃气量和速度决定的。喷出的燃气量越多、速度越快，发动机产生的推力就越大。涡轮喷气发动机尽管在低速时油耗要大于活塞式发动机，但其优异的高速性能使其迅速取代后者，成为航空发动机的主流。

涡轮喷气发动机具有加速快、设计简便等优点，是较早使用的喷气发动机类型。但如果要让涡轮喷气发动机提高推力，就必须增加燃气在涡轮前的温度和压气机的增压比，这会使排气速度增加而损失更多动能，所以产生了提高推力和降低油耗的矛盾。对于商业民航机来说，涡轮喷气发动机油耗大是一个致命弱点。

2. 涡轮风扇发动机

涡轮风扇发动机的工作原理与涡轮喷气发动机基本相同。涡轮风扇发动机是由喷管排出燃气和风扇排出空气共同产生反作用推力的燃气涡轮发动机。涡轮风扇发动机的结构，实际上就是在涡轮喷气发动机的前方增加了几级涡轮，并由这些涡轮带动一排或几排风扇，风扇后的气流分为2部分，一部分进入压气机(内涵道)，另一部分则不经过燃烧，直接从涡轮风扇发动机壳外排到空气中(外涵道)，如图3-6所示。因此，涡轮风扇发动机的燃气能量被分派到了风扇和燃烧室分别产生的两种排气气流上。由于涡轮风扇发动机的一部分燃气能量被用来带动前端的风扇，因此降低了排气速度，提高了推进效率。通过调整涡轮结构参数和增大风扇直径，可使更多的燃气能量经风扇传递到外涵道，从而避免大幅提高排气速度。这样，热效率和推进效率取得了平衡，发动机的效率也得到了极大提高。效率高就意味着油耗低，飞机航程变得更远。

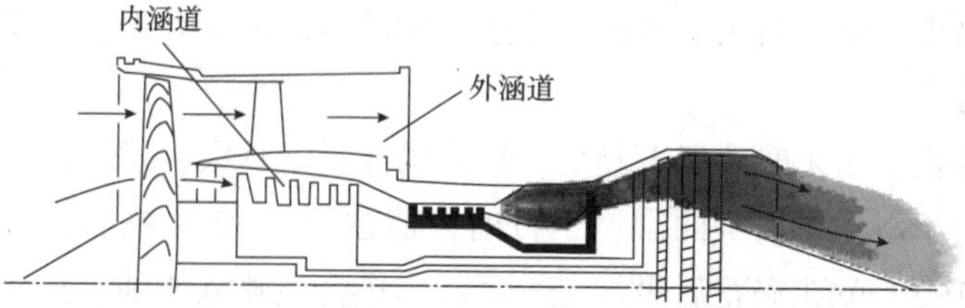

图3-6　涡轮风扇发动机的涵道比

涡轮风扇发动机由风扇、压气机、燃烧室、驱动压气机的高压涡轮、驱动风扇的低压涡轮和排气喷管组成(图 3－7)，其中压气机、燃烧室和高压涡轮 3 部分被称为核心机。使用了带加力燃烧室的涡轮风扇发动机，称为加力涡轮风扇发动机，如图 3－8 所示。涡轮风扇发动机各组成部分的工作原理与涡轮喷气发动机基本相同。

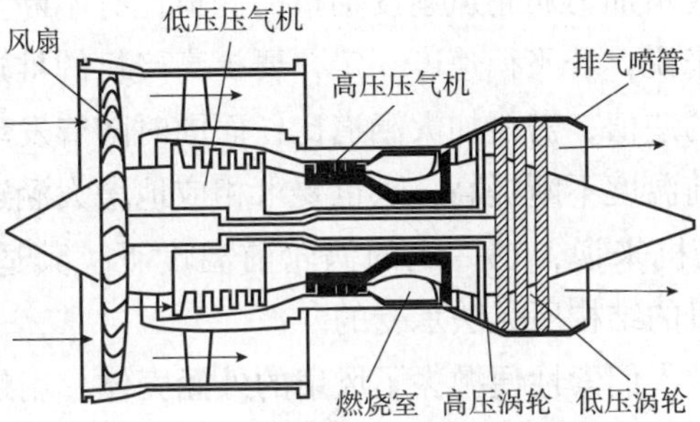

图 3－7　涡轮风扇发动机结构图

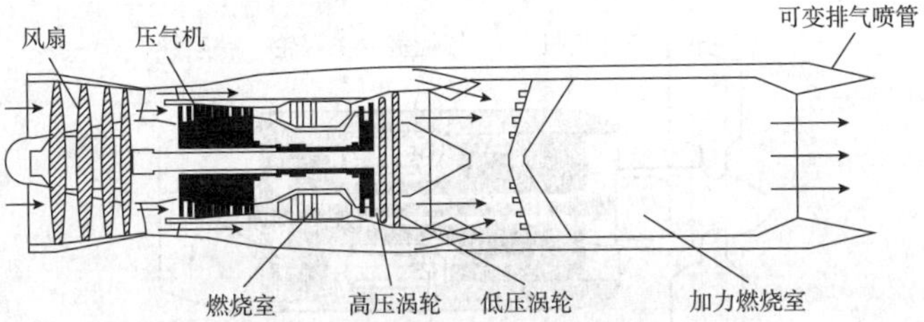

图 3－8　加力涡轮风扇发动机结构图

20 世纪 50 年代发明的第一代涡轮风扇发动机，其涵道比、压气机增压比和燃气温度都较低，耗油率比涡轮喷气发动机仅低 25% 左右，为 0.06～0.07 kg/(N·h)[0.6～0.7 kg/(kgf·h)]。20 世纪 60 年代末 70 年代初发明了高涵道比(5～8)、高增压比(25～30)和高燃气温度 (1600～1750 K)的第二代涡轮风扇发动机，耗油率降低到 0.03～0.047 kg/(N·h)[0.3～0.4 kg/(kgf·h)]，推力则高达 200～250 kN(20000～25000 kgf)。高涵道比涡轮风扇发动机的噪声低，排气污染小，多用作大型客机的动力装置，这种客机在 11000 m 高度的巡航速度可达 950 km/h。但这种高涵道比的涡轮风扇发动机的排气喷射速度低，迎风面积大，不宜用于超音速飞机上。

有些歼击机为了追求高的推重比和减小阻力，使用了小涵道比、带加力燃烧室的涡轮风扇发动机，这种发动机的涵道比一般在 1.0 以下。在亚音速飞行时不使用加力燃烧室，这时它相当于一台不加力的涡轮风扇发动机，耗油率和排气温度都比涡轮喷气发动机低，因而红外辐射强度较弱，不易被红外制导的导弹击中。在高速飞行时，发动机的加力打开，外涵道的空气和涡轮后的燃气一同进入加力燃烧室喷油后再次燃烧，使推力大幅度增加，产生的推力可超过加力涡轮喷气发动机，而且随着速度的增加，这种发动机的加力比还会上升，并且耗油率有所下降。加力涡轮风扇发动机由于具有低速时油耗低、开加力时推重比大的特点，目前已在新一代歼击机上得到广泛应用。

3. 涡轮螺旋桨发动机

一般来说，现代不加力涡轮风扇发动机的涵道比有不断加大的趋势。因为对于涡轮风扇发动机来说，若飞行速度一定，要提高飞机的推进效率，就要降低排气速度和飞行速度的差值，需要加大涵道比；而同时随着发动机材料性能和结构工艺的提高，涡轮前温度不断提高，这也要求相应地增大涵道比。对于一架低速(500 ~ 600 km/h)飞机来说，在一定的涡轮前温度下，其适当的涵道比应超过50，这显然是发动机的结构所无法承受的。

为了提高效率，人们索性便抛去了风扇的外涵壳体，用螺旋桨代替风扇，便形成了涡轮螺旋桨发动机，简称涡桨发动机。涡轮螺旋桨发动机是由螺旋桨提供拉力和喷气反作用提供推力的燃气涡轮发动机，如图 3 - 9 所示。

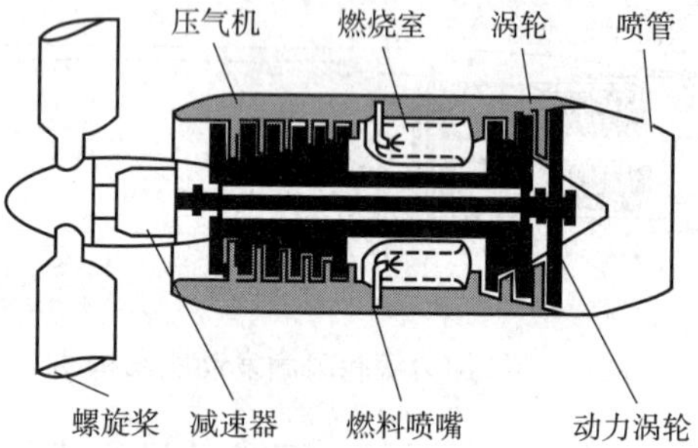

图 3 - 9　涡轮螺旋桨发动机结构图

涡轮螺旋桨发动机的螺旋桨后的空气流相当于涡轮风扇发动机的外涵道，由于螺旋桨的直径比发动机大很多，气流量也远大于内涵道，因此这种发动机实际上相当于一台超大涵道比的涡轮风扇发动机。

尽管涡轮螺旋桨发动机和涡轮风扇发动机的工作原理相似，但二者在产生动力方面却有着很大的不同。涡轮螺旋桨发动机的主要功率输出方式为螺旋桨的轴功率，而尾喷管喷出的燃气推力极小，只占总推力的 5% 左右。涡轮螺旋桨发动机动力涡轮的巡航转速一般为 10000 ~ 15000 r/min，而螺旋桨轴的转速为 1000 ~ 2000 r/min，因此涡轮螺旋桨发动机减速器的减速比一般在 10 ~ 15。为了驱动大功率的螺旋桨，涡轮级数要比涡轮风扇发动机多，一般为 2 ~ 6 级。

同活塞式发动机驱动螺旋桨相比，涡轮螺旋桨发动机有很多优点。首先，它的功率大，功重比(功率/重量)也大，最大功率可超过 7350 kW(10000 马力)，功重比在 4 以上；而活塞式发动机最大功率不超过 2940 kW(4000 马力)，功重比约为2。其次，由于减少了运动部件，尤其是没有做往复运动的活塞，涡轮螺旋桨发动机运转稳定性好、噪声小、工作寿命长、维修费用较低。而且，由于核心部分采用燃气发生器，涡轮螺旋桨发动机的适用高度和速度范围都比活塞式发动机高很多。在耗油率方面，二者相差不多，但涡轮螺旋桨发动机所使用的喷气燃料要比活塞式发动机使用的航空活塞式发动机燃料便宜。

由于涵道比大，涡轮螺旋桨发动机在低速下效率要高于涡轮风扇发动机，但受到螺旋桨效率的影响，它的适用速度不宜太高，一般小于900 km/h。目前在中低速飞机或对低速性能有严格要求的巡逻、反潜或灭火等类型飞机中得到广泛应用。

4. 涡轮轴发动机

涡轮轴发动机是由燃气通过动力涡轮输出轴功率的燃气涡轮发动机，是直升机的主要动力。涡轮轴发动机出现得较晚，但已在直升机和垂直/短距起落飞机上得到了广泛应用。

涡轮轴发动机飞机首次正式试飞是在1951年12月。涡轮轴发动机作为直升机的新型动力，兼有涡轮喷气发动机和涡轮螺旋桨发动机的特点，使直升机的发展更进一步，如图3－10所示。当时涡轮轴发动机还被划入涡轮螺旋桨发动机一类，随着直升机的普及和其先进性能的体现，涡轮轴发动机逐渐被视为一种独立的喷气发动机。

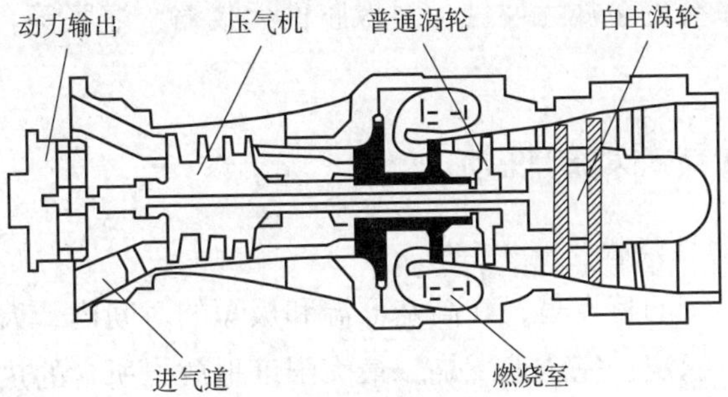

图3－10　涡轮轴发动机结构图

3.2.2　对喷气燃料的品质要求

喷气发动机是在高空、低温和低气压条件下把燃料的热能转变为燃气动能进行工作的。其工作特点是喷气发动机在起动时由电火花把喷出的燃料引燃后再换用喷嘴喷入喷气燃料，在高速空气流中连续喷油，连续燃烧。其燃烧速度比活塞式发动机快数倍，要求燃料燃烧连续、平稳、迅速、安全。要在高空飞行中满足上述要求，需要解决很多问题。例如，在高空飞行中，因为空气不足，发动机变换工作状态时容易熄火；燃烧不易完全，以致产生积炭和增加耗油率；高空气温低，燃料较难顺利地从油箱流入发动机；高空的低气压使燃料容易蒸发；高速飞行与空气摩擦产生的热量，使燃料温度升高而容易变质；等等。为了保证喷气发动机正常工作，杜绝上述问题发生，喷气燃料必须具备以下性能。

(1)良好的燃烧性

燃料的热值要高；燃烧要稳定，防止工作条件变化时熄火；燃烧要完全，产生的积炭要少；在冬季或高空熄火后容易起动。

(2)适当的蒸发性

保证燃烧稳定，在高空中不产生气阻，蒸发损失小。

(3)低温流动性好

低温时不易析出烃晶体和冰晶体而堵塞过滤器。

(4)良好的洁净度

要严格控制机械杂质和水分含量，不能堵塞过滤器和喷嘴。

(5)较好的热安定性和储存安定性

热安定性好的燃料，在高速飞行导致的燃料高温情况下，不会出现大量结胶而影响使用。储存安定性好的燃料便于长期储备。

(6)良好的润滑性

良好的润滑性能减少磨损，保证油泵正常工作。

(7)没有腐蚀性

对燃料供给系统的金属无腐蚀，对橡胶件无收缩、溶胀等，保证发动机正常工作。

3.2.3 喷气燃料的性质

1. 喷气燃料的燃烧性

涡轮发动机燃烧的特点是，在高空低温和极短的时间内，大量的燃料必须在高速气流中连续、稳定、完全地燃烧，最大限度地放出所含的热量。

(1)对燃料燃烧性的要求

1)燃烧要连续、稳定。在高空低温条件下，当工作条件变化时，不熄火，不发生空中停车；在严寒地区冬季和高空熄火后容易起动。

2)燃烧要完全。燃烧完全生成的积炭少。积炭附在火焰筒壁上，会引起火焰筒变形和产生裂纹；积炭沉积在喷嘴上，可导致燃料雾化不良，使燃烧过程变坏，有可能产生自动熄火停车的现象；积炭沉积在起动喷油点火器电极之间，会造成“联桥”而产生短路，妨碍点火，使发动机难以起动。

3)燃料热值要高。热值高，发动机才有可能获得较大的推力，扩大飞机作战半径。

(2)影响燃料燃烧的因素

影响燃料燃烧的因素有发动机的构造、工作条件和燃料性质等，这里仅分析燃料性质对燃烧的影响。

1)蒸发性的影响。

①对燃烧稳定性的影响。要使喷气燃料的热能转化为动能，首先得使燃料在燃烧室中连续、稳定地燃烧，防止发动机熄火，造成事故。

在高空条件下燃烧不稳定的原因主要是气压和温度较低。蒸发性好的燃料，与空气形成混合气体快，因而燃烧完全，耗油率低，同时也容易起动。蒸发性差的燃料，在高空低温条件下，特别在低转速工作时，易造成熄火。由于温度低，燃料蒸发困难，如燃料的蒸发性差，蒸发出的油蒸气少，和空气形成的混合气因过度贫油而低于燃烧极限，造成熄火。燃料的蒸发性能取决于燃料中的轻组分含量，喷气燃料10%馏出温度低、饱和蒸气压大，则燃料的蒸发性好。但蒸气压过高时，在高空低气压下，容易形成气阻；飞机起飞时，由于气压急剧降低，而油温下降很慢，以致燃料猛烈蒸发，造成燃料大量损失。国产喷气燃料的蒸发性由10%馏出温度来控制。

②对完全燃烧的影响。燃料的蒸发性差，蒸发速度慢，在燃烧室中处于液态的时间长，使燃料在高温条件下裂化的倾向大，容易生成烟炱和积炭，燃烧完全度低。

2)燃料的雾化性能。喷气燃料的雾化程度严重影响燃烧的完全程度。燃料喷入燃烧室时，雾化得越好，燃料的蒸发表面越大，形成混合气速度越快，从而加快了燃烧速度，提高了燃烧完全程度。影响雾化程度的质量标准是燃料的黏度。

黏度过大的燃料，喷射锥角小而射程远，喷出的液滴大，雾化不良，蒸发慢，燃烧不完全，易生成积炭；黏度过小的燃料，喷射锥角大而射程近，火焰燃烧区域宽而短，在靠近火焰筒壁的地方出现富油混合气，会使火焰筒局部受热，易使火焰筒破坏，而且也易使火焰筒壁沉积积炭。

黏度对发动机的起动也有影响。用20 ℃黏度为15 mm^2/s的柴油做试验发现：在温度低于 -7 ℃时，就完全不能保证起动时所需的雾化条件。20 ℃黏度为 $3\sim4$ mm^2/s的喷气燃料在 $-60\sim-40$ ℃的温度下尚能保证满意的雾化。

此外，应该指出，黏度过大时在低温下不易流动，会使供油量减少；黏度小，润滑性差，会使燃料泵的磨损增大，从而影响发动机正常工作。为了保证喷气燃料必需的雾化程度和润滑性能，我国喷气燃料标准中要求燃料20 ℃时的黏度 $\not<1.25$ mm^2/s，而 -20 ℃时的黏度 $\not>8$ mm^2/s。

3)燃料的化学组成。燃料的化学组成对燃烧性有很大影响。

①对燃烧稳定性的影响。不同烃类在空气中燃烧时的燃烧极限是不同的。各

烃类中，烷烃特别是正构烷烃以及环烷烃燃烧极限较宽，而芳香烃燃烧极限较窄。燃烧极限宽，有利于稳定燃烧，在高空或推油门过猛时，发动机不易熄火，也不易出现因间歇性熄火引起的喘振现象。

②对生成积炭的影响。喷气燃料在发动机中燃烧时生成积炭的倾向称为燃料的积炭性。燃料在燃烧过程中生成的炭微粒积聚在不同部位上，会造成一系列问题。积聚在燃烧室火焰筒壁上的积炭，会恶化热传导，使局部过热，导致火焰筒壁变形，甚至产生裂纹。火焰筒壁上的积炭有时可能脱落下来，随气流进入高速旋转的燃气涡轮，造成堵塞、侵蚀和打坏叶片等事故。积炭附在喷嘴上，使燃料雾化恶化，燃烧状况变坏，促使火焰筒壁生成积炭。电点火器电极上的积炭，会使电极联桥而短路，影响发动机起动。

喷气燃料生成积炭的倾向与燃料的燃烧完全度密切相关。在正常情况下工作时，燃料在喷气发动机中的燃烧在高温、高压下进行，各类烃均能完全燃烧。但在高空条件下，由于气温、压力较低，当混合气过度贫油或富油时，不同烃类的燃烧完全程度是不同的。在上述情况下，烷烃燃烧得比较完全，环烷烃稍差，芳香烃则更差。

烃类的燃烧完全度按下面顺序排列：双环芳香烃 < 单环芳香烃 < 带侧链的单环芳香烃 < 双环环烷烃 < 环烯烃 < 单环环烷烃 < 烷烃。

总之，当燃料中芳香烃含量增多时，燃烧完全度就会下降，在发动机中容易产生积炭。燃料中的芳香烃含量越多，在燃烧室中生成积炭的数量也越多。

有的情况下，含有双环芳香烃的燃料，在燃烧中产生的炭粒被气流带走，不在燃烧室留下积炭，但是由于火焰中的炭粒增多，火焰的热辐射增强，过量的辐射热传到火焰筒壁上，使之温度升高，引起火焰筒裂纹、变形甚至烧穿。

各类烃产生积炭的倾向顺序是：芳香烃 > 环烷烃 > 烷烃。

从上述可以看出，燃料的化学组成中，芳香烃含量多时，燃烧稳定性变坏，燃烧不易完全，也易生成积炭。芳香烃含量越多，影响越大。这是喷气燃料中芳香烃含量大都不允许超过20%的主要原因。

(3)燃烧性的评定指标

1)无烟火焰高度。无烟火焰高度又称烟点，试验按 GB/T 382《煤油和喷气燃料烟点测定法》进行，是在规定的条件下，试样在标准灯具中燃烧时不冒黑烟的最大火焰高度，单位为 mm。燃料中芳香烃越多，其无烟火焰高度越小，燃烧时生成的炭粒越多，火焰明亮度越大，易使燃烧室受辐射过多而超温，故生成积炭的倾向显著增大。合适的烟点，可以保证燃料正常燃烧，避免积炭形成。

涡轮发动机内生成积炭的倾向，与喷气燃料无烟火焰高度之间有密切关系。燃料的无烟火焰高度越小，则生成积炭越多，如表 3－9 所示。

表 3－9　燃料的无烟火焰高度与积炭的关系

无烟火焰高度/mm	12	18	21	23	26	30	43
积炭/g	7.5	4.8	3.2	1.8	1.6	0.5	0.4

燃料中芳香烃含量越多，则无烟火焰高度越小；燃料馏分越重，则无烟火焰高度越低。

国产喷气燃料均须进行无烟火焰高度测定，我国常用的 3 号喷气燃料要求无烟火焰高度≮25 mm；或无烟火焰高度≮20 mm，但萘系烃含量≯3%（体积分数），以限制双环芳香烃含量，因双环芳香烃比单环芳香烃更易产生较多的积炭。

2）辉光值（LN）。辉光值主要用来表示燃料燃烧时的火焰辐射强度。

辉光值是在固定火焰辐射强度下（于可见光谱的黄绿带内）火焰温升的数值，试验按 GB/T 11128《喷气燃料辉光值测定法》进行，测定是在相当于四氢萘烟点的固定辐射强度下，将试验燃料和两个标准燃料分别在规定的烟灯中燃烧，比较它们火焰温度的升高值。一个标准燃料是四氢萘，其辉光值定为 0；另一个标准燃料是异辛烷，其辉光值定为 100。试验燃料的辉光值按试验方法中给定的公式求出。

燃料的生炭性强，燃气中的炭微粒增多。炽热的炭粒增加了火焰的辐射强度和火焰的明亮度，加速火焰筒出现裂纹和烧穿，缩短其使用期限。燃料的辉光值越高，表示燃料辐射强度越低，燃烧越完全，燃烧时生成积炭的倾向越小。燃料的辉光值过低，火焰筒的使用寿命将缩短。3 号喷气燃料规定辉光值≥45。

2. 喷气燃料的安定性

喷气燃料的安定性是指储存和使用中是否容易变质的特性。燃料不易变质，安定性就好。

（1）储存安定性

试验表明，喷气燃料在不同气候条件下储存 6～10 年后，酸度和实际胶质略有增加，颜色有所加深，其他无明显变化，全部质量标准仍然合格，可见喷气燃料储存安定性很好。其原因主要是喷气燃料都是直馏产品，烯烃含量极少，硫化物特别是硫醇性硫控制很严，在储存过程中氧化反应微弱，胶质和酸性物质生成量很少。

喷气燃料中胶质和酸度增加的原因，仍是喷气燃料中含有少量不安定的成分，如烯烃、带不饱和侧链的芳香烃以及少量的非烃成分等。喷气燃料中含有不饱和烃越少，燃料的诱导期越长，安定性越好。储存条件对喷气燃料的质量变化有很大影响，其中最重要的是温度。当温度升高时，燃料氧化的速度加快，使胶质、酸度增大，同时也使燃料的颜色变深。同一燃料，在北方储存两年后颜色较浅，而在南方储存两年后颜色较深，尽管两种燃料的胶质含量相近。

各种喷气燃料在长期储存过程中，都会有不同程度的变色。但近年来出现的喷气燃料异常变色是困扰油料质量管理的主要问题之一。

异常变色问题过去也曾出现，并进行过大量研究。1963 年，发现大庆 2 号喷气燃料在加油车过滤器中(有铜网)存放 3 ~ 5 天后，颜色变得很黄，有的已变成茶红色，变色后的燃料在阳光照射下，颜色会消失，并出现微量白色沉淀，但变色燃料的酸度、胶质等指标变化不大。为了查明变色原因，有关部门作了深入的研究。研究表明：引起大庆 2 号喷气燃料变色的主要原因是燃料中的酸性胶质和碱性胶质、33 号添加剂(CS_2)和铜对变色有显著的促进作用。

近年来出现的喷气燃料异常变色现象和以前的喷气燃料变色发生的条件有所不同，一是现在喷气燃料中已不加 33 号添加剂，二是现在的过滤器一般不使用铜网。

对喷气燃料的变色进行详细研究发现：喷气燃料中的有色组分全部集中在吸附胶质中。吸附胶质以酸性化合物为主，具有一定的极性和较强的化学活性，以含氧化合物为主。其中以酚类化合物为主的极性化合物的氧化缩聚产物集中了主要的有色组分。这些氧化缩聚产物主要包括酚类的多聚体，具有长链、环烷烃(或烯烃)结构的复杂的大分子含氧化合物。

油品颜色的深浅，同胶质含量有直接关系。因此可从色度的好坏来判断油品的精制深度、变质及混油污染情况等。喷气燃料、煤油颜色按 GB/T 3555《石油产品赛波特颜色测定法(赛波特比色计法)》规定的方法测定，是石油产品颜色与标准色板相比较所得到的颜色标度。色号从 +30 ~ -16(+30 颜色最浅， -16 颜色最深)。喷气燃料的颜色是评价其变质或污染程度的一个重要指标。

根据最新研究成果，喷气燃料变色与喷气燃料安定性(能否使用)无定量关联，但与沉淀物生成倾向有较大关联。

对航空发动机实际使用有明确影响的燃料安定性主要体现在实际胶质和沉淀物的生成倾向，特别是生成沉淀物的倾向上。因此，沉淀物生成倾向是影响喷气燃料使用性能的关键因素，对航空发动机的使用危害很大，可通过考察燃料生成沉淀物的倾向来评价燃料变色对安定性的影响。

原始喷气燃料颜色与燃料的不安定性没有相关性，但静态热安定试验后燃料的颜色可较好地反映燃料生成沉淀物的倾向。综合评价表明：ГОСТ 11802—88 静态热安定性试验的静态热安定性最适合作为评价变色喷气燃料安定性的质量控制方法，JFTOT 试验可作为变色喷气燃料安定性的补充评价方法。

储存中的变色喷气燃料质量控制指标如下：对于加氢喷气燃料，静态热安定性试验生成的沉淀物不多于 6 mg/100 mL。对于直馏喷气燃料，当静态热安定性试验生成的沉淀物少于 10 mg/100 mL 时，燃料安定性符合要求；当静态热安定性试验生成的沉淀物为 10～18 mg/100 mL 时，应进一步通过 JFTOT 评价来确定燃料是否符合要求；当静态热安定性试验生成的沉淀物多于 18 mg/100 mL 时，燃料安定性不符合要求。

由于静态热安定性试验中沉淀物含量的测定对实验人员和辅助设备的要求较高，为简化试验方法，方便使用，根据静态热安定性试验后燃料在 410 nm 的吸光度与沉淀物生成量的相关性，提出用 A410 代替沉淀物含量测定。静态热安定性试验后燃料 A410＜1.4 作为评判变色加氢喷气燃料安定性是否合格的质量控制标准。对变色直馏喷气燃料，静态热安定性试验后燃料 A410＜1.8 作为评判燃料安定性的质量控制标准。对于 A410≥1.8 的变色直馏喷气燃料，按上述沉淀物指标评判燃料安定性是否符合要求。

喷气燃料规格对实际胶质、烯烃含量、总硫含量、硫醇性硫含量、颜色以及总酸值都作了严格规定，从而保证燃料具有良好的储存安定性。

(2)热安定性

1)定义。燃料在超音速飞机中工作时，由于气动加热，温度会升高而产生胶质沉淀等。燃料抵抗这种因受热而引起质量变化的特性，称为热安定性。

2)燃料高温产生的原因。若飞行速度超过音速，由于空气动力加热，飞机表面温度上升。飞机速度越大，温度上升程度越高。当 $M=2$ 时，飞机表面温度为 130～152 ℃；当 $M=3$ 时，飞机表面温度为 227～316 ℃。飞机表面的热有一部分传给了油箱中的燃料使燃料温度升高。此外，燃料冷却润滑油、液压油和座舱空气后，温度会迅速升高。例如，协和式运输机以 $M=2.2$ 的速度在气温为 −56 ℃的 18000 m 高空飞行时，飞机表面温度为 150～200 ℃，油箱中的燃料温度达 85 ℃，喷嘴前的燃料温度约 150 ℃；当飞机降落时，由于油门关小，发动机滑油冷却器中燃料流量减少，燃料温度迅速升到 205 ℃，约保持 15min。$M=3$ 的超音速飞机油箱中燃料的温度高达 110 ℃，滑油散热器中的燃料在飞机降落时温度最高达到 260 ℃。

3)影响燃料热安定性的因素。

①化学组成。喷气燃料中各种组分会产生不同程度的氧化，最易发生氧化反应的是含硫、氧、氮的非烃化合物和烃类中的不安定成分如四氢萘、烯烃等。最初生成的氧化物在燃料中呈溶解状态，并逐渐变成胶质，细微的胶质微粒继续聚积，生成较大的颗粒并从燃料中析出。

②水分和机械杂质。在胶质的凝聚过程中，水分和机械杂质起着加速的作用。因机械杂质在这个过程中成了凝聚中心，胶状物质和水分围绕着杂质，聚积成大的颗粒从油中沉降下来。

③温度。温度越高，生成的沉淀物越多，例如，某喷气燃料在与青铜接触并通入空气的情况下，于 120 ℃加热 6 h，燃料中生成的沉淀物为 0.02～0.03 g/kg，在同样条件下，仅把加热温度升高到 150 ℃，这时在燃料中生成的沉淀物为 0.08～0.10 g/kg。由此可见，高温对燃料产生沉淀的影响是很大的。在常温下储存多年生成的沉淀物，甚至没有加热几小时所产生的沉淀物多。同时，在高温条件下，在燃料系统的金属表面还将生成胶膜和炭沉积物。这些高温氧化产物的出现，将使发动机燃料过滤器和喷嘴堵塞，严重影响发动机的正常工作。因此，飞行速度长时间在 2 倍音速以上的飞机使用的燃料，应具有良好的热安定性。

4）燃料热安定性的评定方法。用 GB/T 9169—2023《喷气燃料热氧化安定性测定法》来评定喷气燃料热安定性。方法概要：仪器使用的是过滤后的固定体积的喷气燃料，并经充气后得到的空气饱和样品。在试验过程中，试样以稳定流量泵送经过温度保持相对较高的加热管，通常为 260 ℃，在某些情况时，温度要求可以更高。经充气而被氧气所饱和的试样，在热加热管中可能会降解，形成可见薄膜状的沉积物。此外，试样的降解产物也可能流向下游，从而被试验过滤器捕集到。试验过滤器两端压差的增加和最终加热管评级，两者都被用来确定试样的氧化安定性。

5）提高燃料热安定性的途径。精制不好的喷气燃料，当温度高于 100 ℃以后，热安定性会迅速降低。为了满足更高使用温度的要求，必须进一步提高燃料的热安定性。经常采用的方法有 2 个：一是对燃料进行深度精制；二是加入热安定性添加剂。

①精制方法。常用的精制方法是加氢精制，将组分中的不安定烃类和含氧、硫、氮的非烃化合物除去后，燃料的热安定性即得到提高。另外，加氢精制还能使不饱和烃饱和，将部分芳香烃转化为环烷烃。

②热安定性添加剂。常用的热安定性添加剂主要有高分子胺类、烷基苯酚类和共聚物等。

3. 喷气燃料的腐蚀性

喷气发动机的燃料系统，特别是燃料泵的调节装置是一个很精密的零件，各个活动部分的配合间隙很小，而且工作频繁，有些系统转速很高。如果燃料对这些零件的金属产生腐蚀，就会造成严重的危害甚至发生事故。同时燃气的温度很高，燃烧室、涡轮等都是在高温、高热负荷下工作，燃气如对这些部件产生腐蚀，就会造成严重危害和事故。为了保证发动机正常工作，延长发动机的寿命，燃料不仅应对发动机无腐蚀性，而且还不能腐蚀储运设备。

喷气燃料的腐蚀作用表现在气相和液相两方面，引起腐蚀的原因不同，解决方法也有差别。由于喷气燃料中 33 号添加剂停用和镍铬合金火焰筒已换为铁基合金火焰筒，因而喷气燃料气相腐蚀中最大的问题——火焰筒烧蚀已不会出现。喷气燃料气相腐蚀的主要原因是含 SO_2 和 SO_3 的气体在高温下对金属的腐蚀。关于液相腐蚀，其产生原因、危害及控制指标，与汽油、柴油类似，但因喷气发动机的燃料系统有些部件精密度很高，合金材料多，故腐蚀问题更为严重。

燃料中的烃类在液态时并无腐蚀作用，液态时对金属的腐蚀主要是由活性硫化物（如元素硫、硫化氢和低分子硫醇）、含氧化合物（如环烷酸等）、水分和细菌引起的。

(1)活性硫化物的腐蚀

1)元素硫。元素硫对铜及其合金有较大的腐蚀性，元素硫能与合金中的铜起反应，生成硫化铜，积聚在金属表面形成黑色的硫化铜层，所以铜被硫腐蚀后外观变黑。由于硫化铜层不坚固，经过一段时间便会破裂脱落，使铜合金零件逐渐损坏。燃料不含其他活性硫化物时，只要元素硫含量达到0.005%，铜片上便会出现腐蚀痕迹。如果燃料中含有0.001%的硫醇，只要有0.001%的元素硫就会在铜片上出现腐蚀痕迹。我国的原油大部分属于低硫原油，生产的喷气燃料元素硫含量极低，一般不会腐蚀铜合金。

2)硫化氢。硫化氢能腐蚀锌、铁、铜、铝等金属。喷气燃料中只要含有0.0005%的硫化氢，铜片试验即不合格。喷气燃料中一般不含有硫化氢，因为一方面硫化氢很容易清洗掉，另一方面它与空气接触后易被氧化成元素硫。

3)硫醇。硫醇主要腐蚀镉和青铜，在常温下不腐蚀钢、铝等合金。在硫化氢存在时，硫醇的腐蚀作用加剧。硫醇腐蚀金属后，产生难溶于燃料的胶状沉淀物，它容易堵塞喷嘴、过滤器和油泵的调节机构，影响发动机的正常工作。硫醇还会对某些人造橡胶起作用，破坏橡胶油箱的缝合胶，引起漏油。

由于铜对硫及硫化物的腐蚀比较敏感，所以可用铜片试验来检查喷气燃料中的硫及活性硫化物的腐蚀性。为提高耐磨性，喷气发动机的高压油泵采用了镀银附件，而银对某些硫化物的腐蚀比铜更为敏感，虽然燃料的铜片试验合格，但仍发现对镀银表面有腐蚀现象。故在喷气燃料规格中增添了银片试验，以防止燃料对油泵镀银部件产生硫化腐蚀。根据研究试验，喷气燃料随元素硫含量增多，对银片的腐蚀加深。因此，银片试验以银片变黑程度划分试验结果的等级。

(2)环烷酸的腐蚀

从原油直接蒸馏出来的喷气燃料中含有少量环烷酸，工厂一般通过碱洗尽可能减少环烷酸的含量。喷气燃料中环烷酸的多少用酸度表示。

环烷酸会腐蚀铅、锌等金属，还会与燃料系统中零件的镀镉层作用，产生不溶性沉淀物，严重时会堵塞过滤器，影响发动机的正常工作。因此对喷气燃料的酸度需加以限制，以防止环烷酸的腐蚀作用。

(3)燃料中水分的腐蚀作用

燃料中进入水分后会引起腐蚀。燃料中的游离水会腐蚀低合金钢零件，腐蚀锌和镉等有色金属制件。燃料中的水分还会造成油罐、油桶和管线内部的锈蚀。

(4)细菌引起的腐蚀

喷气燃料中的细菌有100多种，最常见的是树脂芽枝霉。在有水的环境中，细菌能在较宽温度范围生长，最有利的繁殖温度是25～35 ℃。如有铁锈及污渣等，细菌繁殖特别迅速。它们主要以直链烃为食物，可产生二氧化碳、醇、酯、有机酸等物质。当储油容器、飞机油箱等长期未清洗，底部有水，在湿热的情况下，细菌容易繁殖。在油水界面上繁殖出的细菌，有的能产生有机酸，有的能将燃料中的硫化物转化为元素硫及硫化氢等活性硫化物，使容器遭受腐蚀。为了防止细菌引起的腐蚀，可以在燃料中加入适量的杀菌剂，如每毫升燃料中加入1 μg/g的甲基紫，即可有效防止细菌引起的腐蚀。细菌若缺乏游离水，便不会繁殖，所以，在储运及使用过程中，防止水分进入和及时排出储油器及飞机油箱中的水分，避免形成细菌繁殖的条件，亦可防止细菌引起的腐蚀。

(5)喷气燃料银片腐蚀

喷气燃料银片腐蚀问题以前偶有发生，研究发现是添加的33号添加剂含有元素硫所致。1993年开始在南方一些油库出现的银片腐蚀问题与以往有所不同，波及范围广、变质程度重。很多人认为，这是喷气燃料中的微生物，特别是硫酸盐还原菌引起的。

控制喷气燃料腐蚀性的指标有含硫量、硫醇性硫含量、铜片腐蚀、银片腐蚀和总酸值。

4. 喷气燃料的低温性

喷气燃料的低温性是指在低温下，燃料在飞机燃料系统中能否顺利泵送和通过油滤的性能。燃料在较低的温度下使用，不应因烃类结晶和燃料中的水分结冰而堵塞过滤器，影响供油。

在实际测定飞机燃料系统中油温的过程中发现，飞机燃料系统中燃料的最低温度主要取决于地面温度；燃料系统中出现最低油温的部位，是直接与冷空气接触的副油箱。在冬季的海拉尔地区，飞机副油箱中燃料温度曾达－50.5 ℃；燃料系统的最低油温与在最低气温层的飞行时间有关，在最低气温层飞行时间越长，燃料温度下降幅度越大。

(1)评定指标

我国现用喷气燃料的低温性用冰点表示。冰点是在规定条件下，航空燃料经冷却后出现固态烃类结晶，然后使燃料升温，当烃类结晶完全消失时的最低温度。冰点测定按GB/T 2430—2008《航空燃料冰点测定法》进行。

(2)主要影响因素

1)燃料的化学组成。燃料是由烃类组成的，正构烷烃和某些芳香烃的冰点高，而环烷烃和烯烃的冰点较低。同一族烃中，随分子量增加，冰点升高。石蜡基原油(如大庆原油)生产的直馏喷气燃料，其冰点只能达到 -47 ℃左右，而中间基原油(如克拉玛依原油)则可以生产冰点低于 -57 ℃的直馏喷气燃料。

2)水分。

①燃料的溶水性。燃料中含有的微量水分，在低温下形成冰晶，造成过滤器堵塞、供油不畅等问题。燃料中的水分除来源于储运保管、使用中管理不善而落入雨雪外，主要是因为烃类具有溶水性，会从空气中吸收水气，使无水的燃料"自动"地含有微量水分。

燃料中的水分以溶解水和游离水 2 种形式存在。溶解水是由于燃料中烃类具有微弱的溶水性，从空气中吸收一些水分形成的。不同烃类的溶水性是有差别的，在相同温度下，芳香烃特别是苯的溶水性最强，环烷烃次之，烷烃最弱。因此从降低结晶点的角度看，也需要限制芳香烃的含量。游离水是指悬浮在油中的水粒和沉淀在容器底部的水分。

水在燃料中的溶解度随温度的变化而变化。温度越高，水在燃料中的溶解度越大；温度降低，溶解度减小。如大庆原油生产的喷气燃料，在 10 ℃时对水的溶解度为 0.0055%，30 ℃时则为 0.0110%。100 kg 大庆原油生产的喷气燃料在 10 ℃时，可溶解 5.5 g 的水；在 30 ℃时，可溶解 11 g 的水。当燃料温度升高时，燃料便从空气中吸收水分；当燃料温度降低时，由于燃料对水的溶解度减小，已溶解的少量水分从油中析出，成为游离水，沉积在油罐底部。这个过程反复出现，罐底积水就会增加。

空气相对湿度增大，燃料会从空气中吸收水分，燃料中的含水量增加。相对湿度越大，水分吸收越快，燃料含水量也越大，直至达到饱和为止。我国南方湿度大，这个问题比较严重。

②燃料中水分的危害。燃料中如含有游离水，在高空低温下，会冻结成冰晶，堵塞过滤器，影响正常供油和飞行安全。加入飞机油箱的燃料一般不带游离水。但当燃料中溶解水接近或达到饱和状态时，在高空油温降低，燃料对水的溶解度减小，部分溶解水即从燃料中析出成为悬浮在燃料中的微小水粒。当温度低于 0 ℃时，即变成冰晶。燃料中出现冰晶后，燃料系统油滤便容易被堵塞，从而减少对发动机的供油量。燃料中溶解的水越多，供油量减少的程度越严重。

(3)防止燃料产生冰晶的方法

要防止燃料在低温下析出冰晶，除了从压缩器引来热空气加热燃料或油滤，或用滑油加温燃料外，常采用冷冻过滤和加入防冰添加剂的方法。

1)冷冻过滤。该方法是在冬季气温低于0 ℃时，将地下油罐中温度较高的燃料，泵送到容量较小的露天油罐内，经过24 h以上的冷冻，使燃料中的水分析出，冻结成冰晶，然后经过滤除去。处理后的燃料应立即密闭并注入飞机油箱中使用，否则在较高温度下与空气接触，会重新吸收水分。冷冻过滤不能解决飞机升上高空后温度降低再次产生冰晶的问题。

2)防冰添加剂。燃料在低温下会产生冰晶，是由于燃料具有可逆的溶水性。即当温度升高时，燃料会从空气中吸收水分；当燃料中含水较多，遇到温度突然下降，部分溶解水便析出，形成悬浮状的小水滴，在低温下冻结成冰晶。如果燃料的溶水性是不可逆的，在温度骤降时水分就不会析出，也不会有冰晶出现。在燃料中加入醇类或醚类，可以将燃料的溶水性变为不可逆的过程，即可防止或消除燃料中的冰晶。效果较好的防冰添加剂是醇醚化合物。

我国使用的醇醚化合物防冰添加剂为乙二醇甲醚，它是一种有醇味的无色透明液体，有毒性，密度大于950 kg/m^3，易溶于燃料，添加量为0.15%。防冰添加剂由于具有很强的吸水性，因此必须密封储存。冬季在北方添加防冰添加剂时，应在机场油库现用现加，要使防冰添加剂均匀混入喷气燃料中，否则会影响防冰效果。

5. 喷气燃料的洁净性

喷气燃料的洁净度目前已成为影响飞行安全的极重要因素之一。引起燃料洁净度下降的主要物质有水分、固体杂质、表面活性物质以及细菌等。这些污染物质进入燃料，同储存、运输、使用管理不善有密切关系，油料工作者应注意。

(1)各种污染物及危害性

1)水分。水分除了能增强燃料的腐蚀性、恶化低温性能外，还能破坏燃料的润滑性，增大磨损，严重时会卡死油泵的柱塞；水分过多时，会引起发动机熄火。

水分还会使燃料生成片状或头皮状悬浮物和絮状物，它们是水、铁锈和碱相互作用的产物，主要成分是氢氧化铁。游离水超过一定数量后，能和燃料中的微量胶质结合，在燃料过滤器的过滤网上形成一层黏稠薄膜，使过滤效率降低，甚至堵塞滤网，中止供油。

储存喷气燃料的容器中禁止出现游离水，因为游离水会使燃料中滋生细菌。细菌的代谢作用所生成的表面活性物质会污染油品，有的细菌能使油中的硫酸盐还原成硫化氢，使油品产生腐蚀性，大大加速燃料容器的腐蚀，并使涂层变松。在适宜条件下，大量繁殖的细菌会堵塞过滤器，美国舰载飞机就曾发生过细菌堵塞过滤器的事故。因此，国际民航规定喷气燃料中的悬浮水含量不得超过30 μg/g(悬浮水含量超过30 μg/g时，会出现浑浊现象)。

2）固体物质。喷气燃料在储运、使用过程中，由外界混入的固体杂质主要有尘土、砂砾、纤维和腐蚀产生的黑色 Fe_3O_4 和红色 Fe_2O_3。较大的固体杂质的直径可达0.01～0.1 mm，它们对燃料系统中的高压油泵和喷嘴之类的精密部件危害很大。这些精密部件的装配间隙有的仅0.005～0.01 mm，燃料中的固体颗粒会划伤甚至卡死这些零件。杂质进入油路，会堵塞过滤器；杂质进入喷嘴，会减少喷油量，使涡轮所受燃气压力不均，严重时发动机涡轮叶片根部会出现裂纹，甚至折断。据研究，喷气燃料中的固体微粒，如大小为10～80 μm，含量超过1 mg/L，就会引起燃油系统的故障；如小于10 μm，含量超过3 mg/L，也有发生故障的可能。因此，国际航空运输协会（IATA）主张喷气燃料中固体微粒的直径≤5 μm，含量≤1 mg/L，如规定国产3号喷气燃料固体颗粒污染物含量≤1 mg/L。

3）表面活性物质。表面活性物质是分子中同时具有亲水基团和亲油基团，能使界面张力急剧下降的物质。喷气燃料中的表面活性物质种类很多，常见的有环烷酸和环烷酸盐、磺酸和磺酸盐、胺类和酚类等。表面活性物质部分是油中固有的，部分是精制过程中产生的。喷气燃料中表面活性物质的含量很少，但是，这种痕迹量物质对燃料的影响却很大。当燃料中的表面活性物质含量达到0.5～1.5 μg/g时，燃料中的游离水就难以分离干净，并降低过滤器滤网上油膜的表面张力，促使一些固体微粒和水分聚集在过滤器上，使过滤器使用周期下降4/5。表面活性物质还会形成绿色或黑色的黏液，影响过滤器正常供油。当有机盐和有机酸盐这类表面活性剂含量超过一定数量时，燃料的氧化安定性变差，颜色变深。

4）细菌。喷气燃料中的细菌不但会加速油料容器的腐蚀和使油箱的涂层松软，还会在有利条件下大量繁殖而堵塞过滤器。

另外，喷气燃料中含有少量胶质、环烷酸或环烷酸皂等物质，容器中的污垢、氢氧化铁、铁锈以及水分易在容器底部油水界面形成一种油、水界面膜，这种膜经搅动会破裂为小块头皮状悬浮物，但静置一段时间又恢复原状。这种物质可以用沉降、过滤方法除去。燃料中的絮状悬浮物，是精制燃料中有游离碱或水洗时产生环烷酸盐所致。

5）悬浮物。喷气燃料悬浮物问题同样是过去就曾发生过的，只是现在发生的次数多，程度重而已。2002年9月，中国石化科技开发部、中国石油炼油与销售分公司、总后勤部物资油料部共同组织召开了喷气燃料悬浮物联合攻关会议。由石油化工科学研究院、中国石油大学等组成的课题组对喷气燃料悬浮物进行了详细的研究，得出如下结论。

①外界带入的纤维和尘土等污染物是目前存在争议的喷气燃料中悬浮物的主

要来源。

②如果碱洗工艺控制不严或加氢精制汽提工艺脱水不彻底，就会导致悬浮物的产生。

③悬浮物主要在储运系统中产生。

④某些原油(如卡塔尔原油)生产喷气燃料时，会导致悬浮物的产生。

⑤微生物在油水界面繁殖，能产生头皮状悬浮物。

⑥油田使用的杀菌剂和缓蚀剂对悬浮物的产生没有影响。

⑦在原油中加入的石油磺酸盐、聚丙烯酰胺、黄胞胶等助采剂有可能导致悬浮物的产生，但当加入量小于一定数值时，助采剂对悬浮物的生成没有影响。在当前各油田开发生产中使用的助采剂水平下，助采剂不会导致悬浮物的形成。

⑧炼油工艺中使用的水溶性缓蚀剂对悬浮物的产生没有影响。

⑨由外界带入的纤维和尘土等污染物均可以通过过滤的方法除去。某些絮状、纤维状和片状悬浮物无法通过沉降的方法除去。

综上所述，为了保持喷气燃料的洁净度，除了在炼油厂加工中完全脱除水分、碱、机械杂质等，在储运和使用中精心管理，注意在收发、运输、加注各个环节中，杜绝水分、固体颗粒杂质等混入油中，能有效地防止燃料中污染物的形成和凝聚。为保证飞行安全，机场所用飞机加油车上装有三级过滤器，其中精过滤器可以除去大于5 μm的固体颗粒。

(2)评定方法

1)目测法。喷气燃料标准规定用目测法检查燃料是否含有机械杂质和水分。将油样注入100 mL玻璃量筒中，在15～25 ℃时观察，要求清澈透明，无不溶解水及悬浮物。此法简单易行，为机场和油库广泛应用。

喷气燃料中的颗粒直径大于40 μm时，肉眼即可察觉，在较强的光照下，10 μm的颗粒也能被发现。在试验条件下，油样中悬浮水含量大于0.003%时，可以目测发现。燃料中悬浮水含量与外观的关系如表3－10所示。

表3－10　喷气燃料悬浮水分含量与外观的关系

含水量/%	外观	含水量/%	外观
0.050	严重混浊	0.0030	稍有混浊
0.025	严重混浊	0.0016	清澈透明
0.012	严重混浊	0.0008	清澈透明
0.006	混　浊	0.0004	清澈透明

“喷气燃料水分、杂质快速检测仪”主要用于快速检测喷气燃料中的悬浮水和微量杂质。该仪器由抽滤器、测水试纸、标准色板等组成。其测定方法是：油

样通过抽滤器上的测水试纸和过滤膜片后，从装置上取下测水试纸，观察若没有出现一个以上明显的蓝色斑点，即认为燃料中的游离水含量不超过0.003%。将过滤膜片与标准色板比较，色级为3级，即认为燃料中的微粒污染物符合要求。

2）水反应试验。喷气燃料水反应试验和水分离指数测定的目的是检查喷气燃料的表面活性物质（水溶性组分）及其对燃料和水的界面的影响，用于评定喷气燃料的洁净程度，同时鉴定油（包括添加剂）、水的分离性质。

随着我国石油工业的不断发展，采油和炼油技术不断提高，在原油处理及加工过程中使用了破化剂、缓蚀剂；为改善喷气燃料的性能，往往会加入抗静电添加剂、抗腐蚀添加剂、热安定性添加剂等；在酸、碱精制过程中，若酸碱渣分离不干净、水洗沉降不充分，以及在燃料储存、保管、运输过程中混入某些表面活性物质，都可能使燃料混进水溶性掺入物和影响燃料的洁净度及与水的分离性质。为此，进行水反应试验和水分离指数测定，对加强喷气燃料运输、储存过程中的质量控制有重要意义。

水反应试验按GB/T 1793—2008《航空燃料水反应试验法》进行，在室温下将80 mL油样和20 mL pH =7的磷酸盐缓冲溶液注入具有磨口塞的量筒中摇动2 min后再静置5 min，然后观测水相体积变化、界面情况和油水两相的分离程度，与相应标准比较评定等级。若燃料中存有水溶性物质，则进入水相，从而引起水层体积的变化。若燃料中存有残留的酸、碱渣及从原料或加工设备中带进来的痕量破乳剂、缓蚀剂、添加剂、金属盐类或其他表面活性物质，便会吸附在燃料与水两液相间的界面，形成纤维条状物、碎片、泡沫或浮渣等中间层，或在互不相溶的燃料与水分离层附近呈现乳浊液。

3号喷气燃料要求水反应试验的界面情况≯1b级，分离程度≯2级。

3）水分离指数。水分离指数按SH/T 0616《喷气燃料水分离指数测定法（手提式分离仪法）》进行测定，水和燃料样品的乳化是在一个注射器中使用高速混合器进行，随后乳化液从注射器中以预定的速度压出，通过一个标准玻璃纤维聚结器，测定流出燃料的透光度以确定喷气燃料的水分离指数，透光度值以0~100数值来表示，以最接近的整数来报告。

透光度值高表示燃料中的水易被聚结，意味着燃料中含有较少的表面活性物质；透光度值低则意味着燃料中含有较多的表面活性物质。3号喷气燃料要求未加抗静电添加剂的水分离指数≮85，加抗静电添加剂后的水分离指数≮70。

4）固体颗粒污染物含量。固体颗粒污染物含量测定按SH/T 0093《喷气燃料固体颗粒污染物测定法》进行，在规定的试验条件下，试样经玻璃砂芯过滤装置过滤，微孔薄膜过滤片上的增重物即为试样的总污染物含量，以mg/L表示。如试样需测定微孔薄膜过滤片颜色评级及过滤时间，可用附录A方法。

3 号喷气燃料要求固体颗粒污染物含量≯1.0 mg/L；高闪点喷气燃料要求固体颗粒污染物含量≯1.0 mg/L，过滤时间≯15 min。

6. 喷气燃料的润滑性

喷气发动机的燃料系统和柴油机相似，是靠燃料自身的润滑性能来润滑的，燃料还作为冷却剂带走摩擦产生的热量。喷气发动机的高压油泵运转时，既有滑动摩擦，又有滚动摩擦，摩擦表面温度、压力很高，温度最达 300 ~ 400 ℃，接触应力为(2500 ~ 3000) $\times 10^5$ Pa。在如此苛刻条件下，如要保证摩擦表面可靠的润滑，主要依靠燃料中带极性的非烃类化合物，如环烷酸、酚类以及某些含硫和含氮化合物。这些物质具有较强的极性，容易吸附在金属表面，形成牢固的油膜，有效降低了金属间的摩擦和磨损。烃类的极性很弱，难以保证润滑。上述非烃化合物的存在，影响了喷气燃料的热安定性，因此通常采用精制方法除去燃料中的非烃化合物以保证燃料的热安定性，然后加入少量抗磨添加剂，提高燃料的润滑性能，这类添加剂能在金属表面形成一层对水无渗透性的吸附膜，同时具有防腐和抗磨的作用。常用的防腐抗磨添加剂有长烷基链的脂肪酸、烷基氨基磷酸酯等。

(1)评定指标

喷气燃料的黏度不能反映燃料在高温摩擦表面的润滑性能。保证润滑的决定因素是燃料组成中的极性组分含量，为此，3 号喷气燃料用磨痕直径 WSD 评定喷气燃料的润滑性能。

磨痕直径 WSD 是按 SH/T 0687《航空涡轮燃料润滑性测定法(球柱润滑性评定仪法)》测定的。方法概要：把测试的 50 mL 试样放入试验油池中，保持池内相对湿度为 10%，一个不能转动的钢球被固定在垂直安装的卡盘中，使之正对一个轴向安装的钢环，并加上 1000 g 负荷。试验柱体部分浸入油池并以 240 r/min 的固定速度旋转，这样可保持柱体处于润湿条件下并连续不断地把试样输送到球/环界面上。油池温度保持在 25 ℃，试球上产生的磨痕直径就是试样润滑性的量度。

(2)抗磨添加剂

深度精制(包括加氢精制)的喷气燃料，随着其不安定组分的脱除，也脱除了天然的微量极性物质，从而使燃料的抗磨性能变坏。使用这种燃料会引起燃油泵柱塞头的磨损，影响其使用寿命。液体燃料在储运和使用过程中，因环境温度的变化，油中的溶解水会析离成游离水，引起金属生锈腐蚀，造成管壁穿孔、油罐泄漏、飞机油箱及油滤堵塞。为解决这一问题，发展了抗磨添加剂。

抗磨添加剂为含有极性基团的有机物质，可吸附在摩擦部件的表面，避免金属之间的干摩擦，改善了燃料的润滑性能。

抗腐剂大都是油溶性表面活性剂，能在金属表面形成薄膜，避免金属与水、氧接触，防止金属腐蚀生锈。常用的抗腐剂有磷酸烷基酯、磷酸氨基酯、羧基酸酯的混合物和二元脂肪酸酯与磷酸酯的混合物等。

国内生产的二聚酸型(T1601)及环烷酸型(T1602)抗磨防锈剂已得到了应用，其中二聚酸型抗磨防锈剂为二聚酸、磷酸酯及抗氧剂的复合添加剂，T1601 用量为 5 μg/g，T1602 用量为 10～20 μg/g，可对不同材质的金属起到防锈作用。

7. 喷气燃料的静电着火性

在燃料的泵送、过滤、混合和加油过程中，喷气燃料与管道、容器、注油设备发生剧烈的摩擦，产生大量静电荷，注油速度越快，产生静电荷数量越多，而燃料的电导率很低，一般航空燃料的电导率在 1 pS/m 以下，因而高速加油时摩擦产生的静电荷就会聚积起来，其静电势可达到数千甚至数万伏，可能引起火花放电，此时如遇到可燃性混合气体，就会引起火灾。

航空燃料的静电失火事故国内外曾多次发生。主要出现在干燥、炎热季节，发生在向加油车或飞机加油(大都是采用管口绑扎绸套明流加注喷气燃料)的过程中。针对上述情况，提出了改善操作方法、改装加油设备和在燃料中加入抗静电添加剂等措施。通常，结合使用这三种方法，效果很好。改进操作和设备方面的论述，可参考有关资料。

研究发现，只有当燃料电导率大于 50 pS/m，时，才可保证安全。加入抗静电添加剂，可以提高燃料的导电性，使静电及时导出，使燃料的电导率提高到规定的喷气燃料的电导率(50～300 pS/m)。

加入抗静电添加剂，是防止喷气燃料静电着火最有效的措施。国内外已广泛采用该方法。常用的抗静电添加剂是 T1502，其主要成分是聚胺、聚砜化合物，它能提高燃料的电导率，其加入量为 0.8～1.5 mg/L，燃料电导率可提高到 300 pS/m以上。燃料的电导率随温度降低而下降，油品的安全电导率是在 -29 ℃时不应小于 50 pS/m。

3.2.4 喷气燃料的牌号及使用

1. 1 号喷气燃料

1 号喷气燃料的结晶点不高于 -60 ℃，通常在严寒区冬季使用。1956 年用玉门原油试产的喷气燃料因出现发动机燃烧室镍铬合金火焰筒严重烧蚀和后来出现飞机发动机高空“喘振”问题，而未能顺利投产。随后用克拉玛依原油试产的 1 号喷气燃料，在加入抗烧蚀添加剂后，于 1961 年顺利通过了发动机台架试验和飞行试验，经国产航空油料鉴定委员会批准投产试用。1964 年，我国以这个喷气燃料的性质为依据，以苏联 T-1 和 TC-1 的标准为蓝本，制定了国内第一个喷气燃料国家标准 GB 438—1964。除了总硫含量较 TC－1 标准规定的稍低外，其余指标与苏联 TC－1 的早期指标完全相同。该国家标准于 1977 年第一次修订后，由国家标准计量局以 GB 438—1977《1 号喷气燃料》发布实施。

1 号喷气燃料在我国喷气燃料产量中一直未占据主导地位，产量最多时也从未超过我国喷气燃料总产量的 15%。这是因为我国原油多为石蜡基，生产结晶点 －60 ℃的喷气燃料非常困难，不仅收率低，而且密度与结晶点之间的矛盾极难解决。采用其他工艺如脱蜡、加氢裂化等不仅成本高而且产量有限。进入 20 世纪 80 年代以来，由于高辛烷值汽油需要量增加，宽馏分重整装置逐渐增多，又出现了喷气燃料与宽馏分重整原料之间的矛盾。2 号及 3 号喷气燃料标准推广后，1 号喷气燃料就很少生产了。

2. 2 号喷气燃料

2 号喷气燃料[GB 1788—1979(1988)]是煤油型喷气燃料，结晶点为 －50 ℃，闪点为 28 ℃，曾是我国大量使用的一种喷气燃料，可在国内一般地区常年使用。

我国 20 世纪 60 年代开发的大庆油田，其产量占我国原油产量的一半以上，随后又开发出扶余油田、华北油田、南阳油田、长庆油田等。这些油田的低硫石蜡基原油含蜡量高、轻馏分少，按 1 号喷气燃料标准生产喷气燃料存在冰点与密度的突出矛盾。2 号喷气燃料标准更符合我国实际情况。我国曾先后用低硫石蜡基的玉门原油、大庆原油、扶余原油、华北原油、南阳原油、长庆原油等生产 2 号喷气燃料。多年的科研、生产和使用表明，2 号喷气燃料能满足使用需要。

2 号喷气燃料由于主要用低硫石蜡基原油生产，烷烃含量高，硫、氧、氮等非烃化合物含量低，所以一般不需要苛刻的精制即能满足质量标准中各项指标要求，如大庆原油、扶余原油、华北原油均以常压蒸馏切割 2 号喷气燃料馏分加入添加剂后作为成品油出厂。由于未经过精制，天然非烃化合物能保存下来，因而产品具有良好的抗磨性能、润滑性和材料相容性；又由于产品组成中烷烃含量高，因而产品的燃烧性能也较好。

随着国际交往和民航事业的发展，喷气燃料作为全球性产品，其质量标准应具有国际通用性。2 号喷气燃料的闪点为 28 ℃，不适应国际标准要求，国内现已停止生产 2 号喷气燃料。

3. 3 号喷气燃料

3 号喷气燃料为煤油型喷气燃料，是 20 世纪 70 年代末为适应国际通航和出口而研制的，80 年代初得到完善并投入大量生产，广泛用于出口和民航飞机。

3 号喷气燃料是目前使用的主要品种，属第一类油料。3 号喷气燃料与 1 号、2 号喷气燃料的区别是闪点较高，1 号、2 号喷气燃料的闪点规定不低于 28 ℃，

3 号喷气燃料规定不低于 38 ℃。此外，3 号喷气燃料还较严格地限制了硫醇性硫含量，使之与国际航空运输协会的相应标准一致，以满足对外贸易的需要，其质量指标如表 3－11 所示。

表 3－11　3 号喷气燃料质量标准(GB 6537—2018)

项目		质量指标	试验方法
外观		室温下清澈透明， 目视无不溶解水及固体物质	目测
色度/号	不小于	+25[1]	GB/T 3555
组成			
总酸值(以 KOH 计)/(mg/g)	不大于	0.015	GB/T 12574
芳香烃/%(体积分数)	不大于	20.0[2]	GB/T 11132
烯烃/%(体积分数)	不大于	5.0	GBT 11132
总硫/%	不大于	0.20[3]	SH/T 0689[3]
硫醇硫[4]/%	不大于	0.0020	GB/T 1792
或博士试验		通过	NB/SH/T 0174
直馏组分/%(体积分数)		报告	
加氢精制组分/%(体积分数)		报告	
加氢裂化组分/%(体积分数)		报告	
合成烃组分/%(体积分数)		报告	
挥发性			
馏程			
初馏点/℃		报告	GB/T 6536[5]
10% 回收温度/℃	不高于	205	
20% 回收温度/℃		报告	
50% 回收温度/℃	不高于	232	
90% 回收温度/℃		报告	
终馏点/℃	不高于	300	
残留量/%(体积分数)	不大于	1.5	
损失量/%(体积分数)	不大于	1.5	
闪点(闭口)/℃	不低于	38	GB/T 21789[6]
密度(20 ℃)/(kg/m^3)		775～830	GB/T 1884、GB/T 1885[7]
流动性			
冰点/℃	不高于	－47	GB/T 2430[8]
运动黏度/(mm^2/s)			GB/T 265[9]
20 ℃	不小于	1.25[10]	
－20 ℃	不大于	8.0	
燃烧性			
净热值/(MJ/kg)	不小于	42.8	GB/T 384[11]
烟点/mm	不小于	25.0	GB/T 382
或烟点最小为 20 mm 时，萘系烃含量/%(体积分数)	不大于	3.0	SH/T 0181

续表

项目	质量指标	试验方法
腐蚀性		
铜片腐蚀(100 ℃, 2 h)/级　不大于	1	GB/T 5096
银片腐蚀⑫(50 ℃, 4 h)/级　不大于	1	SH/T 0023
安定性		
热安定性(260 ℃, 2.5 h)		GB/T 9169
压力降/kPa　不大于	3.3	
管壁评级/级	小于3，且无孔雀蓝色或异常沉淀物	
洁净性		
实际胶质/(mg/100 mL)　不大于	7	GB/T 8019⑬
水反应⑭		GB/T 1793
界面情况/级　不大于	1b	
分离程度/级　不大于	2	
固体颗粒污染物含量/(mg/L)　不大于	1.0	SH/T 0093
导电性		
电导率⑮/(pS/m)	50~600	GB/T 6539
水分离指数		SH/T 0616
未加抗静电剂　不小于	85	
加入抗静电剂　不小于	70	
润滑性		
磨痕直径 WSD/mm　不大于	0.65⑯	SH/T 0687

经铜精制工艺的喷气燃料，油样应按 SH/T 0182 方法测定铜离子含量，不大于 150 μg/kg。

含有合成烃的喷气燃料要求应符合本标准 4.3 的要求。

①民用喷气燃料颜色为“报告”。从供应商输送到客户过程中，客户接收喷气燃料时，颜色若出现变化，执行以下要求：初始赛波特颜色大于+25，变化不大于8；初始赛波特颜色在25~15之间，变化不大于5；初始赛波特颜色小于15时，变化不大于3。

②对于民用航空燃料规定体积分数不大于25.0%。

③硫含量的测定也可采用 GB/T 380、GB/T 11140、GB/T 17040、SH/T 0253、NB/SH/T 0842，有争议时以 SH/T 0689 为准。

④硫醇硫和博士试验可任做一项，当硫醇硫和博士试验发生争议时，以硫醇硫为准。

⑤所有符合本标准的燃料在 GB/T 6536 方法中应分在第四组，冷凝管温度为0~4 ℃。

⑥闪点的测定也可以采用 GB/T 21929 和 GB/T 261，如有争议以 GB/T 21789 为准。

⑦密度的测定也可采用 SH/T 0604 方法，如有争议以 GB/T 1884、GB/T 1885 为准。

⑧冰点的测定也可采用 SH/T 0770 方法，如有争议以 GB/T 2430 为准。

⑨黏度的测定也可采用 GB/T 30515 方法，如有争议以 GB/T 265 为准。

⑩对于民用航空燃料，20 ℃的黏度指标不作要求。

⑪净热值的测定也可采用 GB/T 2429、ASTM D3338 方法，如有争议以 GB/T 384 为准。

⑫对于民用航空燃料，此项指标可不要求。

⑬胶质的测定也可采用 GB/T 509，如有争议以 GB/T 8019 为准。

⑭对于民用航空燃料，对此项指标不作要求。

⑮燃料离厂时要求大于150 pS/m(20 ℃)。如燃料不要求加抗静电剂，对此项指标不作要求。

⑯民用航空燃料要求 WSD 不大于0.85 mm。

4. 宽馏分喷气燃料

1995年，国防科学技术工业委员会发布了适用于由天然原油或其馏分油制得的馏程宽、性能可靠的宽馏分喷气燃料规范，标准号为GJB 2376—1995。我国的宽馏分喷气燃料，采用天然原油或其他馏分油制得，产品虽已通过全部试验鉴定程序和试用，但未正式生产使用，而是作为特殊情况下的应急备用燃料。

我国曾制订的宽馏分型喷气燃料的产品标准是SH 0348—1992《4号喷气燃料》，产品的主要特点是：馏分宽，喷气燃料的收率高；密度不小于0.750 g/cm^3；冰点不高于－40 ℃；对闪点无要求。

5. 高闪点喷气燃料

高闪点喷气燃料为柴油馏分，沸点范围为180～300 ℃，属第一类油料。高闪点喷气燃料适应海上高湿的工作条件，燃料具有低蒸发性、高闪点（不低于60 ℃）、大密度、对洁净度有较高要求的特点，以保证海上工作时的安全。

高闪点喷气燃料的理化性能和使用性能与美国JP－5喷气燃料（MI1－DT1－5624T－98）相当。与在陆上机场起降的飞机用的喷气燃料（国内为3号喷气燃料，美国为JP－8喷气燃料）相比，舰载飞机用燃料具有更高的防火性与更好的水分离性能。这主要表现为它的闪点要求明显高于一般条件下所使用的喷气燃料，高闪点喷气燃料为不低于60 ℃，3号喷气燃料为不低于38 ℃。

闪点是表示液体燃料不发生严重着火危险的最高操作和工作温度。闪点越高的燃料，相对来说可安全储运和使用的温度也越高。许多国家的安全管理规定，将闪点低于28 ℃的液体燃料列为Ⅰ级易燃品；闪点高于28 ℃、低于38 ℃的液体燃料列为Ⅱ级可燃品；闪点高于38 ℃、低于60 ℃的燃料列为Ⅲ级可燃品；闪点高于60 ℃的燃料列为Ⅳ级可燃品。闪点高于60 ℃的高闪点喷气燃料的使用安全等级与广泛使用的－10号车用柴油相当。高闪点和严格的爆炸性试验要求是为了确保航空母舰及其他装配有舰载机的舰船的安全。高闪点喷气燃料作为我国首次研究成功的舰载机专用燃料，曾在执行各项专项任务、训练、演习和出访的舰船及舰载直升机上成功使用。高闪点喷气燃料还是我国最早取消二硫化碳的喷气燃料。此外，还必须提到的是早期生产的高闪点喷气燃料，像国内其他牌号喷气燃料一样，加有抗静电剂并有电导率指标要求。经专家的论证建议和上级主管部门的批准，在随后生产的高闪点喷气燃料中已不再加入该剂，并在新的国家军用标准（GJB 560A—1997）中取消了电导率指标项目。1998年9月发布的美军航空涡轮燃料详细规范（MI1－DT1－5624T）相应条款中有关“海军使用的JP－5严禁加入抗静电剂”的条文，是国外在高闪点喷气燃料中不用加抗静电剂的最明确的表述。高闪点型喷气燃料的性能指标如表3－12所示。

表3-12 高闪点喷气燃料(GJB 560A—1997)

项目		质量指标	
		普通型	专用试验型
颜色，赛氏		报告	报告
总酸值/(mgKOH/g)	不大于	0.015	0.015
芳香烃含量/%(体积分数)	不小于 不大于	 25.0	23.0 27.0
烯烃含量/%(体积分数)	不大于	5.0	5.0
硫醇性硫/% 或博士试验	不大于	0.002 阴性	0.002 阴性
总硫量/%	不大于	0.40	0.40
馏程			
初馏点/℃	不高于	报告	报告
10%回收温度/℃	不高于	205	205
20%回收温度/℃		报告	报告
50%回收温度/℃		报告	报告
90%回收温度/℃		报告	报告
终馏点/℃	不高于	300	300
残留量/%(体积分数)	不大于	1.5	1.5
损失量/%(体积分数)	不大于	1.5	1.5
闪点(闭口)/℃	不低于	60	60
密度(20 ℃)/(kg/m^3)	不小于 不大于	782 842	812 842
冰点/℃	不高于	-46	-46
黏度(-20 ℃)/(mm^2/s)	不大于	8.5	8.5
净热值/(MJ/kg)	不小于	42.6	42.6
十六烷指数计算值		报告	报告
氢含量/%	不小于 不大于	13.4	13.3 13.5
烟点/mm	不小于 不大于	19.0	18.0 21.0
铜片腐蚀(100 ℃，2 h)/级	不大于	1	1
银片腐蚀(50 ℃，4 h)/级	不大于	1	1
热氧化安定性(260 ℃，2.5 h)			
压力降/kPa	不大于	3.3	3.3
预热管沉积/级	小于	3	3
颗粒物含量/(mg/L)	不大于	1.0	1.0

续表

项　目		质量指标	
		普通型	专用试验型
过滤时间/min	不大于	15	15
水反应(界面情况)/级	不大于	1b	1b
水分离指数(MSEP) (不加剂或只加抗氧剂、钝化剂)	不小于	90	90
过氧化值/(mg/L)	不大于	8.0	8.0

6. 大比重喷气燃料

大比重喷气燃料又称6号喷气燃料，产品性能应符合《大比重喷气燃料规范》(GJB 1603—1993)标准的要求。

为适应飞机的特殊需要，在20世纪70年代和80年代初，开展了密度较大的喷气燃料试制、试产和试验鉴定工作，如利用大庆原油200~300 ℃馏分分子筛脱蜡工艺所产的副产品——脱蜡油，相对密度可达0.8345，热值约为42.8 kJ/g，但黏度太大，-40 ℃黏度达35 mm^2/s。用这种燃料进行发动机试车，冷起动比较困难，未能通过鉴定。以孤岛原油常二线馏分为原料，采用两段加氢工艺，试产了相对密度为0.8389、热值为42.9 MJ/kg、-40 ℃黏度为27.5 mm^2/s的优质喷气燃料，通过了试车和试飞。大比重喷气燃料的产量不可能很多，显然不能作为常规喷气燃料使用，而且加工成本高，因此只适于特殊用途。

第 4 章　航空润滑油

润滑剂是机械设备的血液，合理润滑是保证机械设备高效、长期运转的基本手段。由于机械设备使用的范围很广，润滑剂除了要满足降低各种机械摩擦、磨损的主要要求外，还要满足一些工作环境提出的特殊要求。航空润滑油主要包括航空发动机油、液压油、仪表油和防锈油等。其中航空发动机油是飞机发动机转子轴承、传动齿轮、减速器传动齿轮等主要传动机构的润滑散热介质；航空液压油是飞机液压传动系统的工作介质；航空仪表油用于各种飞机指示仪表、陀螺仪表、计时仪器、微电机轴承及其他各种摩擦结点的润滑。

4.1　润滑剂概述

4.1.1　润滑剂的作用

在机械设备摩擦副相对运动的表面加入润滑剂的目的是降低摩擦阻力和能源消耗，减少表面磨损，延长使用寿命，保证设备正常运转，具体作用表现在以下几个方面。

1. 降低摩擦

在摩擦副表面加入润滑剂后形成的润滑膜将摩擦表面隔开，使金属表面间的摩擦转化为具有较低抗剪切强度的油膜分子间的内摩擦，从而降低摩擦阻力和能源消耗并使摩擦副运转平稳。

2. 减少磨损

在摩擦副表面形成的润滑膜可降低摩擦并支承载荷，因此可以减少表面磨损及划伤，保持零件的配合精度。

降低摩擦和减少磨损是润滑剂最主要和基本的功能，除此以外还有其他作用。

3. 冷却降温

液体润滑剂的循环滑油系统可以把摩擦时产生的热量带走，减少机械运转摩擦发热造成的温度上升。

4. 防止腐蚀

摩擦表面的润滑膜覆盖在摩擦面上有隔绝空气、水蒸气及其他腐蚀性气体的作用，可防止摩擦表面被腐蚀或生锈。

5. 传递作用力

某些润滑剂(如液压油)可以做力的传递介质，把冲击振动的机械能转变成液压能。

6. 减振作用

吸附在金属表面的润滑剂由于本身应力小，在摩擦副受到冲击时能够吸收冲击振动的机械能，起到减振、缓冲的作用。

7. 绝缘作用

矿物油等润滑剂有很高的电阻，因此可作为电绝缘油、变压器油。

8. 清洗作用

润滑油的循环流动可把摩擦表面的污染物、磨屑等杂质带走，再由过滤器滤除。内燃机油还可以把活塞上的尘土和其他沉积物分散去除，保持发动机的清洁。

9. 密封作用

润滑剂对某些外露零部件形成密封，防止冷凝水、灰尘及其他杂质入侵，并使气缸和活塞之间保持密封状态。

4.1.2 润滑剂的种类

按照润滑剂的物理状态可分为液体润滑剂、润滑脂(半固体润滑剂)、固体润滑剂和气体润滑剂4大类，如图4－1所示。

1. 液体润滑剂

液体润滑剂是用量最大、品种最多的一类润滑材料，包括矿物润滑油、合成润滑油、动植物油和水基液体等。

1)矿物润滑油。矿物润滑油是目前使用量最大的一种液体润滑剂，约占润滑油总产量的90%左右，一般是在矿物基础油中加入添加剂制成的。

2)合成润滑油。合成润滑油是通过化学合成的方法制备的润滑油。由于合成润滑油的成本比矿物润滑油高得多，所以目前仍只限于在矿物润滑油不能满足使用要求的某些特殊润滑条件下使用。

3)动植物油。动植物油是人类最早使用的润滑剂。

4)水基液体。含水的润滑剂，有溶液型和乳化型(如乳化液)2类。乳化液有水包油和油包水2种形式。目前乳化液主要用作液压油及金属加工油液。

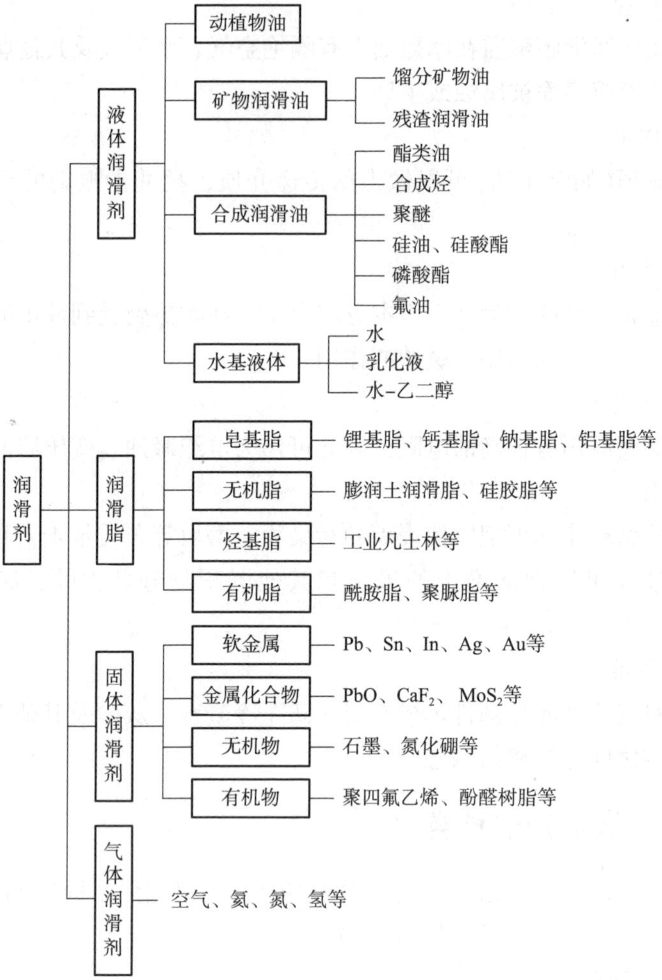

图 4－1　润滑剂的分类

2. 润滑脂

润滑脂又称半固体润滑剂，是在常温常压下呈半流动状态，并且具有胶体结构的润滑材料。按使用稠化剂种类，润滑脂分为皂基脂、烃基脂、无机脂和有机脂 4 类。其中皂基酯中的锂基脂具有多方面的优良性能，因而使用量最大。先进工业国家中锂基脂的产量一般占润滑脂总产量的 60% 以上。

由于润滑脂比润滑油摩擦阻力小，可节约能源，有耐用寿命长、适应面广的特点，而且维护管理方便，操作简单，因此得到广泛应用。虽然润滑脂只占润滑剂总产量的 2% 左右，但在润滑中起的作用很大，大约 90% 的滚动轴承是用润滑脂润滑的。润滑脂的缺点是流动性小，散热性差，高温下易产生相变、分解。

3. 固体润滑剂

由于固体润滑剂具有耐高温、耐低温、抗辐射、抗腐蚀、不污染环境等优点，因此主要用于宇航工程等高温、低温、高真空、强辐射、高化学腐蚀的特殊条件的润滑剂，特别适合给油不方便、装拆困难的场合。固体润滑剂的缺点是摩擦系数较高，冷却散热性能差。

固体润滑剂包括以下4类：铅、锡、铟、锌、银、金等软金属；氧化铅、氟化钙等金属化合物；石墨、氮化硼、滑石、云母等无机物；石蜡、聚四氟乙烯、聚酰胺等有机物。设备润滑最常用的固体润滑剂是二硫化钼、石墨和聚四氟乙烯。

4. 气体润滑剂

气体润滑剂的优点是摩擦系数小，在高速下产生摩擦热少，温升低，运转灵活，工作温度范围广，形成的润滑膜比液体薄，气体支承能保持较小间隙，在高速支承中容易保持较高的回转精度，在放射性和其他特殊环境中也能保持正常工作，而且能在润滑表面普遍分布，不会产生局部热斑，不存在密封、堵塞和污染的问题。

常用的气体润滑剂有空气、氦、氮、氢等。目前在高速设备中，气体润滑剂的应用有增加的趋势，如其可应用于精密光学仪器、牙医的钻床、测量仪器、电子计算机、精密的研磨设备中，以及制药、化学、食品、纺织和核工业等低负载且要求避免污染的行业。但气体润滑剂在润滑剂的总产量中所占比例很小。

4.1.3 润滑剂的分组

润滑剂种类繁多，规格、牌号都很复杂，不同的应用领域要求使用不同的品种，不同的使用环境和不同的使用条件，又要求不同的牌号。为此，国际标准化组织(ISO)制定了ISO 6743—99：2002《润滑剂、工业用油和有关产品(L类)的分类——第99部分：总分组》(英文版)分类标准。我国等效采用了ISO 6743—99：2002标准，制定了国家标准GB/T 7631.1—2008《润滑剂、工业用油和有关产品(L类)的分类 第1部分：总分组》，如表4-1所示，根据应用场合将润滑剂和相关产品分为18组。常用的润滑油主要有内燃机油、齿轮油、液压油、汽轮机油和空气压缩机油等品种。

表4-1 润滑剂、工业用油和有关产品(L类)的分类(GB/T 7631.1—2008)

组别	应用场合	已制定的国家标准编号
A	全损耗系统	GB/T 7631.13
B	脱模	—

续表

组别	应用场合	已制定的国家标准编号
C	齿轮	GB/T 7631.7
D	压缩机(包括冷冻机和真空泵)	GB/T 7631.9
E	内燃机油	GB/T 7631.17
F	主轴、轴承和离合器	GB/T 7631.4
G	导轨	GB/T 7631.11
H	液压系统	GB/T 7631.2
M	金属加工	GB/T 7631.5
N	电器绝缘	GB/T 7631.15
P	气动工具	GB/T 7631.16
Q	热传导液	GB/T 7631.12
R	暂时保护防腐蚀	GB/T 7631.6
T	汽轮机	GB/T 7631.10
U	热处理	GB/T 7631.14
X	用润滑脂的场合	GB/T 7631.8
Y	其他应用场合	—
Z	蒸气气缸	—

4.1.4 工业液体润滑剂黏度分类

我国《工业液体润滑剂 ISO 黏度分类》[GB/T 3141—1994(2004)]等效采用国际标准《工业液体润滑剂 ISO 黏度分类》(ISO 3448—1994)，按 40 ℃运动黏度从 2 ~ 3200 mm^2/s 分成 20 个黏度等级，大概包括了从煤油到气缸油的黏度范围。

每个黏度等级用最接近 40 ℃时中间点运动黏度的 mm^2/s 正数值来表示，每个黏度等级的运动黏度范围允许为中间点运动黏度的 ±10%。20 个等级和每个等级的合适的上、下限如表 4 - 2 所示。

表 4 - 2 工业液体润滑剂 ISO 黏度分类[GB/T 3141—1994(2004)]

ISO 黏度等级	中间点运动黏度(40 ℃)/(mm^2/s)	运动黏度范围(40 ℃)/(mm^2/s)	
		最小	最大
2	2.2	1.98	2.42
3	3.2	2.88	3.52
5	4.6	4.14	5.06

续表

ISO 黏度等级	中间点运动黏度(40 ℃)/(mm²/s)	运动黏度范围(40 ℃)/(mm²/s)	
		最小	最大
7	6.8	6.12	7.48
10	10	9.00	11.0
15	15	13.5	16.5
22	22	19.8	24.2
32	32	28.8	35.2
46	46	41.4	50.6
68	68	61.2	74.8
100	100	90.0	110
150	150	135	165
220	220	198	242
320	320	288	352
460	460	414	506
680	680	612	748
1000	1000	900	1100
1500	1500	1350	1650
2200	2200	1980	2420
3200	3200	2880	3520

注：对于某些 40 ℃黏度等级大于 3200 的产品，如某些含高聚合物或沥青的润滑剂，可以参照本分类表中的黏度等级设计，只要把运动黏度测定温度由 40 ℃改为 100 ℃，并在黏度等级后加后缀符号"H"即可。如黏度等级为 15 H，则表示黏度等级是采用 100 ℃运动黏度确定的，它在 100 ℃时的运动黏度范围应为 13.5 ~ 16.5 mm^2/s。

需要说明的是，《工业液体润滑剂　ISO 黏度分类》适用于除内燃机油和车辆齿轮油以外的液体润滑剂，内燃机油和车辆齿轮油采用了专用的 SAE 黏度分类。

4.2　润滑油的组成

润滑油一般由基础油和添加剂 2 部分组成。基础油是润滑油的主要成分，决定了润滑油的基本性质；添加剂则可弥补和改善基础油性能方面的不足，赋予其某些新的性能，是润滑油的重要组成部分。

4.2.1 润滑油基础油

润滑油基础油主要分矿物基础油、合成基础油及动植物基础油3大类。矿物基础油应用广泛，用量很大，但有些应用场合用矿物基础油调配的产品已不能满足使用要求，必须使用合成基础油调配的产品，因而使合成基础油得到迅速发展。动植物基础油由于本身性能的限制，作为润滑油基础油使用相对较少，但近年来随着对环境保护的重视，动植物基础油因具有良好的生物可降解性而逐渐受到重视。常用润滑油基础油是矿物基础油和合成基础油。

1. 矿物基础油

目前使用最多的润滑油基础油是矿物基础油。矿物基础油是由石油经过常减压蒸馏、溶剂精制、脱蜡白土精制以及加氢等工艺制成的。根据加氢程度的不同，可得到不同的黏度指数、氧化稳定性、倾点、挥发性指标的矿物基础油。由于制取这类润滑油的原料充足、价格便宜，质量能满足各种机械设备的使用要求，且可以通过加入各种具有特殊性能的添加剂，不断提高质量，因而得到广泛应用。全世界矿物基础油年产量已达4000多万吨，占全部润滑油的90%以上。目前生产的矿物基础油尽管在性能方面已有很大改善，但在蒸发损失、高温稳定性、氧化稳定性、倾点、抗磨特性等方面仍无法与合成基础油相比。

2. 合成基础油

合成基础油是通过化学合成的方法制备的润滑油。生产合成基础油的基本原料是化学品或石油化学品，它们来自石油、植物油或者磷、硅之类的无机物。合成基础油的分子结构比较复杂，除了含碳、氢元素外，还含有氧、硅、磷、氟、氯等元素。合成基础油种类较多，根据化学结构不同可分成酯类油、烷基聚醚、聚硅氧烷、硅油、硅酸酯、含氟油、磷酸酯和聚烯烃。

一般说来，与矿物基础油相比，合成基础油具有以下技术优势，因而能够满足矿物基础油所不能满足的使用要求。

(1)具有较好的高温性能

合成基础油一般具有热稳定性好、热分解温度高、闪点及自燃点高等特点，具有更为优良的耐高温性能，可在较高的温度下使用。

(2)氧化稳定性较好

与矿物基础油相比，合成基础油具有较好的氧化稳定性，加入添加剂后，使用温度高。各类合成基础油氧化后的黏度变化均低于矿物基础油，沉淀也远比矿物基础油少。这说明合成基础油的抗氧化能力远比矿物基础油强。

(3)具有优良的黏温性能和低温性能

大多数合成基础油的黏度指数比矿物基础油高，黏度随温度的变化小。在高温黏度相同时，大多数合成基础油的低温黏度比矿物基础油小，倾点(或凝点)比矿物基础油低，这就使合成基础油可在较低温度下使用。

(4)具有较低的挥发性

与相同黏度的矿物基础油相比，合成基础油的挥发性较低。这是由于合成基础油一般是一种纯化合物，其沸点范围较窄，而矿物基础油是一段馏分油，其中既含有小分子又含有大分子，在一定温度下，其轻馏分(小分子)易挥发。油品的挥发性是油品在使用过程中的一项重要性能。挥发性大的油品不但耗油量高，而且其轻馏分的挥发损失会使油品变黏、基本性能发生变化，因而影响油品的使用寿命。

(5)优良的化学稳定性

卤碳化合物如全氟碳油、氟氯油、氟溴油、聚全氟烷基醚油等，具有极好的化学稳定性。这是矿物基础油和其他类型合成基础油所不能比拟的。在 100 ℃下，全氟碳油、氟氯油和聚全氟烷基醚油与氟气、氯气、硝酸、98% 的硫酸、王水、铬酸洗液、高锰酸钾、30% 的过氧化氢溶液和 20% 的氢氧化钾溶液都不起反应。氟油与火箭的液体燃料及氧化剂，如烃类燃料和偏二甲肼、二乙基三氨、过氧化氢、红色发烟硝酸及液氧等不起反应。氟油的这种优良的化学稳定性在国防及化学工业中具有特殊重要的使用价值。

(6)抗燃性

某些合成基础油具有优良的抗燃性。磷酸酯虽然本身闪点并不高，但是由于没有易燃和维持燃烧的分解产物，因此不会造成延续燃烧。在温度高于 700 ℃、有火源存在的条件下，磷酸酯虽可能燃烧，但不传播火焰，一旦火源切断，燃烧立即停止。所以磷酸酯具有抗燃性，可用作航空液压油和工业抗燃液压油。聚醚本身并不抗燃，但它可与水以任意比例混合，调配成水－乙二醇抗燃液压油，在着火情况下，由于其中的水大量蒸发，水蒸气隔绝了空气，可以达到阻止燃烧的目的。全氟碳油在空气中根本不燃烧。聚全氟烷基醚油甚至在纯氧中也不燃烧。某些合成基础油的优良的抗燃性在航空、航天、冶金、煤炭和发电等行业具有极重要的使用价值。

(7)抗辐射性

一般来说，每年 104 GY(106 RAD)的吸收剂量对润滑剂的影响很小，到 105～106 GY(107～108 RAD)就能分出润滑油抗辐射性能的优劣。在强辐射条件下，润滑油会释放出气体，同时油品变黏，最后会形成胶冻。矿物基础油能耐 106～107 GY/a(108～109 RAD/a)的吸收剂量。酯类合成基础油、聚 α－烯烃合成基础油(PAO)的抗辐射性与矿物基础油相近，硅油、磷酸酯的抗辐射性低于矿物基础油，只能耐 105 GY/a(107 RAD/a)的吸收剂量。含苯基的合成基础油能耐

107 GY/a(109 RAD/a)的吸收剂量。

3. 基础油分类及代号

(1)API 分类及代号

美国石油学会(API)于 1993 年将基础油按硫含量、饱和烃含量、黏度指数分为 5 类(API－1509)，分别为：Ⅰ类、Ⅱ类、Ⅲ类、Ⅳ类、Ⅴ类，如表 4－3 所示。

表 4－3　基础油分类(API－1509)

类别	硫含量/%	饱和烃含量/%	黏度指数
Ⅰ	>0.03	<90	80～120
Ⅱ	<0.03	>90	80～120
Ⅲ	<0.03	>90	>120
Ⅳ	PAO 合成油		
Ⅴ	不包括以上四类基础油		

Ⅰ类基础油通常由传统的“老三套”工艺生产。从生产工艺来看，Ⅰ类基础油的生产过程基本以物理过程为主，不改变烃类结构，生产的基础油质量取决于原料中理想组分的含量和性质。因此，该类基础油在性能上受到了限制。

Ⅱ类基础油通过组合工艺(溶剂工艺和加氢工艺结合)制得。由于Ⅱ类基础油的制作工艺以化学过程为主，不受原料限制，可以改变原来的烃类结构，因而Ⅱ类基础油杂质少(芳香烃含量<10%)，饱和烃含量高，热安定性和抗氧化性好，低温和烟炱分散性能均优于Ⅰ类基础油。

Ⅲ类基础油通过全加氢工艺制得，与Ⅱ类基础油相比，属高黏度指数的加氢基础油，又称作非常规基础油(UCBO)。Ⅲ类基础油在性能上远远超过Ⅰ类基础油和Ⅱ类基础油，具有很高的黏度指数和很低的挥发性。某些Ⅲ类基础油的性能可与聚 α－烯烃合成基础油媲美，其价格却比合成基础油便宜得多。

Ⅳ类基础油是聚 α－烯烃合成基础油。常用的生产方法有石蜡分解法和乙烯聚合法。PAO 依聚合度不同可分为低聚合度、中聚合度、高聚合度，分别用来调制不同的油品。这类基础油与矿物基础油相比，无 S、P 和金属，由于不含蜡，所以倾点极低，通常在－40 ℃以下，黏度指数一般超过 140。PAO 的边界润滑性差。另外，由于本身的极性小，PAO 对极性添加剂的溶解能力差，且对橡胶密封件有一定的收缩作用。

除Ⅰ～Ⅳ类基础油外的其他合成油(合成烃类、酯类、硅油等)、植物油、再生基础油等统称Ⅴ类基础油。

21 世纪对润滑油基础油的技术要求主要有：热氧化安定性好、低挥发性、高黏度指数、低硫/无硫、低黏度、环境友好。传统的“老三套”工艺生产的Ⅰ类润滑油基础油已不能满足未来润滑油的要求，加氢法生产的Ⅱ类或Ⅲ类基础油和合成基础油将成为市场主流。

(2)我国基础油分类及代号

我国矿物基础油标准目前执行中国石油天然气集团公司2009年制订的《通用润滑油基础油》(Q/SY 44—2009)。该标准分3大类7个品种，其中，Ⅰ类基础油分MVI、HVI、HVIS、HVIW 4个品种，Ⅱ类基础油分HVIH、HVIP 2个品种，Ⅲ类基础油仅VHVI一个品种，共计56个牌号，具体分类如表4－4所示。

表4－4　通用润滑油基础油的分类

项　目	Ⅰ		Ⅱ		Ⅲ
	MVI	HVI HVIS HVIW	HVIH	HVIP	VHVI
饱和烃含量/%	<90	<90	≥90	≥90	≥90
黏度指数VI	80≤VI<95	95≤VI<120	80≤VI<110	110≤VI<120	≥120

表4－4中的代号说明：“VI”表示“黏度指数”；“MVI”表示“中黏度指数Ⅰ类基础油”；“HVI”表示“高黏度指数Ⅰ类基础油”；“HVIS”表示“高黏度指数深度精制Ⅰ类基础油”；“HVIW”表示“高黏度指数低凝Ⅰ类基础油”；“HVIH”表示“高黏度指数加氢Ⅱ类基础油”；“HVIP”表示“高黏度指数优质加氢Ⅱ类基础油”；“VHVI”表示“很高黏度指数加氢Ⅲ类基础油”。

Ⅰ类基础油黏度等级牌号按赛氏通用黏度来划分，其数值为某黏度等级基础油运动黏度所对应的赛氏通用黏度整数的近似值。黏度等级以40 ℃赛氏通用黏度[秒(s)]表示的牌号有150、200、300、400、500、600、650、750；黏度等级以100 ℃赛氏通用黏度[秒(s)]表示的牌号有90BS、120BS、150BS。Ⅱ类、Ⅲ类基础油黏度等级以100 ℃运动黏度中心值来表示。具体分类如表4－5所示，表中的BS为光亮油。

表4－5　通用润滑油基础油黏度等级牌号

Ⅰ类基础油黏度牌号											
黏度等级	150	200	300	400	500	600	650	750	90BS	120BS	150BS
运动黏度(40 ℃)/(mm^2/s)	28.0～<34.0	35.0～<42.0	50.0～<62.0	74.0～<90.0	90.0～<110	110～<120	120～<135	135～<160	—		
运动黏度(100 ℃)/(mm^2/s)	—								17.0～<22.0	22.0～<28.0	28.0～<34.0

续表

Ⅱ类、Ⅲ类基础油黏度牌号												
黏度等级	2	4	5	6	8	10	12	14	16	20	26	30
运动黏度 (100 ℃)/(mm^2/s)	1.50 ~ <2.50	3.50 ~ <4.50	4.50 ~ <5.50	5.50 ~ <6.50	7.50 ~ <9.00	9.00 ~ <11.0	11.0 ~ <13.0	13.0 ~ <15.0	15.0 ~ <17.0	17.0 ~ <22.0	22.0 ~ <28.0	28.0 ~ <34.0

4.2.2 润滑油添加剂

随着发动机和机械工业的发展，对油品的使用要求越来越高，只靠选择原油类型、改进加工方法已无法满足对油品使用性能的各种要求。为此，油品在制备时广泛使用各种添加剂。常用油品添加剂有燃料添加剂、润滑剂添加剂和复合添加剂 3 大类。

润滑剂添加剂是一类油溶性化合物，只需加入润滑剂百万分之几到百分之几的添加剂，就能显著改善润滑剂的一种或几种使用性能。使用添加剂，可以提高润滑剂的质量，降低成本，减少润滑剂的消耗量，延长润滑剂的使用周期，并且可以满足某些只靠改进石油炼制方法无法达到的要求。加添加剂已成为合理、有效地利用石油资源和节约能源必不可少的技术措施。

根据润滑油要求的质量和性能，精心选择添加剂，仔细平衡，进行合理调配，是保证润滑油质量的关键。常用润滑油添加剂按作用分为清净剂、分散剂、抗氧抗腐剂、极压抗磨剂、油性剂、摩擦改进剂、抗氧剂、金属减活剂、黏度指数改进剂、防锈剂、降凝剂、抗泡沫剂等。

4.3 润滑油的性能指标

润滑油质量的高低对设备的工作效果和寿命有很大影响。润滑油的质量是由一系列指标来反映和控制的，为此人们规定了多种润滑油性能指标。在选用润滑油时既应重视黏度、黏度指数、倾点等与流动性有关的性能指标，以及油性、极压性等与润滑性有关的性能指标，也应重视油品的抗氧化性、防锈性、闪点、水分、酸值、抗乳化性等与化学性能有关的性能指标。下面分别对这些指标进行介绍。

4.3.1 黏温性能

润滑油受到外力作用发生相对移动时，润滑油分子之间会产生阻碍运动的阻力，这种现象叫作内摩擦。内摩擦系数被称为黏度。内摩擦是一切液体黏度的来源。目前绝大多数润滑油都是根据黏度大小来划分黏度等级或相应牌号的。黏度是润滑油的一项重要技术指标，是选用润滑油的主要依据。

1. 黏度的作用

润滑油的黏度影响着润滑油的流动性和在摩擦面之间形成的油膜厚度。黏度较大的润滑油流动性较差，但油膜强度大，承受负荷的能力较强，因此在负荷较高的情况下，使用黏度较大的润滑油容易在摩擦面形成较厚的润滑膜，保持流体润滑状态，从而取得较好的润滑效果。但黏度大时润滑油的冷却作用较差，克服摩擦阻力消耗的功率较大，而黏度较小的润滑油流动性较好，容易流到间隙小的摩擦面之间以保证润滑效果，而且克服摩擦阻力消耗的功率较少。但黏度过小，在较高负荷下润滑油膜会变薄以致破坏，使摩擦表面产生磨损，因此要根据不同情况选用合适黏度的润滑剂。

2. 黏度的表示方法

黏度的表示方法可分为绝对黏度和相对黏度。常用的绝对黏度又分为动力黏度和运动黏度2种。

(1)动力黏度(η)

动力黏度是牛顿流体的内摩擦系数，也是黏度的定义，如图4-2所示。在流体中取两个面积均为1 cm^2，相距1 cm的油层，其中一个油层以1 cm/s的速度作相对运动时所产生的阻力叫作动力黏度。

$$\text{动力黏度}\ \eta=\frac{F/A}{V/h}$$

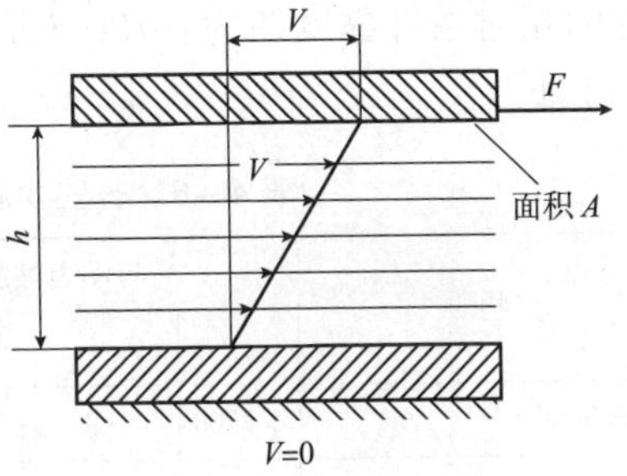

图4-2 动力黏度的定义

式中，η是动力黏度，F是运动阻力，A是液体流动层的面积，V是运动速度，h是流动层之间的距离。动力黏度的单位为帕斯卡·秒(Pa·s)，1 Pa·s = 1 N·s/m^2 = 10^3 cP(厘泊)。

(2)运动黏度(ν)

运动黏度是液体的动力黏度(η)与同温度下该液体的密度(ρ)的比值。

$$\text{运动黏度}\ \nu=\eta/\rho$$

我国石油产品黏度常用运动黏度表示，运动黏度的单位是m^2/s，常用单位是mm^2/s。

(3)相对黏度

相对黏度是在人为规定的条件下测出的黏度。各个地区用来测条件黏度的仪器不一样。欧洲使用的是恩格拉黏度计，美国用的是赛波特黏度计，英国用的是雷德乌德黏度计。我国个别石油产品(如齿轮油、燃料油)的黏度规定用恩氏黏度计测定。

恩氏黏度是200 mL试油在规定温度下流经恩氏黏度计的时间(s)，与水在20 ℃时从同一仪器中流出200 mL的时间(水值)的比值。以符号°E表示。由于采用比值表示黏度，恩氏黏度没有单位。测定恩氏黏度时，必须恒定温度，温度的高低根据所测油品的要求而定。赛氏黏度用60 mL试油流经赛氏黏度计的时间表示，单位为赛氏秒(s)。雷氏黏度用50 mL试油流经雷氏黏度计的时间表示，单位为雷氏秒(s)。不同的条件黏度，测定黏度时的温度也不一样。恩氏黏度常在50 ℃、100 ℃时测定，而赛氏黏度常在100 ℉、130 ℉和210 ℉时测定。各种相对黏度的数值缺乏严格的物理意义，而且所用仪器也不符合精密测定黏度的要求，因此，它们逐渐被淘汰并被运动黏度取代。

各种相对黏度可用经验公式换算为运动黏度(见表4-6)，但换算并不十分准确，也可以采用查表的办法或使用其他各种黏度的换算图。标尺是刻度相同的运动黏度的标尺，中间为各种相对黏度的标尺。在相同温度下，同一水平线上的各种标尺的黏度是相等的。例如两端相交于150 mm^2/s的水平线，所显示的相对条件黏度约为：700 SUS，600 雷氏1号秒，20 °E，72 SFS，62 雷氏2号秒。

表4-6　一些物质在室温(21 ℃)下的大概黏度值

物质	动力黏度			物质	动力黏度		
	cP	Pa·s	雷		cP	Pa·s	雷
蓖麻油	>2000	>2	$>290\times10^{-6}$	煤油	2.00	0.002	0.29×10^{-6}
重质润滑油(SAE 50)	800	0.8	116×10^{-6}	水银	1.50	0.0015	0.217×10^{-6}
甘油	500	0.5	72.2×10^{-6}	松节油	1.45	0.00145	0.210×10^{-6}
中质润滑油(SAE 30)	300	0.3	43.5×10^{-6}	水	1.00	0.001	0.145×10^{-6}
橄榄油	100	0.1	14.5×10^{-6}	汽油	0.60	0.0006	0.087×10^{-6}
轻质润滑油(SAE 10)	70	0.07	10.15×10^{-6}	空气	0.018	0.000018	0.0026×10^{-6}
极轻润滑油(SAEAN-06)	24.20	0.0242	3.5×10^{-6}				

摘自：董浚修. 润滑原理及润滑油(第二版)[M]. 北京：中国石化出版社，1998.

润滑油的种类不同，黏度不同。石油基润滑油中烷烃的黏度最小，芳香烃、环烷烃等环状化合物的黏度最大。沸程范围增高或分子量增大，黏度也会增大。在同一馏分中的各族烃类中，按环烷烃、中轻芳香烃、中重芳香烃的次序，环数增加，黏度也增大。同一种润滑油的黏度不是常数，它取决于下列各种因数：

$$\eta \text{或} \nu = f(T, P, F, t)$$

黏度一般随温度(T)的升高而下降，随压力(P)的增加而增大。而对于非牛顿流体，剪切力(F)也对黏度有很大的影响(通常引起黏度下降)，并为时间(t)的函数。

3. 黏温性能

润滑油的黏度对润滑的效果影响很大，而温度则是影响黏度的最重要的一个参数。随着温度升高，润滑油的黏度降低，温度降低则黏度增大。原因是温度上升，液体内部分子运动加剧，使得润滑油分子间的相互吸引力减弱，从而使润滑油的内摩擦力下降，因而黏度下降。但润滑油黏度随温度的变化程度并不呈线性关系，总的来说，润滑油在 50 ℃以下时，其黏度随温度的变化较显著，50 ~ 100 ℃之间变化较小，100 ℃以上变化更小。

润滑油黏度随温度变化而变化的性能被称为润滑油的黏温性能。润滑油黏度随温度变化小，则其黏温性能好。

黏温性能对润滑油的使用有重要意义，如发动机润滑油的黏温性能不好，温度低时黏度过大，起动发生困难，而且起动后润滑油不易流到摩擦面上造成机械零件的磨损，而在温度高时，黏度变小不易在摩擦面上形成适当厚度的油膜而失去润滑作用，也会使机械零件的摩擦面产生擦伤，因此通常都要求使用黏温性能好的润滑油。

润滑油的黏温性能与其组成有关，由不同类型的原油或不同馏分或不同精制工艺制得的润滑油，其黏温性能不相同，一般环烷基油的黏温性能差，石蜡基油的黏温性能好，而加氢裂化油的黏温性能更好。

石油产品黏度与温度的经验公式为：

$$\lg\lg(\nu + 0.6) = n - m\lg T$$

式中 ν——运动黏度(TK 时)，mm^2/s；

T——绝对温度，K；

n、m——与油品温度有关的常数。

测定某一油品在两个不同温度下的黏度，代入上式，即可解得 n、m 值。n、m 值确定以后，即可由上式求得该油品在任何温度下的黏度。但应注意，低温下的黏度不能用此公式计算，尤其是含有黏度指数改进剂的油品。

4. 黏度指数

评价油品黏温性能常用黏度指数(简写为 VI)表示，这是润滑油的一项重要质量指标。黏度指数越高，表示油品的黏度受温度的影响越小，其黏温性能越好。

黏度指数是指某一种润滑油的黏度随温度的变化程度与标准油的黏度随温度的变化程度相比所得到的相对数值。对比所使用的标准油有 2 种：一种是黏温性能好的烷烃油，其黏度指数规定为100，称为 H 系油；另一种是黏温性能差的环烷烃油，黏度指数规定为0，称为 L 系油。试油的黏度指数按下式计算：

$$\mathrm{VI}=\frac{L-U}{L-H}\times 100$$

式中 U——试油40 ℃的黏度，mm^2/s；

L——100 ℃的运动黏度与试油相同的VI为0的标准油的40 ℃运动黏度，mm^2/s；

H——100 ℃的运动黏度与试油相同的VI为100标准油的40 ℃运动黏度，mm^2/s

由于黏度指数是试油的黏温性能与标准油相对比所得到的相对数值，计算润滑油的黏度指数时，必须先测出试油在40 ℃和100 ℃时的运动黏度，然后根据该油40 ℃和100 ℃时的运动黏度值从有关表中查出 L 值和 H 值，再计算出VI值。VI值越高，说明润滑油的黏温性能越好。由于标准油是根据20世纪20年代末期的石油工业水平确定的，随着润滑油精制工艺的发展，以及新型添加剂的应用，许多油品已经超过了原标准油规定的0～100的VI值范围。当黏度指数超过100时，按下式计算：

$$\text{黏度指数}(\mathrm{VI}_E)=\frac{10^N-1}{0.00715}+100$$

$$N=\frac{\lg H-\lg U}{\lg \nu}$$

式中 ν——试油在100 ℃时的运动黏度，mm^2/s；

H——黏度指数为100 ℃的标准油在40 ℃时的运动黏度，mm^2/s。

U——试油在40 ℃时的运动黏度，mm^2/s。

在石油基润滑油的烃组成中，以烷烃的黏温性能最好，其黏度指数达到100或更高。但正构烷烃的凝点太高，需除去；异构烷烃的黏度指数比正构烷烃小，并且随着支链程度的增大而减小。带烷基侧链的环烷烃，其黏度指数随烷基链上的碳原子百分数的增加而增大。因此，为保证润滑油具有良好的黏温性能，精制时必须尽可能地除去胶质、沥青质等非烃类化合物与多环短链化合物，而尽量保留少环长侧链的化合物。

我国黏度指数的测定和计算按GB/T 1995—1988《石油产品黏度指数计算法》和GB/T 2541—1981(1988)《石油产品黏度指数算表》标准进行。

这里需要说明的是，黏度指数不是一个完美的表征油品黏温性能的参数。例如，它只能表示润滑油从40 ℃到100 ℃之间黏温曲线的平缓度，不一定能说明40 ℃以下、100 ℃以上的黏温性能。

5. 黏度的应用

1)润滑油分类的主要依据。目前我国已全部使用运动黏度表示润滑油的黏度和作为划分润滑油牌号的依据，通常使用的运动黏度数据是在40 ℃、100 ℃测定的。

2)根据温度选用不同黏度的润滑油。温度高时要选用黏度大一点的润滑油，温度低时要选用黏度小一点的润滑油。

3)泵送润滑油时，根据黏度确定加热温度。黏度大的润滑油加热温度就要高一些。

4)黏度与发动机磨损、密封、油耗、冷起动等有密切关系。

4.3.2 低温性

润滑油的低温性是指在低温下，润滑油在润滑油道内及润滑部位能否顺利地泵送和润滑，从而保证发动机和机件正常工作的性能。如果润滑油的低温性能不好，在低温下使用时失去流动性或产生结晶，就会严重影响发动机的工作或部件的润滑。

1. 失去流动性的原因

油品在低温下失去流动性的原因有2个：一是石蜡结晶形成网状结构，二是黏度变大。

(1)石蜡结晶

油品中含有石蜡，随着温度的降低，石蜡结晶析出，结晶形成网状结构，使处于液态的油品被包围，从而使油品整体不能流动，失去流动性。石蜡基润滑油的凝固就是石蜡结晶造成的。通常可以通过脱蜡或加入降凝剂来改善润滑油的低温流动性。

(2)黏度增大

温度降低时，润滑油黏度变得很大，油品变成无定形的玻璃状物质，当黏度增大到约300000 mm^2/s时，油品即失去流动性。高黏度油品(尤其是含有大量高分子稠环烃的油品)的凝固就是润滑油黏度变大造成的，对于此类“凝固”，降凝剂的作用不明显。

2. 评定指标

(1)凝点

油品的凝固和纯化合物的凝固有很大的不同。纯化合物的凝点是一个物理常数，而油品是由多种烃及少量氧、硫、氮等化合物组成的混合物，并没有明确的凝固温度，所谓“凝固”只是从整体来看失去了流动性，并不是所有组分都变成了固体。

油品凝点按 GB/T 510—2004(2018)《石油产品凝点测定法》测定，在规定的试验条件下将油品冷却到预定温度，将试管倾斜 45°，经过 1 min 后，液面不移动时的最高温度即为油品的凝点。

润滑油的凝点是表示润滑油低温流动性的一个重要的质量指标，对于生产、运输和使用都有重要意义。凝点高的润滑油不能在低温下使用。相反，在气温较高的地区则没必要使用凝点低的润滑油。因为润滑油的凝点越低，其生产成本越高。通常，润滑油的凝点应比使用环境的最低温度低 5 ~ 7 ℃。

(2)倾点

石油产品倾点按 GB/T 3535—2006《石油产品倾点测定法》测定，在规定的条件下冷却油品，每隔 3 ℃将试管取出，水平放置观察试样液面有无流动，直至 5 s 试样液面不流动时的温度再加上 3 ℃即为油品的倾点。

倾点的使用意义与凝点基本相同。但要特别提及的是，对于在室外低温环境下工作的机械所用的油品，如发动机油和车辆齿轮油等，凝点或倾点还不能准确地表征其低温性能，在选用低温润滑油时，应结合油品的倾点(凝点)、低温黏度及黏温性能全面考虑。因为低倾点的油品，其低温黏度和黏温性能亦有可能不符合要求。

(3)发动机油低温动力黏度

如果发动机油在起动温度下太黏稠，将会使运动部件黏滞，使发动机曲轴转动达不到起动的最低转速而无法起动。一般要求发动机油在 -35 ~ -15 ℃的温度下起动时，其动力黏度为 9500 ~ 6200 mPa · s。

发动机油低温动力黏度的测定方法是 GB/T 6538—2010《发动机油表观黏度的测定　冷启动模拟机法》，即 CCS 法。该方法参照了 ASTM D5293—2004《使用冷启动模拟机测定发动机油 -35 ~ -5 ℃表观黏度的标准方法》。方法概要：用直流电动机驱动一个与定子紧密配合的转子，在转子和定子的空隙间充满样品，通过调节流经定子的冷却剂流量来维持试验温度。校正直流电动机的转速使之作为黏度的函数。由校正的结果和直流电动机的转速来确定样品的黏度。

(4)发动机油边界泵送温度

如果发动机油在低温下油泵供油速度和供油量不足，就会使发动机起动后摩擦表面长时间得不到充分润滑而导致磨损增加。发动机油的泵送失败是因为其在低温下黏度太大或出现石蜡结晶或含有高分子聚合物等，简言之是由于泵入口处发动机油的屈服应力过大。屈服应力是液体刚刚开始流动所需的剪切应力。一般认为，发动机油的屈服应力小于 35 Pa 或黏度小于 30000 mPa · s 才能保证油泵正常供油。因此，在发动机油规范中把出现临界屈服应力(35 Pa)或临界黏度(30000 mPa · s)时的最高温度作为边界泵送温度，该温度是能保证油泵入口处得到足够发动机油的最低温度。

发动机油边界泵送温度测定的方法是 GB/T 9171—1988(2004)，即 MRPV 法。该方法与 ASTM D3829—1979《预测发动机油边界泵送温度的标准方法》等效。方法概要：将发动机油试样在 10 h 内以非线性程序冷却速率冷却到试验要求温度，恒温 16 h，然后在旋转黏度计上逐步施加规定的扭矩，观察并测定其转动速度，用于计算该温度的屈服应力和表观黏度。由 3 个或 3 个以上试验温度所得结果，确定该试油的边界泵送温度，或者为了满足某些规格指标的要求，只测定边界泵送温度低于某个规定温度即可。

(5)发动机油无屈服应力时的低温泵送黏度

GB 11121—2006《汽油机油》中 SG 级以上级别的汽油机油和 GB 11122—2006《柴油机油》中 CF 级以上级别的柴油机油，采用的是发动机油在指定温度下无屈服应力时的低温泵送黏度，用于表示发动机油在低温下的油泵供油能力。一般认为，发动机油在该方法试验温度下(相同级别的发动机油，比发动机油边界泵送温度低 5 ℃)的表观黏度不大于 60000 mPa · s 才能保证油泵正常供油。该试验方法将发动机油的屈服应力小于 35 Pa 判断为无屈服应力。

低温下发动机油屈服应力和表观黏度测定法 SH/T 0562—2001 与 ASTM D4684—1998《低温下发动机油屈服应力和表观黏度测定法》等效。方法概要：将发动机油试样在 80 ℃恒温 2 h，接着在控制的冷却速度下降 43 h 以上，达到最终试验温度。发动机油被冷却时，其冷却速率和冷却时间会影响发动机油的屈服应力和表观黏度。在该试验中，发动机油在有石蜡结晶析出的温度范围内缓慢冷却，接着快速冷却至最终试验温度。然后在旋转黏度计上施加 10 g 砝码(屈服应力 35 Pa)，观察转子在横臂上的运动，如果 15 s 内转子在横臂末端转动不到 3 mm，则该发动机油有屈服应力。在发动机油无屈服应力时，在旋转黏度计上施加 150 g 砝码，测定其试验温度下的表观黏度，即发动机油无屈服应力时的低温动力黏度。

(6)齿轮油低温表观黏度

汽车后桥齿轮油的表观黏度与其低温流动性有关。一般认为，齿轮油的动力黏度小于 150000 mPa · s 时，汽车方能正常起步。

GB/T 11145—2014《润滑剂低温黏度的测定　勃罗克费尔特黏度计法》与 ASTM D2983—2009《润滑剂低温黏度的测定法(勃罗克费尔特黏度计法)》等效。方法概要：将试油在规定温度的冷浴中冷却 16 h，然后在布氏黏度计中测定其表观黏度，或者测定试油表观黏度达到 150000 mPa · s 时的温度。

(7)齿轮油成沟点

为了保证汽车在低温下起动时，后桥齿轮能得到最低限度的润滑，通常需要齿轮油有较低的成沟点。

齿轮油成沟点测定方法 SH/T 0030—1990《车辆齿轮油成沟点测定法》与 FT-MS 791B 3456. 1《润滑剂的成沟特性》等效。方法概要：将试油在规定的温度下存放 18 h，用金属片把试油切成一条沟，然后在 10 s 内观测试油是否流到一起并盖住试油容器底部。若在 10 s 内试油流回并完全覆盖容器底部，则报告试油不成沟，反之则报告油样成沟。试油在规定的温度下出现成沟的最高温度，就是试油的成沟点。

4. 3. 3　油性和极压性

减少摩擦和磨损、防止烧结是润滑剂的主要功能。油性和极压性是反映润滑油润滑性能的指标，是指在金属表面形成完整的边界膜，减少摩擦、磨损，防止烧结的性能。

油性是指润滑油因表面活性物质吸附在金属表面形成吸附膜，而降低摩擦的性能。油性与黏度大小及所含极性分子的数量有关。极压性是指润滑油在低速高负荷和高速冲击摩擦条件下，在摩擦表面反应生成反应膜而防止摩擦部件发生烧结、擦伤的能力。反应膜的特点是强度较高、剪切力小、摩擦系数低。能形成反应膜的活性元素一般有 S、P、Cl。

润滑油的润滑性能好坏与润滑油的化学成分有关，如植物油润滑油的油性比矿物润滑油好。为了提高矿物润滑油的润滑性能，可在矿物润滑油中加入油性添加剂和极压抗磨添加剂。油性添加剂只适合工作条件缓和的润滑油，一旦温度升高时吸附膜被破坏，就会失去润滑作用。极压抗磨添加剂适合高温、大负荷的工作条件。

常见的润滑性评定方法有 GB/T 3142《润滑剂承载能力的测定　四球法》和 GB/T 12583《润滑剂极压性能测定法(四球法)》等。

4. 3. 4　氧化安定性和热安定性

润滑油在使用过程中，随着温度升高，与氧气、金属等接触，会逐渐氧化变质。润滑油在加热和在金属催化作用下抵抗氧化变质的能力被称为润滑油的氧化安定性。润滑油的氧化安定性是反映润滑油在实际使用、储存和运输中氧化变质或老化倾向的重要特性。

润滑油的氧化安定性主要取决于它的化学组成。如矿物油原油中的成分容易氧化变质影响矿物润滑油的使用，在矿物油精炼过程中必须把这些成分去除，并且使用添加剂提高其氧化安定性。此外，氧化安定性也与使用条件如温度、压力、接触金属、接触面积、氧化时间等有关。

测定润滑油的氧化安定性的方法通常有2种。一是在一定量的试油中加入金属片作催化剂，在一定温度下通入一定量的空气(或氧气)，经过规定的时间测定试油氧化后的酸值、黏度、残炭、沉淀物和金属片的重量变化。酸值越低，黏度变化越小，残炭、沉淀物越少，金属片重量减少得越少，说明润滑油的氧化安定性越好。二是在规定条件下，如一定温度、一定压力条件下，测定润滑油达到某一氧化程度时所需要的时间。

常用的测定方法有 SH/T 0206《变压器油氧化安定性测定法》和 SH/T 0299《内燃机油氧化安定性测定法》等。

热安定性是表示润滑油对热分解、热叠合的抵抗性能，是内燃机油、喷气涡轮发动机润滑油等的重要使用性能指标。润滑油的热安定性的好坏很大程度上取决于基础油的组成和馏程，很多分解温度较低的添加剂往往对油品的热安定性有不利影响。

氧化安定性一般可通过加入抗氧化添加剂得到改善，但热安定性则很难用添加剂来改善，只能通过分子设计选择合成油分子结构和性质以及用适当的原料和工艺方法来改善。

4.3.5 清净分散性

内燃机油高温氧化、聚合、缩合等一系列变化，在活塞裙部形成漆膜，在活塞顶部形成积炭、在曲轴箱中产生油泥等沉积物。为解决这些问题，可在内燃机油中加入清净分散剂，使内燃机油具有清净、分散、中和和增溶等作用。其中，清净作用和分散作用是主要作用。

清净作用。在油中呈胶束的清净剂对生成的漆膜和积炭有很强的吸附性能，它能将黏附在活塞上的漆膜和积炭洗涤下来而分散在油中。一般来说，分散性能越强，清净性能就越强。沉积物在循环过滤中被除去，保持金属表面的清洁。

分散作用。清净剂能将已经生成的胶质和炭粒等固体小颗粒加以吸附而分散在油中，防止它们凝聚起来形成大颗粒而黏附在气缸上或沉降为油泥。

4.3.6 腐蚀性

1. 水溶性酸碱

水溶性酸碱是指润滑油中能溶于水的无机酸、低分子有机酸、碱和碱性化合物。

水溶性酸碱检测是一项定性试验，其过程是：在70～80 ℃温度下，把50 mL的试油和50 mL的蒸馏水混合在一起摇荡5 min，分别用酚酞和甲基橙指示剂检验分离出的抽提水层是否有酸、碱反应。酚酞变红则说明是碱性；甲基橙变红则说明是酸性；不变色则为中性，即无水溶性酸碱。

水溶性酸碱主要用来鉴别油品在精制过程中是否将用于精制的无机酸或碱水洗干净，或者在储存、使用过程中，有无受无机酸或碱的污染，或由于包装、保管不当使油品氧化分解，产生有机酸类，以致使油品的反应呈酸性或碱性。

一般来讲，油品中不允许有水溶性酸或碱。因为若润滑油含有水溶性酸或碱，尤其对和水、汽接触的油品，特别容易引起氧化、酸化的水解化学反应，以致腐蚀机械设备。但是，如果油品中加有酸性或碱性添加剂，那么试验的意义不大。因此，用户不能以油品不是中性就轻易对油品下结论。

2. 酸值、碱值和中和值

(1)酸值

酸值是润滑油中含有无机酸(强酸值)和有机酸(弱酸值)的总含量(总酸值，简称TAN)，用中和1 g油样所需氢氧化钾的毫克数表示，单位是mgKOH/g。通常说的酸值实际上是指总酸值。润滑油酸值的大小可以衡量润滑油在使用过程中发生氧化变质的程度，而且对润滑油的使用有很大影响。润滑油的酸值大，说明其有机酸含量高，有可能对机械零件造成腐蚀，尤其是有水存在时，腐蚀作用更明显。润滑油在使用中被氧化后，其酸值会发生变化，当酸值增大到一定程度时就必须更换润滑油。

(2)碱值

碱值是表示润滑油中碱性物质含量的指标，单位是mgKOH/g。

碱值亦分强碱值和弱碱值2种，两者合并即为总碱值(简称TBN)。通常说的碱值实际上是指总碱值。总碱值主要反映润滑油中碱性添加剂的含量和质量，如内燃机油清净剂和分散剂含量的多少等。

(3)中和值

中和值包括总酸值和总碱值。但是，除非另有注明，一般所说的中和值，实际上仅指总酸值，其单位也是mgKOH/g。

中和值的测定方法，可分为2类。

1)颜色指示剂法。我国现行的方法有GB/T 4945—2002(2004)《石油产品和润滑剂酸值和碱值测定法(颜色指示剂法)》、GB/T 264—1983(2004)《石油产品酸值测定法》和SH/T 0251—1993(2004)《石油产品总碱值测定法(高氯酸电位滴定法)》。

颜色指示剂法测定的基本原理：将试样溶解于方法规定的溶剂中，并用标准溶液进行滴定，以指示剂的颜色变化确定滴定终点。并按滴定所消耗的标准溶液的体积数计算试样的中和值。

颜色指示剂法只适用于浅色油品，而对于新的或在用的深色油品，由于指示剂呈现的滴定终点不分明且易产生误差而不适用。

2）电位差滴定法。我国现行的方法有 GB/T 7304—2014《石油产品酸值的测定 电位滴定法》，该方法与 ASTM D664 等效。

电位差滴定法是利用电位差及玻璃电极来指示滴定终点，因此，可以测定深色油品的总酸值或总碱值。

3）测定润滑油中和值的意义。润滑油中的酸性组分主要是有机酸（如环烷酸）和酸性添加剂，亦包括无机酸、酯类、酚类化合物、重金属盐类、其他弱碱的盐类、多元酸的酸式盐以及某些呈酸性的添加剂等。

对于新油，酸值表示油品精制的深度或添加剂的加入量（当加有酸性添加剂时），一般来说，基础油的酸值应该很低，而含有酸性添加剂的油品，肯定具有相应的酸值；对于旧油，酸值表示其氧化变质的程度。一般，润滑油在储存和使用过程中，由于与空气中的氧发生反应会生成一定量的有机酸，从而使酸值增大；而含有酸性添加剂的油品，则可能在使用过程中由于添加剂的消耗而使酸值变小。因此，油品酸值的异常变大或变小，在一定程度上说明油品变质程度，应给予注意。

润滑油中的碱性组分包括有机碱、无机碱、氨基化合物、弱酸盐、多元酸的碱性盐、重金属的盐类以及碱性添加剂（在内燃机油中这类添加剂尤其多）。

在用润滑油碱值变小（特别是高档发动机油），表示油中碱性添加剂（如清净剂）的消耗和油品性能下降，应给予注意。

3. 腐蚀试验

腐蚀试验用于测定油品在一定温度下对金属的腐蚀作用。一般按 GB/T 5096—1985《石油产品铜片腐蚀试验法》进行。方法概要：把一块已磨光的铜片浸没在一定量的试样中，并按产品标准要求加热到指定的温度，保持一段时间。待试验周期结束时，取出铜片，经洗涤后与腐蚀标准色板进行比较，确定腐蚀级别。

GJB 497—1988《航空润滑油铅腐蚀测定法》，适用于测定在铜催化剂存在条件下，润滑油对金属铅的腐蚀性能。该方法系将铅片和铜片固定在同一旋转轴上，置于试油中，以一定速度转动，在（163 ± 1）℃的温度下，运转 1 h，测定铅片单位面积的重量变化，表示试样对铅的腐蚀程度。

国外学者最初发现这个方法能很好地反映酯类航空润滑油对发动机零件的铅镀层、铅焊料的腐蚀情况。为了克服酯类油对铅腐蚀的固有缺点，后来将发动机中的铅镀层、铅焊料全部改成银镀层和银焊料。但合成航空润滑油的产品标准仍要求按这个方法测定铅腐蚀性，原因是这个测定方法还能够反映酯类航空润滑油的储存安定性。

对高温航空润滑油还要求按 GJB 496—1988 方法进行试验，将铜片和银片分别浸入试样杯中，置于 232 ℃下 50 h 后，测定其质量损失。以铜片、银片单位面积的质量变化表示试油对金属的腐蚀性。

航空发动机油对金属的腐蚀性，除了应用上述方法进行腐蚀试验外，还要结合氧化试验，测定润滑油在强化氧化条件下对铅、铜、镁、铝、银等金属的腐蚀性。

4. 腐蚀度

润滑油的腐蚀度是指润滑油含有腐蚀性物质和在试验条件下产生的氧化产物，对金属所造成的破坏的程度。

腐蚀度按 GB/T 391《发动机润滑油腐蚀度测定法》进行测定，将已知质量的标准尺寸的金属片在 140 ℃时以每分钟浸入试油 15 次的速度，连续试验 50 h，最后测出金属片减轻的质量，将每平方米金属片表面所损失的克数（单位：g/m^2）作为腐蚀度值。数值越大，说明腐蚀越严重。

4.3.7 安全性

润滑油的安全性主要指润滑油闪点的高低。润滑油的闪点是指将润滑油在规定条件下加热使其温度升高，当油温达到某一温度时，润滑油的蒸气和周围空气形成的可燃混合气与火焰接触能发生瞬间闪火的最低温度，单位是℃。

根据测定方法和仪器的不同，闪点又可分为开口杯法闪点[GB 267—1988(2004)]和宾斯基－马丁闭口杯法闪点(GB/T 261—2008)。通常，开口杯法用于测定重质润滑油或者深色石油产品的闪点，闭口杯法用于测定蒸发性较大的燃料和轻质润滑油（一般闪点在 150 ℃以下）的闪点。同一产品用不同方法测出的闪点不同，开口的闪点一般较闭口的闪点高。

润滑油闪点的高低，取决于润滑油中轻质组分的含量。油品的馏分越轻，蒸发性越大，其闪点越低。润滑油的蒸发性高还会造成润滑油在工作过程中蒸发损失增大。反之，油品馏分越重，蒸发性越小，其闪点越高。因而闪点是表示润滑油蒸发性的一项指标。

同时，闪点又是表示石油产品着火危险性的指标之一，对油品储存、运输和使用安全意义重大。油品的危险等级是根据闪点划分的，闪点在 45 ℃以下为易燃品，如汽油的闪点为 －60 ~ －50 ℃，煤油的闪点为 40 ℃，它们都属于易燃品。闪点在 45 ℃以上的产品为可燃品，柴油、润滑油都属于可燃品。在油品的储运过程中严禁将油品加热到它的闪点温度。在黏度相同的情况下，闪点越高越好。因此，用户在选用润滑油时应根据使用温度和润滑油的工作条件进行选择。一般要求润滑油的闪点比使用温度高 20 ~ 30 ℃，以保证使用安全和减少挥发损失。

4.3.8 抗乳化性

抗乳化性是润滑油抵抗与水混合形成乳化液的性能。具有抗乳化性的润滑油遇水即使振荡，也不易形成乳化液或形成的乳化液很容易迅速分离。

GB/T 8022—1987《润滑油抗乳化性能测定法》试验是在专用分液漏斗中，加入 405 mL 试样和 45 mL 蒸馏水，在 82 ℃下以一定的速度搅拌 5 min，静置5 h后，记录从油中分离出来的水的体积、乳化液体积及油中水的百分数。

GB/T 7305—2003《石油和合成液水分离性测定法》试验，取试样和蒸馏水各 40 mL 装入量筒内，在测定温度下(54 ℃或 82 ℃)，以 1500 r/min 的转速搅拌 5 min，记录乳化液与水分离的时间，如果静置 30 min 或 60 min 后，乳化液没有完全分离，或乳化层没有减少为 3 mL 或更少，则报告油层(或合成液)、水层和乳化层的体积。

润滑油的抗乳化性与基础油、添加剂和洁净度有很大关系，若润滑油中含有较多的机械杂质或皂类、酸类、油泥等表面活性物质，在有水的情况下，润滑油就容易乳化。抗乳化性差的润滑油，其氧化安定性也差。

抗乳化性是汽轮机油的重要质量指标，因汽轮机油在使用过程中必然与水接触，抗乳化性能不好的汽轮机油在使用中形成乳状液，破坏润滑油形成的油膜，就会增加摩擦、磨损和产生腐蚀。另外，压缩机油也应具有良好的抗乳化性，否则同样会影响压缩机油的循环润滑和氧化安定性。

4.3.9 抗泡性

润滑油在使用过程中由于受到振荡、搅动等作用，会混入空气而形成气泡。如果润滑油抵抗形成气泡的性能不好，就会在使用过程中形成许多气泡，这会影响润滑油的润滑性能，增加氧化的速度，造成溢油现象，还可能阻碍润滑油在循环系统中的传送和影响液压油的压力传递。为提高润滑油的抗泡性能，通常要加入抗泡沫添加剂。

GB/T 12579—2002《润滑油泡沫特性测定法》是将试样在 24 ℃时，用恒定流速的空气吹气 5 min，然后静置 10 min。在每个周期结束时，分别测定试样中泡沫的体积。取第二份试样，在 93.5 ℃下进行试验，当泡沫消失后，再在 24 ℃下进行重复试验。

SH/T 0308—1992(2004)《润滑油空气释放值测定法》是将试样加热到 25 ℃、50 ℃或 75 ℃，通过对试样吹入过量的压缩空气，使试样剧烈搅动，空气在试样中形成小气泡，即雾沫空气。停气后记录试样中雾沫空气体积减至 0.2% 的时间。

4.3.10 机械杂质

机械杂质是指存在于润滑油中不溶于汽油、乙醇和苯等溶剂的沉淀物或胶状悬浮物，简称机杂或杂质。润滑油中的机械杂质是润滑油在运输、储存、使用中混入的灰尘、泥沙、金属碎屑、金属氧化物、铁锈末等外来物以及由润滑油添加剂带来的一些难溶于溶剂的有机金属盐。机械杂质测定按 GB/T 511—2010《石油和石油产品及添加剂机械杂质测定法》进行。其过程是：称取 100 g 试油加热到 70～80 ℃，加入 2～4 倍的溶剂，在恒温的空瓶中的滤纸上过滤，用热溶剂洗净滤纸，并称量，定量滤纸的前后质量之差就是机械杂质的质量。机杂的单位是质量百分数。

机械杂质和水分都是反映油品洁净度的质量指标。通常，润滑油基础油的机械杂质都控制在 0.005% 以下（机械杂质在 0.005% 以下被认为无机械杂质）；加添加剂的成品油的机械杂质一般都大，这是正常的。对于一些含有大量添加剂的油品（如一些添加剂量大的内燃机油）来讲，机杂的指标表面上看是比较大，但其机杂主要是加入了多种添加剂后所引入的溶剂不溶物，这些胶状的金属有机物，并不影响使用效果。不应当简单地用机械杂质的多少来判断油品的好坏，而应分析杂质的成分。否则，就会带来不必要的损失和浪费。

对于使用者来讲，关注机杂是非常必要的。因为润滑油在使用、储存、运输中混入的灰尘、泥沙、金属碎屑、铁锈及金属氧化物等，会加速机械设备的磨损，严重时会堵塞油路、油嘴和滤油器，破坏正常润滑。据报道，若设备机况、工况正常和润滑油质量达标，润滑油的洁净度是影响设备寿命和维护成本的一个很关键的参数。欧美一些先进的工矿企业正推行对大型设备的滑油系统进行精密的过滤和监控，并取得了显著的成效。用户在使用前和使用中，应对润滑油进行严格的过滤，以防止外部杂质对滑油系统的污染。

4.3.11 水分

润滑油产品指标中的水分是指其含水量的质量百分数。按 GB/T 260—2016《石油产品水含量的测定　蒸馏法》测定。

润滑油中的水分一般有 3 种状态：游离水、乳化水和溶解水。一般游离水比较容易脱去，而乳化水和溶解水不易脱去。

润滑油中不应含有水分，因为水分的存在会促使油品氧化变质，破坏润滑油形成的油膜，使润滑效果变差，加速有机酸对金属的腐蚀作用，锈蚀设备，使油品容易产生沉渣。水分还会使添加剂（尤其是金属盐类）发生水解反应而失效，产生沉淀，堵塞油路，妨碍润滑油的过滤和供油。不仅如此，在低温条件下，润滑油中的水分，由于接近冰点，使润滑油的流动性变差，黏温性能变坏；在温度高时，水汽化，不但会破坏油膜，而且会产生气阻，影响润滑油的循环。另外，在个别油品中，例如变压器油中，水分的存在会使介电损失角急剧增大，而击穿电压急剧下降，以致引起事故。因此，用户必须在使用、储存中精心保管油品，注意使用前和使用中要检查有无水分，必要时进行脱水处理。

4.3.12 残炭

残炭是指油品在规定的试验条件下(不通入空气等)受热蒸发、裂解和燃烧后形成的焦黑色残留物，以质量百分数表示。残炭的测定方法有 2 种：一种是 GB/T 268—1987(2004)(又称康氏法)；另一种是 SH/T 0170—1992(2000)(又称电炉法)。

残炭是润滑油基础油的重要质量指标，是为判断润滑油的性质和精制深度而规定的项目。润滑油中残炭多，则结焦倾向大，会增加机械设备的摩擦、磨损。润滑油基础油中，残炭的多少不仅与其化学组成有关，而且也与油品的精制深度有关。润滑油中形成残炭的主要物质是油中的胶质、沥青质及多环芳烃等。这些物质在空气不足的条件下，受强热分解、缩合而形成残炭。油品的精制深度越深，其残炭值越小。一般来讲，空白基础油的残炭值越小越好。

现在，许多油品都含有由金属(如钙、镁、锌、钡、铜、钠)、硫、磷等元素组成的添加剂，它们的残炭值很高。因此，含这类添加剂的油品的残炭测定已经失去了本来意义。

残炭有时也用于对在用润滑油的检验，以其超过新油原来残炭值的数量表示油品老化变质的程度。不过，这只是一种极粗略且不一定正确的估计，对于含添加剂或受到沙土、金属碎屑等杂质污染的油品更是如此。

4.3.13 灰分和硫酸灰分

灰分是指在规定的条件下，试样被灼烧炭化后，所剩残留物经煅烧所得的无机物，以质量百分数表示。一般认为，灰分的组成是一些金属元素及其盐类。测定方法是 GB/T 508—1985(2004)，多用于基础油或不含有金属盐类添加剂的油品的灰分检定。

硫酸灰分是一种特定条件下的灰分，是指试样被灼烧炭化后所剩残渣，用硫酸处理后再经煅烧所得的无机物。按 GB/T 2433—2001(2004)《添加剂和含添加剂润滑油硫酸盐灰分测定法》进行测定，多用于发动机油等含金属盐类添加剂的油品的灰分检定。

同一试样，其硫酸灰分可能比灰分高 20% 左右，并且前者的灰分多为白色、淡黄色或赤红色的疏松物质，而后者则是无规则的坚硬的小块。

灰分对不同的油品具有不同的概念。对基础油或不含有金属盐类添加剂的油品来说，灰分可用于判断油品的精制深度，灰分含量越少越好。对于加金属盐类添加剂的油品(新油)，灰分可用于定量控制添加剂的加入量，这时的灰分在指标意义上不是越少越好，而是应不低于某个值(或范围)。如对于发动机油，在配方及原料确定后，可把其基础油的最高灰分和成品油的最低灰分作为品质控制的参考指标。

4.4 航空发动机润滑油

由于我国内燃机油的分类不包括航空发动机润滑油，为便于油料管理，把航空发动机润滑油单独作为一节进行介绍。

4.4.1 航空发动机润滑油的分类

航空发动机润滑油是指各种类型飞机发动机所需的润滑油。航空发动机润滑油的分类如下。

1. 按用途分类

航空发动机润滑油按用途可分为航空活塞式发动机润滑油与航空燃气涡轮发动机润滑油。航空燃气涡轮发动机润滑油又可分为涡轮喷气式发动机润滑油、涡轮螺旋桨发动机润滑油、涡轮风扇发动机润滑油、涡轮轴发动机润滑油4类。其中涡轮喷气式发动机润滑油使用最广泛。

2. 按油品组成分类

航空发动机润滑油按油品组成可分为石油基润滑油与合成润滑油。合成润滑油主要包括合成烃类润滑油、酯类润滑油、硅醚类润滑油等。

3. 按质量等级分类

航空发动机润滑油质量等级一般按照高温性能进行分类。

(1) Ⅰ型油

符合 MIL－L－7808 或 DERD 2487 规范，用于亚音速飞机，最高使用温度为 150～175 ℃，主要由双酯组成，通常是二(2－乙基己基)癸二酸酯，但有时由于经济原因，也有用壬二酸酯、壬酸酯和己二酸酯等替代的，再加入改进黏度的复酯(特别是对于英国规范的产品需要加入增黏剂)、改进润滑性能的磷酸三甲酚酯、改进抗氧化性能的吩噻嗪等。

(2) Ⅱ型油

符合 MIL－L－23699、MIL－L－9236 和 DERD 2497 规范，于1963年开始使用，满足了第一代超音速飞机的需求。这类油的使用温度比Ⅰ型油高 50～100 ℃，最高使用温度达到 200～250 ℃，主要由多元醇酯(如季戊四醇酯)组成，加入具有抗氧化、防腐蚀、抗磨损等功能的添加剂。

(3) Ⅲ型油

这类油适合马赫数3(或更大)的飞机使用，Ⅲ型油的使用温度比Ⅱ型油高100~150 ℃。这类油尚在开发中，目前最好的是五环的聚苯醚(5P4E)，主要缺点是低温性能较差。

表4-7是参考Erdco轴承试验结果建立的航空润滑油分类。

表4-7 航空润滑油分类

润滑油型号	Ⅰ	$Ⅰ^{1/2}$	Ⅱ	$Ⅱ^{1/2}$	Ⅲ	$Ⅲ^{1/2}$	Ⅳ
温度条件 回油温度(最大)/℃	260	260	260	290	315	245	270
油箱润滑油温度/℃	170	205	225	260	290	315	345
入口处润滑油温度/℃	150	175	205	230	260	290	315

4.4.2 航空活塞式发动机润滑油

1. 航空活塞式发动机润滑油的工作条件和性能要求

航空活塞式发动机润滑油的主要作用：润滑和冷却发动机的气缸、活塞、曲轴连杆机构、螺旋桨减速器及附件传动机构等的摩擦表面；对活塞和气缸之间的间隙还有密封作用，防止气体窜入曲轴箱；操纵螺旋桨变矩；清洗和防锈。航空活塞式发动机润滑油具有以下工作条件和性能要求。

1)航空活塞式发动机单位功率比较大，各部件的温度比较高、承受压力大(见表4-8、表4-9)，因而润滑油处于较苛刻的工作条件下，润滑油的进油温度一般为75~85 ℃，最低40 ℃；回油温度一般为110~115 ℃，最高125 ℃，要求润滑油具有较大的黏度、良好的黏温性能(高的黏度指数)以及较低的倾点。

2)航空活塞式发动机曲轴、连杆等的轴承承受的压力超出了白合金、铜铅合金所能承受的范围，因而选择了能承受较大压力的镉银合金，但镉银合金抗腐蚀性能很差。因此，要求航空活塞式发动机润滑油中的有机酸等腐蚀性物质含量应控制在最低限度。

3)活塞式发动机的滑油系统与燃料系统相接触，当活塞运动时，部分润滑油进入燃烧室燃烧；润滑油高温蒸发，损失较大，在高温氧化条件下，生成胶质和沉淀较多。因此，要求润滑油具有良好的热安定性且积炭倾向小。

4)航空活塞式发动机中的润滑油与钢、铝、铟、铅、青铜等金属及其合金材料接触，还和空气中的氧作用，要求具有良好的热安定性、黏温性能、耐腐蚀性，且在使用温度下有较大的黏度。

表 4-8　航空活塞式发动机(气冷式)机件部位的工作温度

序号	发动机机件	温度/℃
1	燃烧室	1500～2500
2	排气阀簧座	800～900
3	进气阀簧座	250
4	气缸盖	250～280
5	气缸衬套下部	140～180
6	主轴承	100
7	曲轴箱	90～100

表 4-9　航空活塞式发动机轴承承受压力

轴承	承受压力/MPa
曲轴主轴承	9.8～19.6，个别可达 25
连杆轴承	24.5
活塞销	58.8～78.5，个别达 90

2. 航空活塞式发动机润滑油的品种和牌号

(1)航空活塞式发动机润滑油

航空活塞式发动机润滑油包含 3 种油：原油品航空活塞式发动机通用润滑油(曾用名 20 号合成航空润滑油，GJB 1219—1991)为不含分散剂型，增加的 2 种分别为含分散剂单级型和含分散剂多级型，主要用于航空活塞式发动机润滑系统的润滑。航空活塞式发动机润滑油规范如表 4-10 所示。

表 4-10　航空活塞式发动机润滑油规范(GJB 1219A—2009)

项目		质量指标			试验方法
		20	20～50	20～15W/50	
SAE 等级		50	50	15W/50	
运动黏度(100 ℃)/(mm^2/s)	不小于	20.0	20.0	20.0	GB/T 265—1988
黏度指数	不小于	80	85	100	GB/T 1995—1988
低温动力黏度(-20 ℃)/mPa·s	不大于	—	—	7000	GB/T 6538—2000
低温泵送黏度(-25 ℃)/mPa·s	不大于	—	—	60000	SH/T 0562—2001
高温黏度(150 ℃高剪切率)/mPa·s	不小于	—	3.7	3.7	SH/T 0618—1995
凝点/℃	不高于	-18	—	—	GB/T 510—1983
倾点/℃	不高于	—	-25	-30	GB/T 3535—1983
闪点(开口)/℃	不低于	250	250	220	GB/T 3536—1983

续表

项目		质量指标			试验方法
		20	20～50	20～15W/50	
酸值/(mgKOH/g)	不大于	0.03	0.1	0.1	GB/T 264—1983
灰分/%	不大于	0.003	0.01	0.01	GB/T 508—1985
残炭/%	不大于	0.3	1.0	1.0	GB/T 268—1987
密度(20 ℃)/(kg/m³)	不大于	895	895	895	GB/T 1184—2000
颜色(比色法)/级	不大于	7	—	—	GB/T 6540—1986
选择性溶剂(酚含量)		无	—	—	SH/T 0120—1992
水溶性酸或碱		无	—	—	GB/T 259—1988
水分		无	无	无	GB/T 260—1977
机械杂质		无	—	—	GB/T 511—1988
洁净度/(mg/100 g 油)	不大于	—	50	50	附录 A
铅腐蚀度/(g/m²)	不大于	18	—	—	GB/T 391—1977
铜片腐蚀/级					GB/T 5096—1985
3 h，100 ℃	不大于	—	1	1	
3 h，204 ℃	不大于	—	3	3	
热氧化安定性(250 ℃)/min	不小于	25	—	—	SH/T 0259—1992
泡沫性能					GB/T 12579—2002
泡沫体积稳定/(mL/mL)					
24 ℃	不大于	20/0	50/0	50/0	
93 ℃	不大于	50/0	50/0	50/0	
后 24 ℃	不大于	20/0	50/0	50/0	
L－38 台架试验(135 ℃、40 h)					SH/T 0265—1992
轴承失重/mg	不大于	—	500	500	
100 ℃黏度/(mm²/s)		—	—	合格	
40 ℃黏度变化/%	不大于	—	－15～10	10	
酸值增加/(mgKOH/g)	不大于	—	2.0	2.0	
相容性(与其他航空活塞式发动机润滑油)		—	合格	合格	GJB 562—1988
橡胶相容性(72 h 后体积膨胀率)/%					SH/T 0436—1992
丁腈胶(NBR－H)(70 ℃)	不大于	—	－5～10	－5～10	
氟橡胶(150 ℃)	不大于	—	－5～5	－5～5	
氟硅胶(150 ℃)	不大于	—	－5～5	－5～5	
硅橡胶(121 ℃)	不大于	—	0～20	0～20	

(2)20 号航空封存防锈油

20 号航空封存防锈油(YLB 02—1999)技术要求如表 4－11 所示。

表 4-11　20 号航空封存防锈油技术要求

项目		质量指标	试验方法
运动黏度(100 ℃)/(mm^2/s)	不小于	19	GB/T 265—1988
运动黏度比($\nu_{50\,℃}/\nu_{100\,℃}$)	不大于	8.5	GB/T 265—1988
钙含量/%		实测	SH/T 0270—1992
闪点(开口)/℃	不小于	220	GB 267—1988
凝点/℃	不大于	-15	GB/T 510—1983
腐蚀(T3 铜片，100 ℃，3 h)		合格	SH/T 0195—1992
机械杂质/%	不大于	0.01	GB/T 511—1988
水分/%	不大于	0.05	GB/T 260—1977
湿热试验(45 号铜片，240 h)/级	不大于	2	GB/T 2361—1992

4.4.3　航空燃气涡轮发动机润滑油

航空燃气涡轮发动机润滑油用于涡轮喷气发动机、涡轮风扇发动机、涡轮轴发动机和涡轮螺旋桨发动机，因为早期飞机的速度不高，航空燃气涡轮发动机润滑油没有遇到空气动力加热问题，而且工作温度不高，所以可用天然石油加工制成。当飞行速度超过音速以后，由于气动加热的影响，润滑油的工作温度超出了普通石油产品所能承受的范围，因而出现了主要以酯类等作基础油的合成航空燃气涡轮发动机润滑油。现用的航空燃气涡轮发动机润滑油已经淘汰了石油基润滑油，全部以合成烃或合成油为基础油。

航空燃气涡轮发动机润滑油除涡轮螺旋桨发动机使用的外，一般都是黏度较低(100 ℃运动黏度约 3 mm^2/s 或 5 mm^2/s)的润滑油。这是由发动机中主要润滑部件的工作特点决定的。

1. 航空燃气涡轮发动机润滑油的工作条件

航空燃气涡轮发动机润滑油是用来润滑及冷却发动机的转子轴承及附件传动机构的齿轮及轴承的。这些机件中，以发动机转子轴承的工作条件最为苛刻，它的负荷较大，转速较高，工作温度也较高。所以选用润滑油时，主要考虑发动机转子轴承的要求，这个问题解决了，附件传动机构等负荷较小、转速较低的机件润滑问题就容易解决了。其主要工作条件特点如下。

1) 转速高，负荷大。超音速飞机的航空燃气涡轮发动机的转速一般为 12000 ~ 25000 r/min。转子轴承的负荷达 680 ~ 900 MPa。涡轮螺旋桨发动机转子的转速一般为 9200 ~ 52000 r/min，减速器齿轮承受的接触负荷可达 1100 ~ 1200 MPa。因此，航空燃气涡轮发动机润滑油需承受很高的压力。

滚动轴承的工作既受负荷的影响，又受转速的影响。为了能将滚动轴承的负荷及转速特征综合地表现出来，采用轴承内圈的直径 D(mm)与转速 N(r/min)的乘积 DN 值(mm·r/min)来表示滚动轴承的工作特征。DN 值也称滚动轴承的速度参数。目前航空燃气涡轮发动机的转子轴承的 DN 值在 1.0×10^6 mm·r/min 以上。现在研制的一些发动机，DN 值高达 2.6×10^6 mm·r/min，今后的目标是 3×10^6 mm·r/min。

2)随着航空发动机的飞行速度、功率和转速的增加，润滑部件的工作温度越来越高。涡轮风扇发动机的涡轮入口温度高达 1300 ℃。另外，高负荷、高转速就必然导致轴承的工作温度升高。因为负荷较大时，滚子产生弹性变形，滚子与轨道接触面增大，轴承滚动时，接触面间出现了滑动摩擦，摩擦产生的热损失增加；转速高时，单位时间内摩擦产生的热量也增加。负荷、转速的增大都导致轴承温度升高。同时，发动机工作产生的热量也会传给轴承，而涡轮轴承受到涡轮传来的热，它的温度比其他轴承都高。此外，飞行速度增大所带来的高温影响更为显著。飞行速度提高，空气受到动力加热的影响，温度升高。当 M 小于 2 时，动力加热引起的温升还不显著。当 $M=2.4$ 时产生“热障”，飞机蒙皮温度迅速上升；当 $M=3$ 时，动力加热使蒙皮温度达 400 ℃以上，润滑油温度达 260 ℃。润滑油温度与滑油系统的设计方案有关，如果采取隔热等措施，即使当 $M=3$ 时，润滑油的温度仍可能低于 260 ℃。

3)润滑油油箱容量小，润滑油循环周期快，容易氧化变质。

4)与多种金属和非金属材料接触。航空润滑油工作中，会接触 Fe、Cu、Cr、Al、Ag、Ti、Ni、Pb、Mo 等金属材料和各种牌号的丁腈胶、硅橡胶、氟橡胶与氯丁橡胶等，润滑油易与接触的金属和橡胶发生作用。

5)润滑油工作时，易与空气混合，特别是在喷射润滑油时，强烈地与空气混合，而产生泡沫。

2. *对航空燃气涡轮发动机润滑油品质的要求*

从以上情况看出，航空燃气涡轮发动机转子轴承是在重荷、高速(DN 值在 1.0×10^6 mm·r/min)和高温下工作。随着飞行速度的增大，轴承的工作温度越来越高。因此，航空燃气涡轮发动机使用的润滑油应具有以下性能。

(1)具有适当的黏度和良好的低温流动性

润滑油要保证发动机在不同季节和任何地区的低温下都能迅速起动，在高低温工作条件下都能正常润滑。航空燃气涡轮发动机滑油系统的工作特点：主要润滑件为滚动轴承，润滑油循环周期短，采取喷雾润滑。因此，润滑油的黏度不宜过大。低温起动要求润滑油应有良好的低温流动性。通常要求航空燃气涡轮发动机润滑油的凝点不高于 −60 ℃。

(2)具有良好的热氧化安定性

润滑油要保证发动机长期工作而不变质，与空气和各种金属接触不易氧化，不易产生沉淀。随着速度升高，飞机对润滑油热氧化安定性提出了更高的要求。从目前情况着，因矿物油难以承受 150 ℃以上的高温，在 150 ~ 175 ℃的温度条件下，矿物油往往生成不溶性固体沉淀和结晶，使发动机不能正常工作。因此已逐渐将酯类油作为航空燃气涡轮发动机的润滑油。

(3)具有低挥发性

为减少润滑油在高温、低压条件下工作的蒸发损失和着火危害，航空燃气涡轮发动机润滑油应具有低挥发性。通常，相同黏度等级的合成润滑油的蒸发性比矿物油小得多。

(4)不腐蚀各种金属

不腐蚀各种金属，并能有效地防止外来物质的腐蚀。尤其当润滑油被氧化时，不应对活性金属如铅、铜、银、镁等产生腐蚀。因为当喷气发动机轴承高速旋转时，在轴承滚动体上有微小的腐蚀缺陷也会导致轴承的损伤和毁坏。

(5)与橡胶材料有良好的适应性

橡胶油管和密封件的膨胀或收缩，都可能引起润滑油的泄漏，因此要求润滑油与橡胶有良好的适应性。

(6)具有良好的抗泡性

润滑油具有良好的抗泡性，才不会因润滑油喷溅、循环、与空气剧烈混合而产生泡沫，泡沫进入润滑油箱和油路而引起供油减少，甚至中断。

(7)有良好的水解安定性

水解会导致润滑油(特别是合成酯类油)变质。

(8)具有良好的储存安定性

储存安定性可保证润滑油在有效期内不变质。

(9)毒性低

润滑油的毒性对发动机使用和维护人员的身体健康构成潜在的威胁。如果润滑油意外泄漏或维护人员操作不当，就很可能对维护人员的身体健康造成直接危害；如果发动机润滑油大量泄漏，就很可能对飞行人员的身体健康造成危害。因此，为保证使用和维护人员的人身安全，应尽可能降低润滑油的毒性。

(10)具有很高的承载能力

要求润滑油在涡轮螺旋桨发动机滑油系统中工作时，具有很高的承载能力和良好的抗磨、抗擦伤性能，防止减速器齿轮磨损。

航空燃气涡轮发动机对润滑油的这些要求是互相影响、互相制约的。在选用润滑油时，必须全面考虑。

4.4.4 直升机传动装置润滑油

1. 直升机传动装置润滑油的工作条件和性能要求

直升机传动装置润滑油的作用主要是润滑和冷却减速器轴承、传动齿轮和方向接头。润滑油在减速器中工作时与齿轮相互接触面积很小，而接触部位负荷却很大，齿轮承受的压力高达20000 kg/cm^2，以致在齿轮间只能形成边界油膜使传动齿轮呈边界润滑状态，因而要求润滑油必须有良好的润滑和抗磨性，以免齿轮在油膜较薄的情况下发生磨损、擦伤和熔合。由于减速器的工作温度不高，除齿轮接触区外，润滑油温度只有50～60 ℃，而且润滑油与空气接触较少，因此润滑油不易被氧化分解，对润滑油的氧化安定性要求不高。

2. 直升机传动系统润滑油的品种牌号

直升机传动系统润滑油系指直升机主减速器、中间减速器、尾减速器、风扇传动轴、旋翼刹车和旋翼桨毂轴向关节等部位所用的润滑油。对于大多数直升机而言，主减速器的滑油系统与发动机的滑油系统是相联通的，使用同一种涡轮发动机润滑油。国产直升机传动系统润滑油有由8A航空喷气机润滑油与20号航空润滑油混合配成的混合油和18号双曲线齿轮油等。混合油根据机种和季节的不同采用不同的混合比。

4.4.5 航空润滑油的使用

1. 航空燃气涡轮发动机润滑油的使用

亚音速以及某些马赫数不超过1.5～2.0的航空燃气涡轮发动机，可以用低黏度石油基润滑油。这类润滑油在炼制过程中除去了天然润滑性组分，所以在较高温度下使用，特别是超音速发动机，当温度升高时，边界油膜与金属表面的吸附作用减小，油膜被破坏，因而加剧轴承磨损。同时，由于石油基润滑油的热氧化安定性较差，在超音速发动机中使用时，会在温度超过150～200 ℃的轴承上形成黏稠的漆状沉淀物，堵塞油滤和喷嘴。但在亚音速发动机中，润滑油氧化作用缓慢，使用期可达100～200 h。

目前，大多数超音速发动机使用加有抗氧、抗磨添加剂的双酯或多元醇酯等合成润滑油。其黏温性能、低温性、润滑性与热氧化安定性等均优于石油基润滑油，使用期限远比石油基润滑油长，有的甚至可使用几百至几千小时。

2. 航空活塞式发动机润滑油的使用

我国现用活塞－5、活塞－6、活塞－7和活塞－8等发动机，不分冬夏，均使用20号航空活塞式发动机润滑油。

20号航空活塞式发动机润滑油的低温性能较差，当气温低于0 ℃时，需用汽油冲淡，以便降低黏度和凝点。加入润滑油中的汽油，在发动机起动后，逐渐蒸发，润滑油的黏度随之恢复。当气温低于 -30 ℃时，活塞式发动机可换用低黏度的20号合成航空润滑油，或采用预热润滑油的办法，以解决低温起动问题。

4.5 航空齿轮油

齿轮油是润滑各种齿轮传动装置的润滑剂。齿轮传动是机械中最主要的一种传动方式，在现代化机械设备中应用极广，无论是精密仪表齿轮还是传递上千万瓦功率的巨型齿轮，都是如此。现代化机器朝着高载荷的方向发展，对齿轮的承载能力和使用条件提出了更苛刻的要求。要充分发挥齿轮的承载能力，减少齿轮失效的可能，延长齿轮寿命，提高齿轮的传动效率，齿轮油起着至关重要的作用。齿轮的主要类型见图4-3。

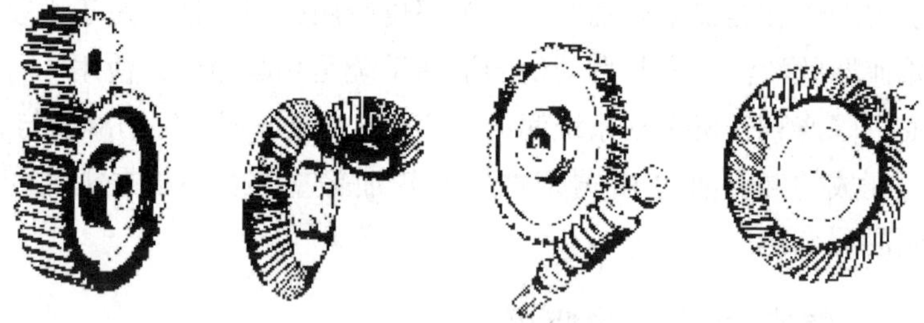

(a)正齿轮　(b)伞状齿轮　(c)螺杆　(d)准双曲面齿轮

图4-3　齿轮的主要类型

4.5.1 齿轮传动的类型及润滑特点

1. 齿轮传动的类型

根据齿轮轴线的相互位置可分为平行轴传动、相交轴传动和交错轴传动3类。

(1)平行轴传动

平行轴传动的两齿轮轴线是平行的，这是最普通的齿轮传动形式。传动中以滚动为主，但在高速时易出现振动和噪声。

斜齿圆柱齿轮：两齿轮轴线平行，齿向与轴线倾斜一定角度，这种传动方式较直齿圆柱齿轮传递的功率大，运转较平稳，但有轴向力。

人字齿圆柱齿轮：齿轮轴线平行，传动较为平稳，无轴向力，可传递大功率。

(2)相交轴传动

相交轴传动使用的都是锥齿轮，其特点是两齿轮轴线相交。

直齿锥齿轮——两齿轮轴线相交，轮齿啮合时以滚动为主，在高速时易出现振动和噪声。

斜齿锥齿轮——比直齿锥齿轮传动稍平稳。

螺旋锥齿轮——两锥齿轮轴线相交，齿轮齿向为一弧线，比直齿、斜齿锥齿轮传递的功率都要大，而且传动平稳。

(3)交错轴传动

双曲线齿轮——两锥齿轮的轴线相交，齿向仍为弧线，齿轮的弯曲强度和接触强度都较高，并且传动较为平稳，因此，适于传动大功率。由于大小锥齿轮有一定偏距，用于汽车后桥传动可使车身重心降低，故适用于高速轿车及越野汽车。但齿轮在啮合中滑动速度大，且接触应力大，所以润滑条件苛刻，对润滑剂的要求较高。

蜗轮传动——蜗轮与蜗杆轴线相互交叉，传动比一般较大，在啮合过程中滑动速度也较很大。为了避免胶合，蜗轮常以磷青铜制作，而蜗杆则用钢制作，且对钢材的硬度要求较高。在润滑剂的选择上不仅要考虑蜗轮的点蚀，而且要考虑蜗轮蜗杆的传动效率、磨损及抗胶合的能力。

螺旋齿轮传动——指两个轴线不平行的螺旋齿(斜齿)圆柱齿轮的传动，这种传动所产生的滑动速度大，在实际的工业动力传动中很少采用。

2. 齿轮的磨损

齿轮工作的特点是齿轮以线或点的形式接触，在运动过程中既有滚动摩擦，又有滑动摩擦。齿轮接触处的应力很大，有的重负荷齿轮接触处的应力可达 4×10^9 Pa。这些特点使齿轮的润滑处于边界润滑及弹性流体动压润滑状态，如润滑剂使用不当就会造成齿轮损坏。

齿轮传动装置承担的扭矩和速度超过其能力时造成的齿轮损坏被称为超载磨损。在不同的工作条件下(扭矩、速度)，齿轮损坏的形式分为磨损、擦伤、点蚀、断裂4种。

磨损和擦伤都属于齿轮的黏附磨损。由于齿轮运动速度太低或负荷太重，在齿轮间不能建立润滑油膜或使液体动压润滑油膜破裂时发生的轻微黏附磨损被称为磨损。通过适当降低操作温度或改善润滑条件(如增加润滑油黏度，加入抗磨添加剂)可降低这类磨损。

当齿轮表面以较大的速度滑动，产生较多的热量使润滑油黏度下降而导致油膜破裂时，齿表面会发生直接摩擦并发生焊接，在继续滑动中将强度较低的金属从齿表面撕裂下来，这种较严重的黏附磨损称为擦伤。通过提高润滑油黏度或加入添加剂提高润滑油的承载能力，在一定程度上可以减少擦伤。

点蚀和齿断裂是齿轮工作过程中发生的齿轮材料的疲劳损坏，属于超载磨损。断裂指弯曲应力超过材料疲劳极限时破坏齿的一部分或整个齿的情况。点蚀是齿表面在交变接触应力重复作用下发生表面疲劳，产生微观裂缝，分离出磨粒或屑片而剥落形成小凹坑或麻点的情况。为避免这两类磨损，重点应从改善齿轮材料性能上入手，润滑剂的作用不大。

齿轮工作中除发生超载磨损外，还经常发生磨料磨损和腐蚀磨损。磨料磨损通常是由于灰尘、沙粒等外界介质进入润滑油引起的。保持滑油系统和润滑油的清洁，对防止齿轮发生磨料磨损很重要。腐蚀磨损是润滑油的化学作用和周围环境中存在的腐蚀性物质引起的。在润滑油中加入防腐蚀添加剂在一定程度上可减少齿轮的腐蚀磨损。

由此可见，齿轮传动过程中不可避免地会发生磨损，而正确使用齿轮润滑剂可在一定程度上减少磨损，有利于齿轮正常工作。

3. 齿轮润滑的特点

与其他零件的润滑相比，齿轮润滑具有以下几个特点。

(1)齿轮的当量曲率半径小，油楔条件差

在齿表面间存在滑动，而且滑动的方向与大小急剧变化时极易引起磨损、擦伤和胶合。

(2)齿轮的接触应力非常高

一般滑动轴承单位负荷压力最大不超过 100 MPa，而一些重载机械的齿表面应力可达 400 ~ 1000 MPa，双曲线齿轮的齿表面应力可达 1000 ~ 3000 MPa，在高接触应力作用下，齿轮极易发生胶合和点蚀。

(3)齿轮润滑的断续性

由于齿面加工精度不高，润滑膜的建立是一个断续的过程，每次啮合都需重新建立油膜。在齿轮润滑过程中，流体动力润滑、弹性动力润滑与混合摩擦 3 种润滑方式同时存在。大部分齿轮工作时处于混合摩擦状态，因此容易引起磨损、擦伤和胶合。

(4)润滑状态对齿轮失效有较大影响

使用的润滑油黏度、润滑油的性能、润滑方式、润滑油供应量对齿轮失效都有明显影响。齿轮润滑好坏还易受其他因素，如齿形的修整、箱体及轴的变形、材料的选取、热处理方法是否适当、装配及安装精度等的影响。

4.5.2 齿轮油的性能要求

1. 齿轮润滑剂的种类

由于齿轮的类型及工作条件变化很大，因此齿轮润滑剂的种类很多。矿物油、动植物油、合成油、固体润滑剂都可以作齿轮传动装置的润滑剂。

固体润滑剂多用于啮合时产生热量少，并能通过传导和辐射散热，保持较低工作温度的齿轮传动装置。特别是在空间技术中，由于流体润滑剂在低压条件下容易挥发，故须使用固体润滑剂。但石墨、二硫化钼、聚四氟乙烯等固体润滑剂有散热性能差、使用寿命短的缺点。

动植物油目前已很少单独用于润滑齿轮，主要用作齿轮润滑油的油性添加剂，如在矿物油中加入0.3%～10%的动植物油制成“复合油”，用于润滑高负荷蜗杆传动装置。

合成润滑油目前只用于特殊用途的齿轮传动装置中，如可用于工作温度范围较宽，要求高温下具有良好安定性、低温下具有良好流动性的齿轮润滑。

石油类产品在理化性能方面比较均衡，能完全满足齿轮传动润滑的要求，而且具有来源广泛、价格较低的优点。因此目前使用的齿轮润滑剂主要是以矿物油为主要成分的齿轮油。

2. 对齿轮油的性能要求

(1)适当的黏度

黏度是齿轮油的主要质量指标，黏度越大，其承载能力越大，但黏度过大也会给循环润滑带来困难，增加齿轮运动的搅拌阻力，以致发热而造成动力损失。同时由于黏度大的润滑油流动性差，对一直处于被挤压状态的油膜的自动补偿修复较慢，从而增加了磨损。因而，齿轮油的黏度一定要合适，特别是有极压抗磨剂的齿轮油，其耐载荷性能主要是靠极压抗磨剂，因此，不宜追求高黏度。

(2)良好的热氧化安定性

热氧化安定性也是齿轮油的主要性能，在苛刻条件下工作的齿轮油都处于高温环境下，如汽车差速器中使用的齿轮油温度可达120～130 ℃，双曲线齿轮的油温甚至达到160～180 ℃。在较高温度下，齿轮油很易氧化变质，再加上齿轮箱中金属的催化作用，齿轮油的使用性能会迅速降低。

齿轮油工作时与空气接触并被激烈搅动，加上水分、杂质和金属的作用，使其很容易被氧化造成黏度增加，产生氧化物或油泥。而黏度增加会使冷却效果和供油性下降，氧化物是造成磨损的原因，而且从节能和维护的观点出发，应尽可能延长换油期，因此要求齿轮油具有良好的热氧化安定性。

(3)良好的抗磨、耐载荷性能

由于齿轮的载荷一般都很高，为了使齿轮传递载荷时，齿面不发生擦伤、磨损、胶合，要求齿轮油有很好的承载性能。如汽车后轴的双曲线齿轮，传递压力非常大，而且齿表面的侧滑速度很大，瞬间温度可达600～800 ℃，一般油性添加剂在100 ℃就会从摩擦表面脱附，不能形成油膜。为提高齿轮油的抗磨性能，在中等载荷以下，必须用含油性剂和中等极压剂的齿轮油；重载荷的齿轮传动，必须使用含强极压剂的重载荷齿轮油。齿轮油的极压添加剂都是一些活性很强的添加剂，在高温下与金属表面发生化学反应，形成化学反应膜，这种膜的抗磨、抗胶合能力很强，从而减缓了齿面磨损和擦伤。

(4)良好的抗泡沫性能

齿轮运转中的剧烈搅动、油循环系统的油泵、轴承等的搅动以及向油箱回流的油面过低等，都会使齿轮油产生泡沫。如果泡沫不能很快消失，会因油面升高而从呼吸孔溢油，同时将影响齿轮啮合面油膜的形成或堵塞油路，使供油量减少、冷却作用不够而引起齿轮损伤。这些现象都可能引起齿轮及轴承损伤。所以，齿轮油不仅要产生泡沫少，还要消泡性好，即齿轮油应具有良好的抗泡沫性能。

(5)良好的防锈防腐性能

齿轮油中的酸性物质、无机酸和低分子有机酸会腐蚀齿轮，金属中以铅、铜等有色金属及合金对酸的腐蚀最敏感。另外，由于齿轮油中含有极压添加剂，其化学活性强，低温下容易与金属表面发生反应而造成腐蚀。齿轮油在使用过程中会发生分解或氧化变质产生酸类和胶质，特别是与水接触时容易产生腐蚀和锈蚀，因此齿轮油中要添加防锈防腐剂，以提高防锈防腐性能。

(6)良好的抗乳化性能

由于齿轮在运转过程中不可避免地与水接触，如果其抗乳化性不好，就会造成齿轮油乳化和产生泡沫，导致油膜强度变低或破裂。含有极压抗磨剂的齿轮油乳化后，极压剂会发生水解或产生沉淀而失去极压作用，并且产生有害物质，使齿轮油的性能变坏而造成擦伤、磨损。抗乳化性能是齿轮油的一项重要性能指标。

(7)良好的抗剪切安定性

齿轮油的黏度在使用期间容许有一定的变化，但是在指定的温度下，不容许有大的变化。齿轮油黏度变化的重要原因之一是齿轮啮合运动产生了剪切作用。中重载荷条件下，最容易受剪切影响的成分是聚合物，如黏度指数改进剂受剪切以后发生黏度下降。因此齿轮油中使用的黏度指数改进剂必须有良好的抗剪切安定性，以保证齿轮油在使用过程中黏度基本保持不变。

对齿轮油的其他性能要求还包括良好的低温流动性、与密封材料的适应性、储存安定性、与添加剂的配伍性等，开式齿轮油还要求有良好的黏附性。

4.5.3 齿轮油的分类

齿轮油按 GB/T 7631.7—1995(2004)的分类标准分为工业齿轮油和车辆齿轮油。该分类未单独区分航空齿轮油和舰艇用齿轮油。装备上除使用专用的齿轮油外，还可使用车辆齿轮油。

1. 工业齿轮油

工业齿轮油由基础油与添加剂调制而成。基础油由矿物油加工精制而成，也有使用合成油的。一般优质工业齿轮油选用黏度指数较高的石蜡基基础油，按一定比例将重质光亮油和轻质中性油调和至所需黏度。使用的添加剂有改善润滑油性能的黏度指数改进剂、破乳剂、降凝剂、抗泡剂和保护金属表面和润滑油本身的摩擦改进剂、极压抗磨剂、防腐剂、防锈剂、抗氧剂等。使用添加剂可使齿轮润滑油的性能得到显著改善，为进一步适应齿轮传动的高速、重负荷要求创造良好的条件。

(1)工业齿轮油的质量等级分类

我国工业齿轮油等效采用国际标准 ISO 6743－6：1990《润滑剂、工业油及相关产品(L类)分类　第6部分：C系列(齿轮)》，制定了 GB/T 7631. 7—1995《润滑剂和有关产品(L类)的分类　第7部分：C组(齿轮)》，将工业齿轮油分为工业闭式齿轮油、工业开式齿轮油，其中工业闭式齿轮油分为 CKB、CKC、CKD、CKE、CKT、CKS 六种(第二个字母引进 K 字，是为了避免与柴油机油混淆)，工业开式齿轮油分为 CKH、CKJ、CKM 三种，如表4－12所示。

表4－12　工业齿轮油分类(GB/T 7631. 7—1995)

分类			组成和特性	典型应用
特殊应用	更具体应用	品种代号 L－		
闭式齿轮	连续润滑(用飞溅循环或喷射)	CKB	精制矿物油，具有抗氧、防腐(黑色和有色金属)和抗泡性	在轻负荷下运转的齿轮
		CKC	CKB 油，并提高其极压和抗磨性	保持在正常或中等恒定油温和重负荷下运转的齿轮
		CKD	CKC 油，并提高其热/氧化安定性，能于较高的温度使用	在高的恒定油温和重负荷下运转的齿轮
		CKE	CKB 油，并具有低的摩擦系数	在高摩擦下运转的齿轮(即蜗轮)
		CKS	在极低和极高温度条件下使用的具有抗氧、抗摩擦和抗腐蚀(黑色和有色金属)性的润滑剂	在更低的、低的或更高的恒定流体温度和轻负荷下运转的齿轮
		CKT	用于极低和极高温度和重负荷下的 CKS 型润滑剂	在更低的、低的或更高的恒定流体温度和重负荷下运转的齿轮
	连续飞溅润滑	CKG	具有极压和抗磨性的润滑脂	在轻负荷下运转的齿轮

续表

分类			组成和特性	典型应用
特殊应用	更具体应用	品种代号 L－		
装有安全挡板的开式齿轮	间断或浸渍或机械应用	CKH	通常具有抗腐蚀性的沥青型产品	在中等环境温度和通常在轻负荷下运转的圆柱形齿轮或伞齿轮
		CKJ	CKH 型产品，并提高其极压和抗磨性	在中等环境温度和通常在轻负荷下运转的圆柱形齿轮或伞齿轮
		CKL	具有改善极压、抗磨、抗腐蚀和热稳定性的润滑脂	
	间断应用	CKM	为允许在极限负荷条件下使用的、改善抗擦伤性的产品和具有抗腐蚀性的产品	偶然在特殊重负荷下运转的齿轮

1. 油的恒定温度或环境温度：

更低温—— < －34 ℃

低　温—— －34 ~ －16 ℃

正常温—— －16 ~ 70 ℃

中等温—— 70 ~ 100 ℃

高　温—— 100 ~ 120 ℃

更高温—— >120 ℃

2. 齿轮操作条件：

轻负荷——当齿轮具有接触压力通常小于 500 MPa(500 N/mm^2)和具有在齿面上的最大滑动速度(V_g)通常小于 1/3 的在运转节圆柱上齿节速度(V)时，该齿轮的负荷水平通常称为“轻负荷”

重负荷——当齿轮具有接触压力通常大于 500 MPa(500 N/mm^2)和具有在齿面上的 V_g 可能大于 1/3 的在运转节圆柱上的 V 时，该齿轮的负荷水平通常称为“重负荷”

(2)工业齿轮油的黏度等级分类

我国工业齿轮油的黏度等级分类采用 GB/T 3141—1994《工业液体润滑剂 ISO 黏度分类》，按其 40 ℃运动黏度的中心值分为 68、100、150、220、320、460、680 7 个牌号。我国的工业齿轮油黏度等级与美国齿轮制造商协会(AGMA)、国际标准化组织的黏度等级对应关系如表 4－13 所示。

表 4－13　工业润滑油黏度等级[GB/T 3141—1994(2004)]

黏度等级	40 ℃运动黏度/(mm^2/s)	AGMA 黏度级	ISO 黏度级
68	61.2 ~ 74.8	2EP	VG68
100	90 ~ 110	3EP	VG100
150	135 ~ 165	4EP	VG150
220	198 ~ 242	5EP	VG220

续表

黏度等级	40 ℃运动黏度/(mm^2/s)	AGMA 黏度级	ISO 黏度级
320	288 ~ 352	6EP	VG320
460	414 ~ 506	7EP	VG460
680	612 ~ 748	8EP	VG680

2. 车辆齿轮油

车辆齿轮油主要用于润滑汽车、拖拉车等车辆的手动变速箱和后桥传动齿轮。齿轮润滑油主要起减少摩擦、降低磨损、冷却零部件、缓和振动、减少冲击、防止锈蚀以及清洗摩擦面等作用。

(1)车辆齿轮油的质量等级分类

我国车辆齿轮油的质量等级分类采用目前世界各国均采用的 API 使用性能分类。它是根据齿轮的形式、载荷情况等使用要求对齿轮油进行分类的。随着汽车工业、石油工业以及科学技术的发展，API 的分类经过多次修改，现行分类如表 4 – 14 所示。

表 4 – 14　美国石油学会车辆齿轮油使用性能分类标准(SAE J308C)

分类	使用说明	典型应用
GL – 1	低齿面压力、低滑动速度下运行的汽车螺旋伞齿轮的驱动桥以及各种手动传动箱规定用 GL – 1 齿轮油，直馏矿物油能满足使用要求，可加入抗氧剂、防锈剂和消泡剂，改善其性能	汽车手动变速器(牵引车和卡车)
GL – 2	汽车蜗轮后桥传动齿轮，由于负荷、温度和滑动变速的状况，GL – 1 齿轮油不能满足要求的蜗轮蜗杆齿轮，按规定使用 GL – 2 齿轮油，这种油通常加有脂肪添加剂	蜗轮蜗杆传动和工业齿轮油
GL – 3	对速度和负荷要求比较苛刻的汽车手动变速箱和螺旋伞齿轮的驱动桥，规定用 GL – 3 齿轮油，其耐负荷能力比 GL – 1 和 GL – 2 高，但比 GL – 4 低	手动变速器和螺旋伞齿轮后桥传动
GL – 4	在低速高扭矩、高速低扭矩下操作的各种齿轮，特别是客车和其他车辆用的双曲线齿轮，规定使用 GL – 4 齿轮油，要求油品抗擦伤性能等于或优于 CRC 参考油 RGO – 105，并要通过试验程序，其性能水平达到 1972 年 4 月启用的 ASTM STP – 512 的要求	手动变速器、螺旋伞齿轮和双曲线齿轮，中等苛刻条件下
GL – 5	在高速冲击负荷、高速低扭矩、低速高扭矩下操作的各种齿轮，特别是客车和其他车辆的双曲线齿轮规定用 GL – 5 齿轮油，要求其抗擦伤性能等于或优于 CRC 参考油 RGO – 110，并要通过试验程序，其性能达到 1972 年 4 月启用的 ASTM STP – 512 规定的要求	用于苛刻使用条件下的双曲线齿轮和所有其他类型的齿轮，也可用于手动变速箱

我国车辆齿轮油分类标准 GB/T 7631.7—1995(2004)把车辆齿轮油分为普通车辆齿轮油、中负荷车辆齿轮油、重负荷车辆齿轮油 3 类，如表 4-15 所示。我国车辆齿轮油名称与 API 汽车变速器和驱动桥润滑剂使用分类的对应关系如表 4-16 所示，普通车辆齿轮油、中负荷车辆齿轮油、重负荷车辆齿轮油分别相当于 API 中的 GL-3、GL-4、GL-5 等级。

表 4-15 我国车辆齿轮油分类(GB/T 7631.7—1995(2004))

名称	组成、特性和使用说明	使用部位
普通车辆齿轮油	精制矿物油加抗氧剂、防锈剂、抗泡剂和少量极压剂组成，适用于中等速度和负荷比较苛刻的手动变速器和螺旋伞齿轮的驱动桥，相当于 API 分类中的 GL-3	汽车的手动变速器、螺旋伞齿轮的驱动桥
中负荷车辆齿轮油	精制矿物油加抗氧剂、防锈剂、抗泡剂和极压剂组成，适用于在低速高扭矩、高速低扭矩下操作的各种齿轮，特别是客车和其他各种车辆用的双曲线齿轮，相当于 API 分类中的 GL-4	汽车的手动变速器、螺旋伞齿轮和使用条件不太苛刻的双曲线齿轮的驱动桥
重负荷车辆齿轮油	精制矿物油加抗氧剂、防锈剂、抗泡剂和极压剂等组成，适用于在高速冲击负荷、高速低扭矩和低速高扭矩下操作的各种齿轮，特别是客车和其他车辆的双曲线齿轮，相当于 API 分类中的 GL-5	操作条件缓和或苛刻的双曲线齿轮及其他各种齿轮的驱动桥，也可用于手动变速器

表 4-16 我国车辆齿轮油名称与 API 汽车变速器和驱动桥润滑剂使用分类的对应关系

我国油名	API 品种
普通车辆齿轮油(SH/T 0350—1992)	GL-3
中负荷车辆齿轮油(GL-4)	GL-4
重负荷车辆齿轮油(GL-5)(GB 13895—2018)	GL-5

车辆齿轮油的分类非常严格，没有经过严格的台架试验评定，是不能判定属于哪一类车辆齿轮油的。我国目前市售的所谓双曲线齿轮油就是没有等级标准的车辆齿轮油，是不符合要求的。

(2)车辆齿轮油的黏度分类

车辆齿轮油目前广泛使用的黏度分类是美国汽车工程师协会 SAE 黏度分类，我国车辆齿轮油黏度分类标准 GB/T 17477—2012《汽车齿轮润滑剂黏度分类》，与美国 SAE J306—2005 相同，如表 4-17 所示。该分类将车辆齿轮油按黏度分为 11 个级号，即 70W、75W、80W、85W、80、85、90、110、140、

190、250。在黏度分类中，与发动机润滑油一样，车辆齿轮油黏度等级有单级和多级之分。一个多级润滑剂，其低温黏度满足表 4-17 中含 W 级的要求，并且 100 ℃运动黏度在一个不含 W 级规定的黏度范围之内，两个标记之间用连号“-”分隔。例如，80W-90 的黏度应满足 80W 的低温要求并且在 90 高温要求规定范围之内。汽车齿轮润滑剂的黏度等级不应与内燃机油黏度等级相混淆。当汽车齿轮润滑剂与内燃机油有相同的黏度时，两者黏度分类所定义的黏度等级相差较大。如 75W 齿轮润滑剂与 10W 发动机油有相同的黏度，90 齿轮润滑剂与 40 或 50 内燃机油黏度相当。因此，不同品种的润滑油黏度分级表示方式不同，千万不要仅以数字大小判断油品黏度的高低。为了节能，方便四季通用及寒暖区通用，SAE 也设计了车辆齿轮油多级油，如 75W-90、80W-90、85W-140 等。

表 4-17　汽车齿轮润滑剂黏度分类（GB/T 17477—2012）

黏度等级	最高温度①（黏度达到 150000 mPa·s）/℃	运动黏度②（100 ℃）/（mm^2/s），最小③	运动黏度②（100 ℃）/（mm^2/s），最小
70W	-55④	4.1	—
75W	-40	4.1	—
80W	-26	7.0	—
85W	-12	11.0	—
80	—	7.0	<11.0
85	—	11.0	<13.5
90	—	13.5	<18.5
110	—	18.5	<24.0
140	—	24.0	<32.5
190	—	32.5	<41.0
250	—	41.0	—

①采用 GB/T 11145 测定。

②采用 GB/T 265 测定。

③在经 NB/SH/T 0845（20 h）试验后，也应满足限值要求。

④GB/T 11145 方法尚未建立在测定温度低于 -40 ℃时的精确度。生产者与消费者中任何一方均应仔细考虑这一因素。

目前我国普通车辆齿轮油有三个牌号（SH/T 0350—1992）：80W-90、85W-90、90；重负荷车辆齿轮油（GB 13895—2018）分为 75W-90、80W-90、85W-110、80W-140、85W-90、85W-110、85W-140、90、110、140 10 个

牌号。这些黏度等级号不是油品的黏度，只表示油品的黏度等级。牌号越大，黏度越大。两个号连在一起表示多级油，其性能要满足两个黏度等级油的要求。如 80W－90 车辆齿轮油既要满足 80W 号油的低温性能要求，又要满足 90 号油的高温黏度要求。

4.5.4 齿轮油的选用

1. 工业齿轮油的选用

选择工业齿轮油时应首先选择齿轮油的质量等级，然后再选齿轮油的黏度等级。选择工业齿轮油的类型时，主要根据齿表面接触应力和齿轮状况进行选择。选择齿轮油的类型一般遵循以下几个原则。

1) 质量等级：

根据齿表面接触应力选择齿轮油质量等级，如表 4－18 所示。

表 4－18 低速重载齿轮选油表(闭式齿轮)

齿轮种类	润滑方式	齿面应力/10^6 Pa		推荐用油类型	使用工况
圆柱齿轮与圆锥齿轮	油浴润滑与循环润滑	传动齿轮，低于 350		工业齿轮油	一般传动齿轮
		动力齿轮	低负荷 350～500	工业齿轮油，中负荷工业齿轮油	一般齿轮，有冲击高温的齿轮
			中负荷 500～1100	中负荷工业齿轮油或重负荷工业齿轮油	矿井提升、露天采掘、水泥球磨机、高温有冲击的齿轮
			重负荷高于 1100	重负荷工业齿轮油	冶金、轧钢、井下、采煤、高温有冲击有水部位的齿轮

2) 黏度等级：

根据齿轮线速度选择齿轮油黏度等级，速度高的选用低黏度油，速度低的选用高黏度油，如表 4－19 所示。

3) 注意使用温度。油温高时应选黏度高的齿轮油，夏天用高黏度油，冬天用低黏度油。齿轮油的恒定温度或环境温度一般是这样界定的：更低温——＜－34 ℃；低温——－34～－16 ℃；正常温——－16～70 ℃；中等温——70～100 ℃；高温——100～120 ℃；更高温——＞120 ℃。

表 4－19 闭式齿轮黏度选用等级

齿轮种类	线速度/(m/s)	黏度等级(40 ℃)
直齿轮 斜齿轮 锥齿轮	0.5	460～1000
	1.3	320～680
	2.5	220～460
	5.0	150～320
	12.5	100～220
	25	68～150
	50	46～100

4)考虑齿轮润滑和轴承润滑是否是同一系统，是滚动轴承还是滑动轴承。滑动轴承要用黏度较低的润滑油。

5)使用工业齿轮油的注意事项：

①同一种类工业齿轮油在应用中可以互相调和，不同种类的不能互相调和。三种工业闭式齿轮油不能混装、混用，也不能与其他油品混用，但同一种油中的不同黏度级可以调和混用；

②添加齿轮油应在静态下进行，加油量以装至油位线为宜，如无刻线，油量以浸过最低位置齿轮之齿高的三倍为准；

③必须避免水和杂质进入齿轮箱；

④倾点较高的油，不宜用于在寒区野外作业的齿轮传动装置；

⑤使用中，可按齿轮制造厂规定的换油期或换油指标及时换油，换油时应事先把齿轮箱和齿轮清洗干净。

2. 车辆齿轮油的选用

选择车辆齿轮油时，应首先选择质量等级，再选择黏度等级。

(1)质量等级

车辆齿轮油质量等级的选择主要是依据齿轮形状、齿面载荷、车型和工况等来确定，如表 4－20 所示。

表 4－20 车辆齿轮油质量等级选择表

齿轮形状	齿面载荷	车型和工况	质量等级
双曲线	压力<2000 MPa，滑动速度 1.5～8 m/s	一般	GL－4
双曲线	压力<2000 MPa，滑动速度 1.5～8 m/s	拖挂车，山区作业	GL－5
双曲线	压力>2000 MPa，滑动速度>10 m/s，油温 120～130 ℃	不论	GL－5
螺旋锥齿		国产车	GL－3
螺旋锥齿		进口车或重型车	GL－4

(2)黏度等级

要根据使用地区的最高和最低工作温度来确定齿轮油的黏度等级，以满足高、低温使用条件下的润滑要求。齿轮油的黏度最好能同时满足一年内最高和最低气温的要求，即冬夏通用。一般而言，气温低、负荷小，可选择黏度较低的齿轮油；反之，气温较高、负荷较重的车辆，宜选用黏度较高的齿轮油。多级油可同时满足最低环境温度冷起动和正常工作条件下的要求。在环境温度较高的地区，使用适用于低温条件的车辆齿轮油是一种浪费；而在低温地区使用适用于环境温度高地区的车辆齿轮油，不仅使齿轮运行阻力增大、动力损失增加，也不利于节油，而且很容易造成汽车无法起步。表4－21所示为车辆齿轮油黏度等级与适用的环境温度。

表4－21　各种黏度等级车辆齿轮油适用的温度范围

黏度等级	70W	75W	80W－90	85W－90	85W－140	90	140
适用温度/℃	－55～10	－40～10	－25～50	－15～50	－15～50	－10～50	0～50

根据我国地域气候情况，南方冬季气温不低于－10 ℃的地区，全年可选用90车辆齿轮油；冬季气温不低于－25 ℃的地区，全年可选用80W－90车辆齿轮油；冬季气温低于－25 ℃的地区，全年可选用75W－90车辆齿轮油；冬季气温低于－40 ℃的地区，全年可选用70W－90车辆齿轮油；夏季最高气温达40 ℃的南方炎热地区，经常长途行驶或在山区公路行驶的重型汽车，夏季宜选用140车辆齿轮油或全年使用85W－140车辆齿轮油。

选择适当质量等级和黏度等级的齿轮油不仅有利于驱动桥和变速箱齿轮的润滑，而且可以减少摩擦，节约能源。一般在满足润滑的前提下，选用低黏度比高黏度齿轮油节能，使用多级齿轮油比单级齿轮油节能。在齿轮油中加入适当的高效摩擦改进剂可以节能。但是需要注意，双曲线齿轮驱动桥在重负荷下连续运行时的转动阻力与齿轮油黏度的关系与变速器的情况不同，当油温超过某一数值后（例如75W超过65 ℃），低黏度齿轮油的传动效率反而下降。经验表明，如果夏季双曲线齿轮驱动桥在重负荷或高速运转，齿轮油的温度可达120～130 ℃，此时若使用黏度太低的齿轮油，汽车就会发生严重故障。

(3)使用车辆齿轮油的注意事项

1)普通车辆齿轮油不能取代中、重负荷车辆齿轮油用于双曲线齿轮，也不能混存混用，否则会引起设备磨损，缩短使用寿命。

2)要注意防止混入水分和杂质，否则易引起车辆齿轮油变质。

3)要注意适时更换新油。换用不同牌号车辆齿轮油时，一定要将原用车辆齿轮油放尽，并将齿轮箱清洗干净后再注入新油。加油量要适当，不可过多或过少。

3. 车辆齿轮油系列及选用原则

(1)品种系列

GJB/Z 92—1997 标准规定的齿轮油品种系列有 GL－5 75W、GL－5 80W－90、GL－5 85W－90，3 个齿轮油牌号均属重负荷车辆齿轮油(GL－5)，产品质量标准执行 GB 13895—1992。

(2)选用原则

本标准规定的车辆齿轮油，符合 GB 13895—1992《重负荷车辆齿轮油(GL－5)》标准要求，是目前车辆齿轮油的最高规格，可满足各种型号的汽车后桥齿轮及手动变速箱齿轮的润滑。不同齿轮油黏度牌号对应的使用环境温度范围如表 4－22 所示。在用其他主要车辆齿轮油使用环境温度和使用部位见表 4－23。

表 4－22　不同齿轮油黏度牌号对应的使用环境温度范围

黏度牌号	使用环境温度/℃
75W	－40～20
80W－90	－30～40
85W－90	－16～40

表 4－23　在用其他主要车辆齿轮油使用环境温度和使用部位

油品名称	使用环境温度范围/℃	质量等级	使用部位
18 号合成双曲线齿轮油	－30～40	中负荷车辆齿轮油，相当于新分类 GL－4 质量等级的齿轮油	用于手动变速器、螺旋伞齿轮和使用条件不太苛刻的准双曲线齿轮的驱动桥
18 号双曲线齿轮油	－15～40		
7 号双曲线齿轮油	－40～30		
26 号齿轮油	－15～40	普通车辆齿轮油，相当于新分类 GL－3 质量等级的齿轮油	用于手动变速器、螺旋伞齿轮的驱动桥

使用车辆齿轮油应注意：

1)不同类型和不同产地的油品不能混储混用，不同牌号的油品不能混储混用；

2)更换齿轮油时，换油部位应清洗干净，按有关使用规定加入适量齿轮油；

3)GL－5 级齿轮油的换油周期一般可达 4×10^4 km。

(3)本系列外的在用车辆齿轮油的选用原则

1)一般原则。车辆齿轮油的选定需从质量等级和黏度牌号两方面考虑。确定军用车辆所需齿轮油质量等级的最主要依据是车辆使用说明书。另外，也可查询有关用油手册。

军用车辆齿轮油黏度牌号的选择要根据车辆使用地区的环境温度(气候)来确定。

2)代用原则。代用的油品必须同时满足以下要求:

①质量等级与原推荐油品的质量等级相同或更高;

②使用环境温度范围比原推荐油品黏度牌号的使用温度范围宽或能够满足当时当地使用的环境温度要求。

4.5.5 齿轮油的更换

1. 工业齿轮油的更换

L-CKC、L-CKD工业闭式齿轮油的换油期参照石油化工行业标准NB/SH/T 0586—2010换油指标的要求，使用中的工业闭式齿轮油达到表4-24中任何一项指标即应更换新油。应在机械正常运转停止后的10 min内于油箱的代表性部位取所需试样，取样前的24工作小时内不得向油箱内补加新油，采样器和盛样容器(带盖)要清洁、干燥。更换其他工业齿轮油可参照执行。

表4-24 工业闭式齿轮油换油指标的技术要求和试验方法(NB/SH/T 0586—2010)

项目		L-CKC换油指标	L-CKD换油指标	试验方法
外观		异常①	异常①	目测
运动黏度(40 ℃)变化率/%	超过	±15	±15	GB/T 265
水分/%	>	0.5	0.5	GB/T 260
机械杂质/%	≥	0.5	0.5	GB/T 511
铜片腐蚀(100 ℃, 3 h)/级	≥	3b	3b	GB/T 5096
梯姆肯OK值/N	≤	133.4	178	GB/T 11144
酸值增加/(mgKOH/g)	≥	—	1.0	GB/T 7304
铁含量/(mg/kg)	≥	—	200	GB/T 17476

①外观异常是指使用后油品颜色与新油相比变化非常明显(如由新油的黄色或棕黄色等变为黑色)或油品中能观察到明显的油泥状物质或颗粒状物质等。

无油品质量检测设备的单位，可参考以下意见。

新齿轮运转4周就应换油，以防金属粉屑磨损齿轮，换下的油可经50~100 μm的细滤器过滤后重复使用。

一般齿轮正常运转2500 h或6个月后换油。若油温超过规定，则每超过10 ℃，换油期缩短一倍。如运动温度40 ℃时，换油期一般为1200 h或三个月，当高于50 ℃时，则为600 h或一个半月。

2. 车辆齿轮油的更换

与内燃机油一样，任何质量等级的车辆齿轮油，在使用中其质量都是不断下降的，当其主要性能不能满足车辆齿轮的要求时，就应该果断地更换新油。

普通车辆齿轮油的换油期可参照行业标准 SH/T 0475—1992(2003)技术要求，使用中的车辆齿轮油达到表 4 - 25 中任何一项指标即应更换新油。无油料检测设备时，建议的换油里程为45000 km。重负荷车辆齿轮油的换油期可参照 GB/T 30034—2013 换油周期要求，如表 4 - 26 所示。

表 4 - 25 普通车辆齿轮油换油标准[SH/T 0475—1992(2003)]

项目		换油指标	试验方法
100 ℃运动黏度变化率/%	超过	-10 ~ +20	本标准 3.2 条
水分/%	大于	1.0	GB/T 260
酸值增加值/(mgKOH/g)	大于	0.5	GB/T 8030
戊烷不溶物/%	大于	2.0	GB/T 8926
铁含量①/%	大于	0.5	SH/T 0197

①铁含量测定方法允许采用原子吸收光谱法

表 4 - 26 重负荷车辆齿轮油(GL -5)换油标准(GB/T 30034—2013)

项目		指标	试验方法
100 ℃运动黏度变化率/%	>	-15 ~ +10	GB/T 265
酸值(变化值)/(mgKOH/g)		±1	GB/T 7043
正戊烷不溶物/%	>	1.0	GB/T 8926 B 法
水分/%	>	0.5	GB/T 260
铁含量/(μg/g)	>	2000	GB/T 17476
铜含量/(μg/g)	>	100	GB/T 17476

4.6 航空液压油

液压油是用于液压传动装置中的工作介质。液压传动是机械设备中常用的一种传动装置，以液体为传动介质，是利用液体的压力或动能来传递能量的系统。随着自动化技术的进步，液压传动和控制设备有了很大发展，不仅可节省人力，把人们从笨重的体力劳动中解放出来，而且对保证机械设备正确操作和提高工作精密度起到了重要作用。由于液压传动具有许多优点，在机床、冶金机械、汽车、船舶、农业机械、建筑工程机械、矿山机械、石油化工以及航空宇航机械等方面都得到了广泛应用。如车辆采用液压助力转向系统，使方向盘的操控变得轻松；组合机床利用液压传动系统可以方便地实现速度的变换；液压机上使用液压传动系统可使压力变化快速准确，从而保证了对金属、木材、塑料进行压力加工的质量；在单斗挖掘机等矿山机械上，使用液压传动系统可以使挖掘、提升、回转等复合动作顺利进行并缩短每一循环的工作时间，充分利用发动机的功率，提高生产率。液压油是液压传动中传递能量的最主要介质。

液压介质通常分为2类：利用液体压力能的液压系统所使用的液压介质称为液压油；利用液体动能的液压系统所用的介质称为液力传动油。

液压油在液压设备中起重要作用，根据其不同功能可归纳为传递能量，润滑机器，减少机器的摩擦、磨损和振动，防止机器生锈和腐蚀，对液压设备内的一些间隙起密封作用，带走摩擦热，起冷却作用、冲洗作用、分散作用等，因此液压油(液)也是润滑油中重要的一类。

4.6.1 液压传动系统

1. 液压传动系统的组成

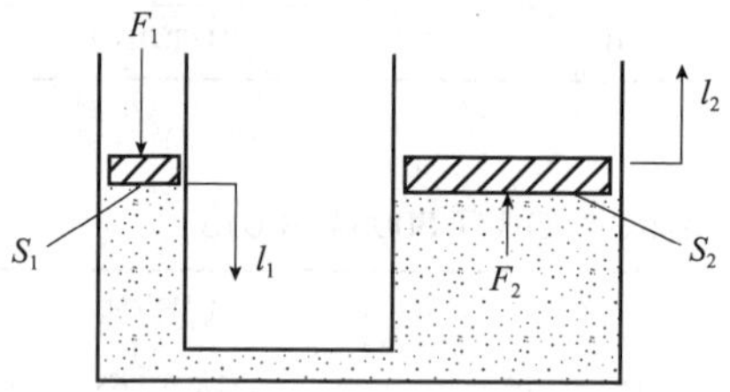

图4-4 液压原理示意图

液压传动利用连通管原理进行工作，并依靠液压系统中容积变化来传递运动，如图4-4所示。作用在连通器两端活塞上的压强是相等的，因此压力 F_1、F_2 与活塞面积 S_1、S_2 成正比，而与活塞行程 l_1、l_2 成反比。

$$\frac{F_1}{F_2}=\frac{S_1}{S_2}=\frac{l_2}{l_1}$$

因此在面积较小的活塞上使用较小的作用力运动较长的行程能够在较大面积的活塞上形成较大的压力，是利用工作腔容积变化来传递压力能的装置。图4-5是液压传动系统的工作原理图。

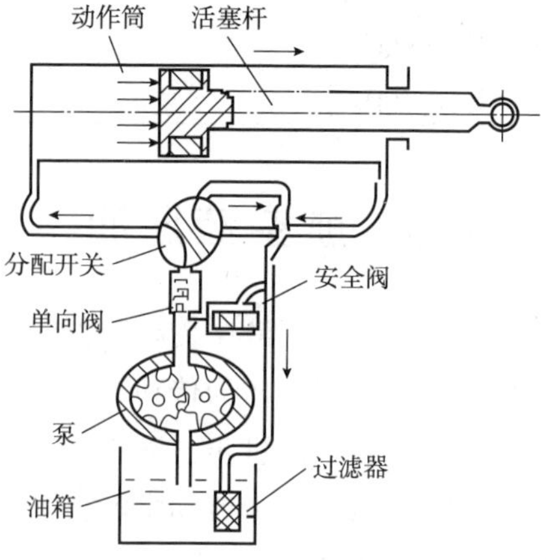

图4-5 液压传动系统的工作原理图

液压传动系统由动力元件、操纵元件、执行元件和辅助元件4大部分组成。

动力元件主要是各种油泵，油泵的作用是将机械能传给液体使之转变成液体的压力能，如各种齿泵可以产生20～30 MPa的压力，而柱塞泵可产生50～60 MPa的压力。操纵元件又称控制和调节装置，包括各种单向阀、溢流阀、节流阀、换向阀。它们可控制和调节液体的压力、流量和流向以满足机器的工作性能要求，并实现各种不同的工作循环。执行元件又称液压机，包括传递旋转运动的液压电机和传递往复直线运动的油缸，把液体的压力能转换成机械能输出到工作机械上。辅助元件包括油箱、油管、管接头、蓄能器、冷却器、过滤器以及各种控制仪表，起到储存输送液体、控制液体温度、对液体进行过滤、储存能量以及密封等作用。

2. 液压传动系统的特点和分类

(1)液压传动系统的特点

液压传动系统具有元件单位重量传递功率大、结构简单、布局灵活、便于与其他传动方式联用、易于实现远距离操纵和自动控制的优点，如油泵的重量与其功率之比平均每提高 1 kW 功率只增重 0.15 ~ 0.2 kg，而直流电机则为 1.5 ~ 2.0 kg。油泵重量是同功率电机的 10% ~20%，尺寸仅为电机的 13% ~20%。

从工作性能上看，液压传动系统具有速度、扭矩、功率均可无级调节，能迅速换向和变速，调速范围宽，动作速度快的优点。

从使用维护看，液压传动系统的元件自润滑性好，能实现系统的过载保护与保压，使用寿命长，元件易实现系列化、标准化、通用化。

液压传动系统与机械传动相比，缺点是速比不如机械传动准确，传动效率较低，对油液的质量、密封、冷却、过滤以及对元件的制造精度、安装、调整和维护要求较高。

(2)液压传动系统的分类

液压传动系统分为以压力变换为主的系统(如液压机)、多路复合系统(如矿山控制系统)和以速度变换为主的系统 3 类。其中以速度变换为主的系统又分为直线运动系统和回旋运动系统 2 种。直线运动系统又分为断续直线运动系统(如组合机床系统)和连续直线运动系统(如磨床工作系统)2 种。

4.6.2 液压油的品质要求

如果说油泵(主油泵)是整个液压系统的心脏，那么液压油就是整个液压系统的血液。一台设计先进、制造精度很高的液压设备，如果不能正确选择和使用液压油，就不能发挥其效率，甚至还会造成严重事故，使设备损坏或缩短使用寿命。液压系统能否可靠、有效而经济地工作，在相当程度上取决于液压油的性能。有的液压设备工况条件和环境十分恶劣，如高温、潮湿、粉尘、水分和杂质等，这就对液压油提出了更高的要求。因此，液压油必须具有以下特性。

1. 合适的黏度和良好的黏温性能

黏度是液压油的主要性能指标，对系统的平稳工作有重要影响。黏度过高时，油泵吸油阻力增加，流动过程中能量损失增加，容易产生空穴和气蚀作用，造成油压不稳，使油泵工作困难，甚至受到损坏；管路中压力损失增大，也会降低总效率；阀和油缸的敏感性降低，工作不够灵活。黏度过低时，油泵的内泄漏增多，容积效率降低，管路接头处的泄漏增多，控制阀的内泄漏增多，控制性能下降；润滑油膜变薄，油品对机器滑动部件的润滑性能降低，造成磨损增加，甚至发生烧结。因此液压油的黏度必须适当，多数情况下使用 40 ℃时运动黏度为 11.0 ~60.0 mm^2/s 的液压油。目前各国都在大力推广使用低黏度优质液压油和水基液压油。水基液压油有节约油料、降低润滑油成本、对保护环境和人体健康安全有利等优点。

黏温特性表示油品黏度随温度变化的大小。由于工程机械多在露天环境中工作，油温会随气温变化而变化，不同地区、不同季节油温也会发生较大变化。而液压油承受泵、阀机件的较高压力不可避免地会使油温升高，黏度下降。停止时油温下降至常温，黏度会上升，导致起动困难。数控机床液压油黏度变化有时会造成控制系统失灵。因此为保持液压系统工作稳定，要求液压油有较好的黏温性能，黏度指数越大越好，一般抗磨液压油的黏度指数不应低于 90，低温时液压油的黏度指数不低于 130，数字控制液压油甚至要求黏度指数在 170 以上。

2. 良好的氧化安定性

液压油和其他油品一样，在使用过程中都不可避免地发生氧化。特别是空气、温度、水分、杂质、金属催化剂等有利于或加速氧化的因素存在时，要求液压油有较好的氧化安定性。

液压油被氧化后产生的酸性物质会增加对金属的腐蚀，产生的黏稠油泥沉淀物会堵塞过滤器和其他孔隙，妨碍控制机构正常工作，降低效率，增加磨损。严重氧化后，液压油的许多性能都大大下降，以致必须更换。可见，液压油的氧化安定性越好，使用寿命就越长。通常要求液压油的酸值达到 2.0 mgKOH/g 的时间不少于 1000 h。

3. 良好的防腐蚀和防锈性能

液压油在工作过程中，不可避免地要接触水、空气，液压元件会因此发生锈蚀。液压油中的添加剂发生氧化、水解后，也会产生腐蚀性物质。锈蚀、腐蚀会影响液压元件的精度，锈蚀产生的颗粒脱落也会造成磨损，从而影响液压系统的正常工作和寿命。因此，要求液压油有较好的防锈、防腐蚀性能。

4. 良好的抗乳化性

液压油在工作过程中，有可能混进水，进入油箱的水，受到油泵、电机等液压元件的剧烈搅动后，容易形成乳化液。如果这种乳化液是稳定的，就会加速液压油变质，降低润滑性、抗磨性，生成的沉淀物会堵塞过滤器、管道、阀门等，还会发生锈蚀、腐蚀。因此，要求液压油有良好的抗乳化性，即液压油应能较快地与水分离开来，使水沉到油箱底部，然后定期排出，避免形成稳定的乳化液。

这可以通过向液压油中加入抗乳化剂等添加剂来实现。

5. 良好的润滑性

液压设备在运转时，总要产生摩擦和磨损，尤其是在机器起动和停止时，常处于边界润滑状态，如果液压油润滑性差，就会导致液压元件磨损，造成泵和电机性能降低，使用寿命缩短或系统产生故障。为提高液压油的抗磨性能，常添加一定量的极压抗磨剂，如磷酸三甲苯酯和二烷基二硫代磷酸锌等。工作压力高的液压系统，对液压油的抗磨性的要求更高。

6. 良好的抗泡性和空气释放性

在液压设备运转时，下列原因会使液压油产生气泡。

1)油箱内的液压油与空气一起受到剧烈搅动；

2)油箱内油面过低，油泵吸油时也吸入了一部分空气；

3)因为空气在油中的溶解度是随压力增大而增加的，所以在高压区域，油中溶解的空气较多，当压力降低时，空气在油中的溶解度会降低，油中原来溶解的空气就会析出一部分来，形成气泡。

液压油中气泡的危害很多，主要有以下几点。

1)气泡很容易被压缩，因而会导致液压系统的压力下降，产生振动和噪声，使液压系统的工作不准确、不规律，能量传递不稳定、不可靠。

2)容易产生气蚀作用，当气泡受到油泵的高压时，气泡中的气体就会溶于油中，这时气泡所在的区域就会变成局部真空，周围的油液会以极高的速度来填补这些真空区域，形成冲击压力和冲击波。这种冲击压力可高达几十甚至上百兆帕，这就是空穴作用。如果这种冲击压力和冲击波作用于固体壁面上，就会产生气蚀作用，使机器损坏。

3)气泡在油泵中被迅速压缩(绝热压缩)时，产生的局部高温可达1000 ℃，促使油品蒸发、热分解和气化，变质变黑。

4)增加液压油与空气的接触面积，增加油中的氧分压，促进液压油的氧化。

抗泡性和空气释放性是液压油的重要使用性能。液压系统中易产生空气泡，不仅使液流产生空腔发出响声、振动、气冲和气阻，造成液压不稳定、控制速度缓慢或失灵、动作精度下降、产生泡沫、体积弹性加大、损失动力能量，还会促进液压油迅速氧化变质，甚至发生液压油溢流事故。因此，液压油应有良好的抗泡性和空气释放性，即在设备运转过程中，产生的气泡少；即使产生气泡也能很快破灭，不会与液压油一起被油泵吸进液压系统中去；溶在油中的微小气泡必须很快释放出来。为此，液压油中通常需加入甲基硅油等抗泡剂，高级抗磨液压油中需加入空气释放性能良好的非硅型抗泡剂。

7. 较好的抗剪切性

高压、高速条件下工作的液压油经过泵、阀等元件，尤其是通过各种液压元件的微孔、缝隙时，会受到强烈的剪切作用。在剪切力的作用下，液压油中的一些大分子会发生断裂，变成较小的分子，使液压油的黏度降低。当黏度降低到一定限度时，液压油就不能继续使用了。因此，液压油必须具有较好的抗剪切性。

8. 良好的水解安定性

液压油中的添加剂是保证油品使用性能的关键成分，如果液压油的抗水解性能差，油中的这些添加剂就容易被水解，这会导致液压油的性能下降，甚至引起液压系统的严重故障。

9. 良好的过滤性

由于现代液压设备朝小型化、高压、高速、大流量和自动化方向发展，而微小的杂质颗粒会引起设备的磨损和失灵，因此液压系统安装有过滤器，防止杂质对液压系统产生不良影响。在一些使用场合中发现，抗磨液压油特别是被少量水污染后的液压油很难过滤。这会引起过滤系统的阻塞、泵与其他部件的污染和磨损显著增加。一些数控机床中由于伺服阀非常精密，阀芯尖锐的刃边易被油中的磨损颗粒伤害，导致机床精度下降。因此，近年来，国外有些标准对液压油提出了可滤性要求，如 Denison HF－0 和英国国防部 MOD 规格中的 OM－33 油。我国抗磨液压油在必要场合也可增加可滤性指标，要求液压油具有较好的过滤性。

10. 与材料的适应性好

液压油对与其接触的各种金属材料，皮革、橡胶、涂料、塑料等非金属材料，密封材料应有良好的适应性，不会因相互作用而使金属腐蚀、涂料溶解、橡胶过分膨胀、密封失效或液压油变质。

液压设备对液压油的要求，除以上几点外，特殊的工况还有特殊的要求，如在低温地区露天作业，要求液压油低温性能好，即要求油品的低温流动性好(倾点低)、低温起动性和低温泵送性好(低温黏度小)，以保证液压设备正常工作；与明火或高温热源接触，有可能发生火灾的液压设备，以及需要预防一氧化碳、煤尘爆炸的煤矿井下的某些液压设备，还要求液压油有良好的抗燃性；乳化型液压油还要求乳化稳定性要好；等等。

11. 良好的洁净性

目前，高压、高精度液压设备很多，这些设备液压系统的一些附件构造精密，间隙很小(只有几微米)。如果液压油的洁净度不好，含有机械杂质和不溶性物质，不仅会增加部件磨损，破坏密封，降低附件寿命，还会使系统出现严重故障，如油泵的柱塞或液压助力器的主副配油柱塞卡滞、油滤局部堵塞、油流动不畅、系统压力不足等，以致传动活塞反应迟缓、操纵困难，影响液压系统正常工作。因此，要求液压油有良好的洁净度。

液压油除了要满足标准所规定的理化指标外，还要有较好的使用性能，切不可认为理化指标达到标准就是好的液压油。

4.6.3 液压油的分类

1. 品种分类

我国液压油目前采用的标准(GB/T 7631.2—2003)是根据ISO 6743－4：1999《润滑剂、工业用油和相关产品(L类)的分类　第4部分：H组(液压系统)》(英文版)的用油分类标准制定的。该标准把液体传动系统用工作介质按系统中的工作性质分为流体静压系统和流体动力系统，如表4－27所示。

表4－27　液压油分类(GB/T 7631.2—2003)

用油系统	具体应用	产品符号	组成和特性	典型应用	备注
流体静压系统用油	—	HH	无抑制剂的精制矿物油	—	—
		HL	精制矿物油，并改善其防锈性和抗氧化性	—	—
		HM	HL油，并改善其抗磨性	有高负荷部件的一般液压系统	—
		HR	HL油，并改善其黏温性	—	—
		HV	HM油，并改善其黏温性	建筑和船舶设备	—
		HS	无特定难燃性的合成液	—	特殊性能
	用于要求使用环境可接受液压液的场合	HETG	甘油三酸酯	一般液压系统(可移动式)	每个品种的基础液的最小含量应不少于70%
		HEPG	聚乙二醇		
		HEES	合成酯		
		HEPR	聚α－烯烃和相关烃产品		
	液压导轨系统	HG	HM油，并具有抗黏－滑性	液压和滑动轴承导轨润滑系统合用的机床在低速下使振动或间断滑动(黏－滑)减为最小	这种液体具有多种用途，但并非在所有液压应用中皆有效
	用于使用难燃液压液的场合	HFAE	水包油型乳化液	—	通常含水量大于80%
		HFAS	化学水溶液	—	通常含水量大于80%
		HFB	油包水乳化液	—	—
		HFC	含聚合物水溶液①	—	通常含水量大于35%
		HFDR	磷酸酯无水合成液①	—	—
		HFDU	其他成分的无水合成液①	—	—

续表

用油系统	具体应用	产品符号	组成和特性	典型应用	备注
流体动力系统用油	自动传动系统	HA	—	—	—
	偶合器和变矩器	HN	—	—	与这些应用有关的分类尚未进行详细的研究，以后可以增加

①这类液体也可以满足 HE 品种规定的生物降解性和毒性要求

2. 黏度分级

我国液压油黏度分级（GB/T 3141—1994）采用国际通用的 ISO 3448 工业润滑油黏度分类法，按 40 ℃运动黏度中间值划分牌号，液压油共分为 10、15、22、32、46、68、100、150 8 个黏度级，如表 4－28 所示。

表 4－28　液压油黏度等级（牌号）

黏度等级（牌号）	40 ℃运动黏度/（mm^2/s）	ISO 黏度等级
10	9.00～11.0	VG10
15	13.5～16.5	VG15
22	19.8～24.2	VG22
32	28.8～35.2	VG32
46	41.4～50.6	VG46
68	61.2～74.8	VG68
100	90.0～110	VG100
150	135～165	VG150

3. 液力传动油

液力传动与液压传动一样，都是以液体作为工作介质的一种能量转换方式，但是二者的工作原理不同。液压传动是应用流体静力学原理，液力传动是应用流体动力学原理。二者的机械结构、零部件、形式、工作特性等都不同，分别应用于不同的场合，因而对传动介质的要求也不同。液力传动油常用作液力变矩器与液力偶合器的传动介质。用于汽车自动变速器的变矩器的液力传动油又称为自动传动液（ATF）。

（1）液力传动油的特性

1）良好的热氧化安定性。液力传动油因为旋转速度高（1000～3600 r/min）、流速快（可高达 20 m/s）、工作温度高达 140～175 ℃（液压油的一般工作温度控制在70 ℃或80 ℃以下)，在工作中液力传动油不断与空气及铝、铜等有色金属(油品氧化的催化剂)接触，所以比液压油更易氧化变质。液力传动油必须具有更好的热氧化安定性，才能防止在元件上生成漆膜和其他沉积物。

2)良好的高温性能。在高温、高压下，液力传动油要保持合适的黏度，保证液力传动系统具有更高的效率。液力传动油都具有优良的黏温性能。典型的Dexrone要求黏度指数为170。

3)良好的低温性能。在低温(如-25 ℃)下工作的液力传动油要有更好的低温流动性，即对低温低黏度的要求比较严格。

4)合适的摩擦特性。多片离合器是以摩擦面使驱动面与被动面交互重合构成，由油压活塞推动传动力。液力变速器的摩擦特性是影响换挡性能的一个重要参数，要求SAE 2号摩擦试验机，动摩擦系数大于静摩擦系数(美国福特公司M2C33-F油则相反，要求静摩擦系数大于动摩擦系数)。

5)良好的润滑性。因为液力传动系统内的轴承、齿轮摩擦副也要用传动油润滑，所以液力传动油必须有良好的润滑性(抗磨性)。

6)良好的抗泡性和空气释放性。泡沫多会使液力传动油冷却效果下降，轴承及齿轮过热，甚至烧坏。泡沫多还会产生气蚀，损坏机器，或使机器工作不正常、效率降低。

7)良好的剪切安定性，对密封材料有适应性和防锈防腐性。液力传动油在变矩器中，会受到强烈的剪切力，引起黏度下降、油压降低，以致离合器打滑。因此须通过严格的剪切试验。对密封材料的适应性和防锈防腐蚀性的要求和液压油一样。

(2)液力传动油的分类

美国材料与试验协会(ASTM)以及美国石油学会(API)把液力传动油分为3类，如表4-29所示。

表4-29 液力传动油的分类(ASTM、API)

分类	符合的规格	应用
PTF-1	通用汽车公司(GM)Dexron Ⅱ、Dexron Ⅲ 福特公司(Ford) M_2C_{33}-G、M_2C_{138}-G、M_2C_{166}-H、Mercon	轿车、轻卡车用自动传动液
PTF-2	通用汽车公司Track & Coach、Alison、C-3 美国汽车工程师协会SAE J1285	适用于卡车、农业用车、越野汽车的自动变速器。多级变矩器和液力偶合器用
PTF-3	约汉狄尔公司(John Deere)J20A、J14B 福特公司 M_2C_{86}A、M_2C_{134}A	农业和建筑野外机械用液力传动油

我国液力传动油的规格标准和产品发展都起步较晚，目前国家标准仍待制定，企业标准已经出现。随着我国等效采用 ISO 6743 - 4：1999 产生的 GB/T 7631.2—2003，液力传动油被作为流体动力系统的传动介质，分为 HA、HN 2 种。HA 为自动传动用油液，HN 为联轴节和转换器用油。

4.6.4 液压油的选用

各种液压油都有其特性，都有特定的适用范围。实践证明，必须正确、合理地选用液压油，才能提高液压设备运转的可靠性，防止故障的发生，延长液压设备的使用寿命。主要依据液压系统的工作环境、工况条件及液压油的特性，选择合适的液压油品种和黏度。

1. *液压油品种的选择*

(1)根据液压系统的工作环境和工况条件选择

根据液压系统的工作环境和工况条件选择液压油，如表 4 - 30 所示。

表 4 - 30 根据工作环境和工况条件选择液压油

工况 工作环境	压力：7.0 MPa 以下 温度：50 ℃以下	压力：7.0 ~ 14.0 MPa 温度：50 ℃以下	压力：7.0 ~ 14.0 MPa 温度：50 ~ 80 ℃	压力：14.0 MPa 以上 温度：80 ~ 100 ℃
室内，固定液压设备	HL	HL 或 HM	HM	HM
露天、寒冷和严寒区	HR	HV 或 HS	HV 或 HS	HV 或 HS
地下，水上	HL	HL 或 HM	HL 或 HM	HM
高温热源或明火附近	HFAE，HFAS	HFB，HFC	HFDR	HFDR

(2)根据油泵类型选择液压油

一般而言，齿轮泵对液压油的抗磨性要求比叶片泵、柱塞泵低，因此齿轮泵可选用 HL 或 HM 液压油，而叶片泵、柱塞泵一般选用 HM 液压油。

(3)根据液压油的特性及液压元件的材质选择液压油

1)含锌油在钢 - 钢摩擦副上性能很好，但由于含有硫(Zn - P - S 系)，对铜、银敏感，因此在含有铜、银材质部件的系统中不能使用，水易侵入的系统也尽量少用。

2)无灰抗磨油(S - P - N 型)具有优良的水解安定性、破乳化性或可滤性，使用范围较广，因含有硫化物添加剂，对铜、银材质部件系统不适用。

3)仅含磷的抗银液压油是具有中负荷水平的抗磨液压油，其水解安定性、破乳化性、可滤性都不错，由于添加了不含硫化物的抗磨剂，所以对银系统无伤害。

4)液压系统中有铝元件，则不能选用 pH 值 >8.5 的碱性液压油(水 - 乙二醇型抗燃液压油）。

2. 液压油黏度的选择

在液压油品种确定以后，还必须确定其黏度等级。黏度选得太大，液压油损失大，系统效率低，油泵吸油困难。黏度太小，油泵内渗漏量大，容积损失增加，同样会使系统效率降低。因此，必须根据系统、环境选择适宜的黏度，使系统在容积效率和机械效率间找到最佳平衡点。

液压油的黏度选择主要取决于起动、系统的工作温度和所用泵的类型。一般中、低压室内固定液压系统的工作温度比环境温度高 30 ~ 40 ℃。在此温度下，液压油应具有 13 ~ 16 mm^2/s 的黏度，如黏度低于 10 mm^2/s，就会加大磨损，油品的黏度指数在 90 以上就可以满足要求。而在户外高压机械的液压系统中（大于 20.0 MPa），工作温度要比环境温度高 50 ~ 60 ℃，为减少渗漏，工作黏度最好在 25 mm^2/s。考虑到户外温差变化大，因此要求液压油具有较好的黏温性能，黏度指数一般在 130 以上。

为防止泵的磨损，必须限定最低黏度。齿轮泵系统用液压油最低黏度通常为 20 mm^2/s，叶片泵系统用液压油黏度应 $\geqslant$10 mm^2/s，柱塞泵系统用液压油黏度应 $\geqslant$8 mm^2/s。必要时，在系统的回油线上安装冷却器，维持一定的油温，满足油泵对油品黏度的要求。

液压油的最大黏度由被长期停置后的系统起动温度和所用液压泵的类型来限定。每个液压泵制造厂都规定了适合本厂产品使用的油品在操作温度下的最低黏度和最高黏度。不同类型的液压泵要求的黏度不相同，如表 4 – 31 所示。

表 4 – 31　不同类型的液压泵满足运行的黏度限度

泵型	最高黏度/(mm^2/s)	最低黏度/(mm^2/s)
齿轮泵	2000	20
柱塞泵	1000	8
叶片泵	500 ~ 700	10

3. 综合经济分析

选用液压油时，经济性的分析是不可缺少的重要部分。人们往往注意到油价的贵贱，而忽略了所选液压油的品种、质量、维护与再生等问题，这会给液压系统的运行带来重大影响。

在高温热源和明火附近的液压系统一定要选用抗燃液压油。高温、高压、精密的设备必须选用磷酸酯抗燃液压油，不能用含水抗燃液压液，否则会造成泵过早磨损和系统运行障碍，更不能用矿物液压油替代，否则有失火的危险。

在高压系统中一定要采用抗磨液压油，不能用 HL 液压油，否则会导致液压泵的寿命大大缩短。

寒冷和严寒地区的露天行走工程机械大多是高压系统，环境温度变化大，所以必须采用 HV 低温液压油或 HS 超低温液压油，以免冷起动困难；反之，冬用更换频繁，既浪费液压油又影响生产。

为延长液压油的使用周期、节省维护费用、延长液压元件的使用寿命、提高运行效率，必须采用高质量的液压油。高质量液压油的购买价格高，但能延长液压元件的使用寿命，减少元件的更换、维护费用，提高液压设备运行的可靠性和生产效率，经济效益更高。

第 5 章　航空润滑脂

航空润滑脂用于飞机操纵系统、军械滑动部件、小功率航空电机、仪表及各种滚动和滑动摩擦部件，起润滑、密封、减振和防腐蚀等作用。

5.1　润滑脂概述

润滑脂是由基础油、稠化剂及添加剂组成的呈半固体至半流体状态的塑性润滑剂。润滑脂与润滑油虽然都是润滑剂，但各自性能不同、各具特点，故适用于不同的工况条件、环境及部位。绝大多数润滑脂在常温下能保持自身的形状，且能较好地附着在物体表面，因此适用于一些润滑油难以应用的场合。就应用部件而言，润滑脂主要用于轴承润滑。

5.1.1　润滑脂的作用

润滑脂应用范围广泛，具有多种作用，主要作用为润滑、防护和密封。

大多数润滑脂的主要作用是润滑，称为减摩润滑脂。减摩润滑脂主要起降低机械摩擦、减少机械磨损的作用，同时还起防护作用及密封防尘作用。

有一些润滑脂主要用来防止金属生锈或腐蚀，称为防护润滑脂，例如工业凡士林、枪炮防护脂、防锈脂等。

还有一些润滑脂起密封作用，称为密封润滑脂，例如螺纹密封脂、7903 耐油密封脂、7805 耐化学介质密封脂等。

5.1.2　润滑脂的特点

1. 优点

1）使用寿命长。润滑脂的使用寿命长，消耗量少，供油次数少，不需经常添加。在难于经常加油的摩擦部位上，使用润滑脂较为有利。有些密封轴承，可以在装配时填充适量的润滑脂，一直用到轴承寿命终结为止。润滑油则需要经常添加，消耗数量远高于润滑脂。由于润滑脂使用寿命长，设备维修保养期长，所以保养成本相对较低。

2）耐负荷性好。润滑脂通常适用于重负荷、低速、高低温、极压以及有冲击负荷的苛刻条件，也适用于间歇或往复运动的部件。

3）防护性能好。润滑脂在摩擦表面上保持能力强，密封性好。有些机械密封不严，使用润滑脂可以防止水分、尘土和其他机械杂质进入摩擦表面。润滑脂能有效隔离酸、碱、水汽、氧气等，避免摩擦表面受到直接侵蚀。有些润滑脂还可保护在水中的金属部件不受腐蚀。

4）不滴落、不飞溅。润滑脂润滑的机器，可以防止滴油和溅油污损产品，可以在垂直位置保持其原来形状正常运转，不致受重力作用而流失或滴漏；当摩擦部位处于运动状态时，润滑脂不会像润滑油一样受离心力的作用而甩漏、飞溅。

5）使用温度范围比较宽。根据不同种类和用途，润滑脂的使用温度范围不尽相同，一般可在 -20~120 ℃下使用，而润滑油的使用温度范围相对窄得多。

6）润滑设备构造简单。与润滑油相比，润滑脂不需要复杂的密封装置和供油系统，润滑点的设置也非常灵活，润滑设备的机械结构较为简单，占用空间相对较小。

7）缓冲减振。润滑脂的黏滞性大，对于某些改变运动方向和承受很大冲击力的机械部位，如拐轴、万向接头等，润滑脂能起到一定的缓冲减振作用；对齿轮传动等装置，还有降低噪声的作用。

2. 缺点

1）散热性差。润滑脂流动性较差，不能像润滑油那样连续地为摩擦副提供冷却散热。因此，润滑脂几乎不具备散热的性能。

2）清洁性差。润滑脂中一旦混入杂质，很难分离出来。润滑脂几乎不具备清洁功能，不能将金属磨粒或其他混入的杂质从摩擦副表面清除。在运转过程中，未清除的杂质还可能对摩擦副造成磨损。

3）起动力矩较大。由于润滑脂呈固态或半固态，相似黏度较大，润滑的设备起动时摩擦力矩较润滑油大。在高速转动的部位产生较大离心力时，润滑脂不能稳定地附着其上，此时应选用润滑油润滑。

4）更换较麻烦。在进行保养更换时，需将原来的润滑脂从摩擦副表面除去。因此相较于液体性状的润滑油，润滑脂的清洗或擦除过程要复杂得多。

3. 润滑脂与润滑油的比较

润滑脂和润滑油适用于不同的润滑场合，并具有不同的润滑特性，具体对比如表 5-1 所示。在不具备再润滑条件的设备，或是运转设备要求润滑剂保留在润滑部位上，或运转设备要求润滑剂具有密封作用，以阻止杂质进入等情况下，应采用润滑脂润滑。当然，润滑脂的应用也有局限性，不适用于一些工况条件，

如设备轴承 *DN* 值 > 350000，则不宜应用润滑脂，而应选择润滑油或固体润滑剂。

表 5－1 润滑脂和润滑油的性能对比

性质	润滑脂	润滑油
流体动力润滑	良	优
边界润滑	良－优	劣－优
冷却性质	一般－良	极优
减磨性质	一般－良	一般－良
注入轴承难易程度	一般	良
在轴承上保持的能力	良	劣
防止外界污染	极优	劣
对大气腐蚀抵抗能力	良－优	一般－优
温度范围	良－优	一般－优
蒸发性	极高－低	一般－低
燃烧性	极高－极低	一般－低
对密封材料的侵蚀性	一般	极坏－一般
润滑剂费用	中－高	中低－高
轴承设计的复杂程度	中－低	中－低
决定润滑剂寿命的因素	变质	变质和污染
防润滑剂泄漏	良－优	一般
润滑剂的更换	一般	良－优
容许回转速度	低－中	低－高
容许负荷	低－中	低－高

5.1.3 润滑脂的组成

润滑脂主要由基础油、稠化剂和添加剂组成。基础油是液体润滑剂，可用矿物油或合成油。稠化剂是一些有稠化作用的固体物质，分为皂基稠化剂和非皂基稠化剂。添加剂可以改进或增强润滑脂的某些性能。润滑脂的性能主要取决于润滑脂的组成和结构，不同组成的润滑脂的结构和性能不同。因此，要掌握各类润滑脂的性能，就需要了解润滑脂各组分的特性及润滑脂的结构。

1. 基础油

基础油是润滑脂重要的液体组分。基础油是润滑剂，润滑脂的润滑作用主要来自基础油。同时，基础油也是润滑脂胶体分散体系中的分散介质，还起着分散稠化剂和添加剂的作用。虽然基础油在润滑脂中的含量为70% ~90%，有些高达95%，但由于稠化剂的存在，基础油被固定在结构骨架中而失去了流动性。因此，润滑脂整体在常温下呈半固体状态。

基础油对润滑脂的许多性能有重要影响。例如，润滑脂的蒸发性和对橡胶密封材料的相容性几乎完全取决于基础油。润滑脂的低温性能在很大程度上受基础油的黏度、凝点和黏温性的影响，因而低温润滑脂要求用低温黏度小、凝点低和黏温性好的基础油。润滑脂的高温性能受基础油的氧化安定性、热分解温度和蒸发性的影响，所以，高温润滑脂要求用能耐高温的稠化剂且基础油的热安定性好、氧化安定性好、蒸发损失小。润滑脂的相似黏度和泵送性受基础油黏度的影响。润滑脂的胶体安定性与基础油的种类和黏度有关，基础油的黏度越小，润滑脂越易分油。增加基础油的黏度会减小润滑脂的分油和蒸发损失、改善润滑脂的黏附性等，但增大基础油的黏度对润滑脂的低温性和泵送性有不利影响。对某些特殊条件下使用的润滑脂，其基础油还要求具有一些特殊性能，如抗辐射、耐化学介质等。

由于润滑脂的应用领域不断扩大，现代机械对润滑脂的性能要求也不断提高，因此，开发了各种不同类型的基础油以满足不同的使用要求。关于基础油的分类及性能在润滑油篇已作详细介绍，这里不再赘述。

2. 稠化剂

稠化剂是润滑脂中不可缺少的固体组分，其含量约占润滑脂质量的5% ~30%。稠化剂粒子或纤维是润滑脂胶体结构分散体系中的分散相，能在基础油中分散并形成结构骨架，使基础油被吸附和固定在结构骨架之中，形成半固体状的润滑脂。

润滑脂的稠化剂必须满足以下基本要求：①表面亲油，在基础油中能够均匀地分散并达到适当的分散程度，长时间不会聚集成大颗粒，保持细的粒度；②具有一定的稳定性，在润滑脂使用条件下不因热熔化或发生化学反应而变质；③稠化剂本身及变质后的产物不腐蚀磨损金属。

稠化剂的种类很多，按化学组成和性质可分为4大类：皂基、烃基、有机和无机稠化剂。润滑脂的性能很大程度上取决于稠化剂的种类。

(1)皂基稠化剂

皂基稠化剂是目前制备润滑脂用得最多的一类稠化剂。它是高级脂肪酸的各种金属盐，即金属皂，其结构式可用 $(RCOO)_nM$ 表示。皂分子一端是极性的羧基，另一端是非极性的烃基。在适当条件下，皂分子在基础油中能借助羧基端的离子力和烃基端的范德华力吸引聚结成皂纤维(见图5-1)。皂分子的羧基端相互吸引在纤维的内部，烃基端则指向纤维的表面，因而使纤维表面具有亲油性。

皂纤维靠分子力和离子力相互吸引形成交错的网格骨架，使油被固定在结构骨架的空隙中、吸附在皂纤维的表面和膨化到皂纤维的内部，从而形成润滑脂。

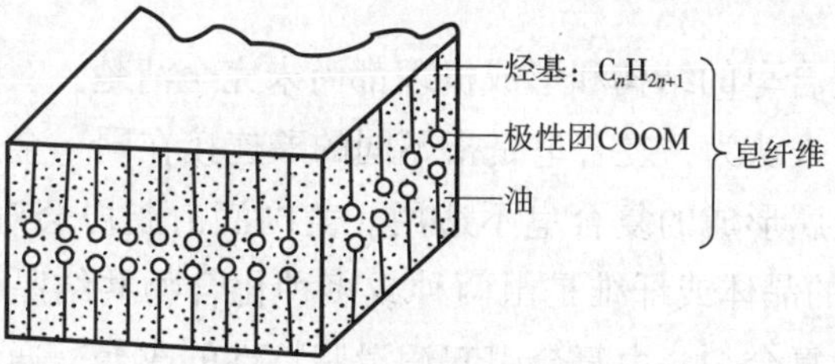

图5-1　皂纤维结构示意图

1)单皂：金属皂系脂肪酸的各种金属盐。常见的金属皂有锂皂、钙皂、钠皂、铝皂、钡皂等。金属皂的种类不同，制成的润滑脂的性能有很大的差异。

锂皂在矿物油和合成油中都有很好的稠化能力，制成的锂基润滑脂具有各种优良性能，属于多效润滑脂。锂基润滑脂占我国润滑脂总量的70%以上，且呈逐年上升之势。锂皂在矿物油中的稠化能力与基础油的黏度和种类都有关系。一般来说，锂皂在环烷基油中的稠化能力较强；用同一类型不同黏度的基础油制备同一稠度的润滑脂时，随着基础油黏度增大，所需皂的用量减少。

钙皂曾是润滑脂工业中使用最早且用量最大的稠化剂，但近年来已逐渐被锂皂取代，在单一金属皂中成为用量占第二位的稠化剂，且有进一步减少的趋势。

由钙皂稠化矿物油制得的钙基润滑脂分为普通钙基润滑脂和无水钙基润滑脂。普通钙基润滑脂一般由天然油脂或合成脂肪酸皂化而成。它必须有1.5%～3.5%的水作稳定剂才能形成润滑脂，失去水分则会皂油分离而不能成脂。普通钙基润滑脂具有原料来源广、成本低、抗水性好的优点，但滴点低(75～95 ℃)、使用温度低(55～65 ℃)。

无水钙基润滑脂是由12-羟基硬脂酸钙皂稠化矿物油或合成油制成的，不需要水作稳定剂。无水钙基润滑脂的滴点可达140 ℃，使用性能比普通钙基润滑脂好。其可作为航空润滑脂、食品机械润滑脂、寒区汽车脂等。

铝皂是高级脂肪酸的铝盐，根据铝原子上连接的酸根数分为单铝皂$RCOOAl(OH)_2$、双铝皂$(RCOO)_2AlOH$和三铝皂$(RCOO)_3Al$。铝基润滑脂具有透明光滑的外观，抗水性很好，但滴点低，使用温度低。铝基润滑脂在70～80 ℃发生相转变成凝胶状而失去润滑作用。

钠皂是由天然油脂或脂肪酸皂化得到的。钠基润滑脂具有较高的滴点(140～200 ℃)，但抗水性差，所以，不能用于潮湿或与水接触的环境。随着复合皂等高温稠化剂的出现，钠皂将逐渐被淘汰。

2)混合皂：由两种以上的不同金属皂作稠化剂的润滑脂称为混合皂基脂，如钙－钠基脂、锂－钙基脂等。混合皂基脂中的两种皂如果比例适当，将具有各自单一皂的优点，如钙－钠基脂比钠基脂的抗水性好，锂－钙基脂比钙基脂的滴点高。

3)复合皂：复合皂的结构和形成机理都尚未完全清楚，对复合皂的概念界定曾有不同观点。有人认为，复合皂是指不同的酸连接在同一金属上形成的皂，但这一概念对一价金属形成的复合皂不适用。美国润滑脂协会对复合皂的定义是："在这种皂中，皂的晶体或纤维是由两种或多种化合物共结晶而形成的。这些化合物包括普通皂和复合剂，由复合引起润滑脂特性的改变，通常可由滴点的显著增加显示。"常见的复合皂有复合钙皂、复合铝皂、复合锂皂等。

复合钙皂是指高分子酸(如硬脂酸、12－羟基硬脂酸)钙皂与低分子酸(如醋酸、硼酸等)钙盐形成的复合物，可用来稠化矿物油或合成油而制成复合钙基脂。复合钙基脂具有滴点高、抗水性好、极压性好、胶体安定性好、在高温下也能保持适宜的稠度以及价廉等优点。但复合钙基脂在储存和加热时会出现表面硬化现象。

复合铝皂是由高级脂肪酸与苯甲酸等复合而成的。复合铝皂的皂纤维较小，稠化能力强，可以稠化矿物油或合成油。制备2号稠度的复合铝基脂皂含量只需5%～8%。复合铝基脂具有高滴点及优良的抗水性、良好的胶体安定性、良好的机械安定性、良好的氧化安定性、良好的泵送性及独特的热可逆性，特别适用于集中滑油系统。

复合锂皂是由12－羟基硬脂酸锂与二元酸(如壬二酸、癸二酸)或其他低分子酸(如硼酸)锂盐复合形成的，是20世纪70年代以后开发的润滑脂新产品。复合锂基脂具有良好的多效性能，是未来最有发展前途的润滑脂之一。近年，复合锂基脂的用量呈逐年上升趋势。

(2)烃基稠化剂

烃基稠化剂主要是地蜡、石蜡及石油脂。

地蜡为黄色针状晶体，按熔点高低分为67号、75号和80号3种。它主要由异构烷烃和固体环烷烃组成，分子量500～700，分子较石蜡大，化学结构复杂，有较多的分支和环。地蜡的晶体较石蜡小。地蜡是制烃基润滑脂的良好原料，制成的润滑脂不易分油。

石蜡为白色片状晶体，熔点为52～70 ℃。它主要由正构烷烃组成，也含少量的异构烷烃和环烷烃，分子量300～500，分子较地蜡小，分子结构较简单，分支较少。石蜡与润滑油混合容易分层，制成的润滑脂也较易分油，因此一般不单独用石蜡作稠化剂，需要加入一定量的地蜡，以解决蜡油分层的问题。

石油脂是黄色至褐色软膏，是地蜡、石蜡和高黏度润滑油的混合物，是生产地蜡的副产品，来源于离心分离及脱蜡的滤下油，要求滴点不低于 55 ℃，闪点不低于 250 ℃。石油脂也可用来作润滑脂的稠化剂。

固体烃在温度高时能溶于润滑油中，在温度低时能形成结晶析出，析出的晶体能形成交错网格，使润滑油失去流动性而形成润滑脂。烃基润滑脂常作为防护和密封润滑脂。它的滴点低、使用温度低。

(3)有机稠化剂

有机稠化剂是相对于金属皂和无机稠化剂来说的，是一些有机化合物或聚合物。常见的有机稠化剂有脲、酰胺、酞菁、阴丹士林、聚四氟乙烯等。现在发展最快的是脲基稠化剂。

1)脲基稠化剂：脲基稠化剂是分子中含有一个或多个脲基(—NH—CO—NH—)的化合物，可稠化矿物油和合成油，大多稠化合成油生产高档润滑脂。脲基润滑脂具有很好的高低温性能，良好的热安定性和氧化安定性，良好的胶体安定性、机械安定性、抗水性等，也是未来最有发展前途的高温多效润滑脂之一。

聚脲稠化剂在发展过程中，还出现了聚脲与皂基的复合稠化剂，如聚脲－醋酸钙、聚脲－醋酸钙－碳酸钙复合稠化剂。聚脲－醋酸钙复合稠化剂是在制成聚脲后再加氢氧化钙和醋酸反应，生成醋酸钙。以聚脲、醋酸钙复合稠化剂生产 2 号稠度的润滑脂只需 4% ～6% 的聚脲和 12% ～15% 的醋酸钙，可以降低生产成本。聚脲－醋酸钙复合脂滴点可达 245 ℃，且在不加抗磨剂的情况下具有良好的抗磨极压性。聚脲－醋酸钙复合润滑脂在低剪切速率下发生软化，而在高剪切速率下恢复原来的稠度，这个特性既使润滑脂在低剪切速率下在集中滑油系统中易于泵送，又使润滑脂在高剪切速率下恢复原来的稠度。

聚脲－醋酸钙－碳酸钙复合稠化剂中的碳酸钙是由氢氧化钙与二氧化碳作用生成的。这种复合稠化剂能抵抗剪切软化和高剪切硬化现象，且制备的复合脂具有良好的低温性能。

聚脲复合稠化剂能够稠化各种矿物油和合成油，但不适合酯类油。聚脲复合脂属于多效润滑脂，这种润滑脂能在极压锂基脂不能适用的条件下进行润滑，并能延长润滑周期。

2)酰胺：酰胺稠化剂指 *N*－烷基对苯二甲酸单酰胺的碱金属盐，如钠盐或锂盐。

酰胺润滑脂具有良好的高低温性能，良好的机械安定性、抗水性、抗辐射性等。

3)酞菁：酞菁是一种有机染料。酞菁铜的分子式为 $C_{32}H_{16}N_8Cu$，结构式如图 5－2 所示。

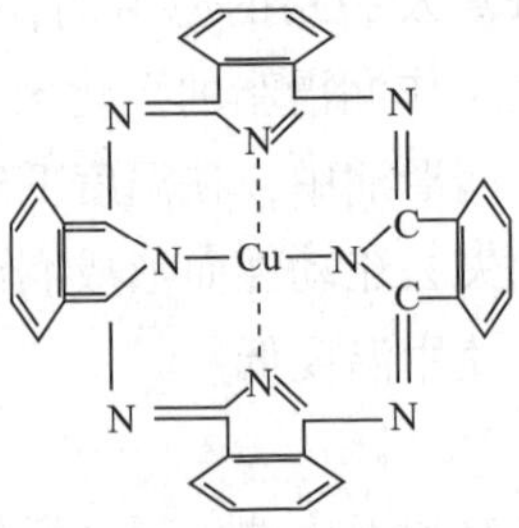

图 5-2　酞菁铜的结构

酞菁稠化剂的特点如下。①酞菁可以制成很小的粒子，且表面具有亲油性，稠化各种基础油而制成润滑脂，但酞菁在硅油中较难分散。酞菁的稠化能力不如皂基稠化剂，制备同样稠度的润滑脂需要的稠化剂用量较多。②由酞菁制备的润滑脂滴点高、高温性好、胶体安定性好、氧化安定性好、抗水性好。③酞菁可用于制备抗辐射润滑脂。

4）阴丹士林：阴丹士林是一种染料，其结构式为：

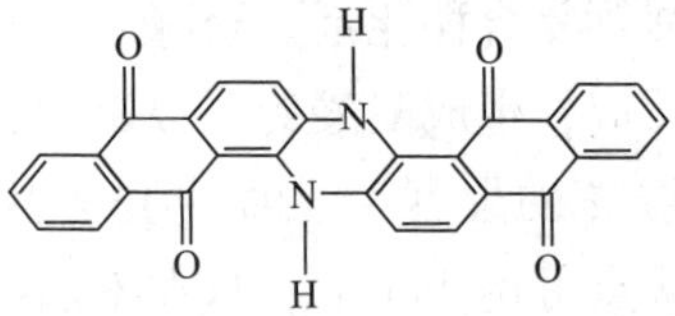

图 5-3　阴丹士林的结构

阴丹士林也有希望成为高温多效润滑脂的稠化剂。它在空气中分解温度高（469～482 ℃），本身不易氧化。用阴丹士林制备的润滑脂具有良好的高温性能、抗辐射性能，适用于 -70～+300 ℃的环境。

5）氟碳稠化剂：氟碳稠化剂是一种新型稠化剂。这类稠化剂具有很好的化学稳定性，所以适合作抗化学介质润滑脂。这类稠化剂包括聚四氟乙烯（PTFE）、全氟乙烯丙烯共聚物（FEP）、全氟聚苯。

PTFE 和 FEP 本身都是固体润滑剂，具有良好的摩擦特性，它们在低速下的摩擦系数为 0.04～0.06，比石墨（0.09）和二硫化钼（0.12）都低，适合作高真空润滑脂。PTFE 和 FEP 具有良好的化学惰性和良好的热安定性：与火箭液体燃料和酸碱等不反应，几乎与所有的溶剂和油品都不起作用，PTFE 在 380 ℃才开始分解，所以，PTFE 和 FEP 是制备航空、航天及核工业设备用润滑脂的良好稠化剂。用 PTFE 制备的润滑脂还具有良好的低温性能。由于这种稠化剂价格较贵，所以主要用于稠化合成油制备极端苛刻条件下使用的润滑脂。

据研究，可用作稠化剂的 PTFE 的分子量为 1000～50000，粒度小于 30 μm。PTFE 制备的润滑脂具有突出的低温性能。PTFE 在润滑脂中不仅起稠化作用，还有抗磨极压作用。PTFE 是一种非常有前途的稠化剂，目前因价格太贵仅限于在极端苛刻条件下使用。

FEP 稠化高黏度全氟烷基聚醚制成的润滑脂，在高真空条件下，140 ℃时的轴承寿命达 7500 h 以上。FEP 稠化氟硅油制成的润滑脂能满足 MIL－G－83261 的要求，是一种能在－73～232 ℃宽温度范围内工作的抗磨极压脂。

全氟聚苯是近期才研究的新化合物，为浅黄色固体粉末，熔点高于 360 ℃，具有良好的热安定性、化学安定性和抗辐射性，可作为高温、抗化学介质、抗辐射润滑脂的稠化剂。

(4)无机稠化剂

1)膨润土：膨润土系以蒙脱石(也称微晶高岭石)为主要成分的黏土岩——蒙脱石黏土岩。膨润土的外观与陶土相似，呈蜡状、土状或油脂状，有光泽。膨润土有各种不同的颜色(白、浅灰、浅红、淡绿黄、砖红、黑色等)。膨润土能吸附 8～15 倍的水分，吸湿后膨胀，膨胀倍数从几倍到三十多倍。膨润土的化学组分主要是二氧化硅、三氧化二铝和水，氧化镁和氧化铁含量有时也较高，此外，还含有钙、钠、钾等。蒙脱石为含水的层状铝硅酸盐矿，理论化学成分为 SiO_2 66.7%、Al_2O_3 25.3%、H_2O 5%。分子式为 $(OH)_4Si_8Al_4O_{20}$。蒙脱石的单位晶层(晶胞)系由 2 层顶角朝里的 Si—O 四面体和 1 层 Al—(OOH)八面体组成(见图 5－4 和图 5－5)。

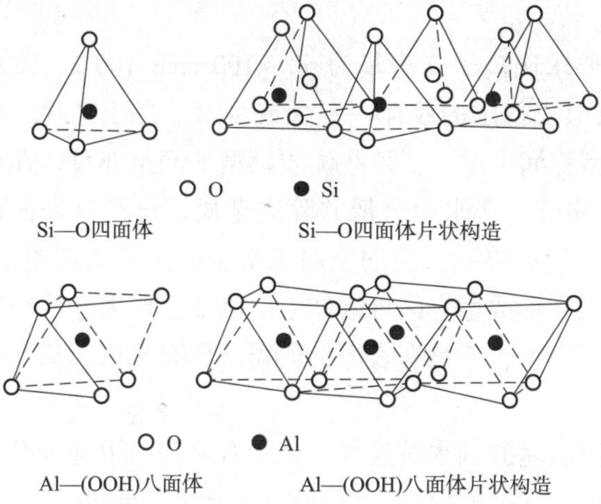

图 5－4　Si—O 四面体和 Al—(OOH)八面体及其构造

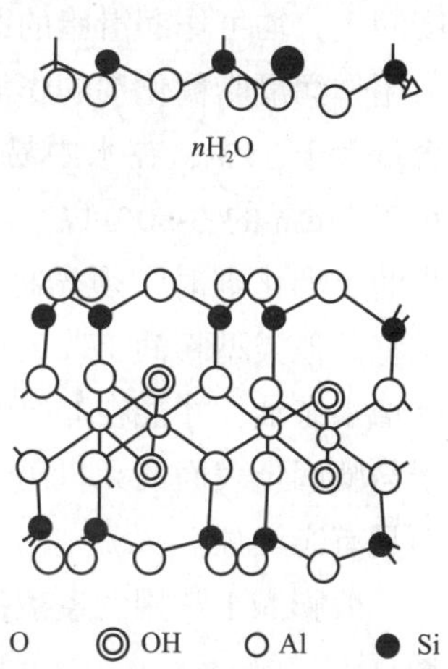

图 5－5　蒙脱石晶体结构

八面体可以看作氢氧铝石 $[Al_2(OH)_6]$ 层，其中每三个(OH)被 Si—O 结成的假六方网格顶点的氧代替。四面体和八面体靠共用的氧原子连接。蒙脱石的晶胞呈平行叠置，晶胞之间靠氧层相连。蒙脱石八面体中的 Al^{3+} 和四面体中的 Si^{4+} 部分(或全部)被其他阳离子置换，形成一些蒙脱石的变种，如锂－蒙脱石。蒙脱石晶格中由于异价离子(如 Mg^{2+})置换而产生负电荷(单位晶层电荷数为0.66)，晶层底面具有吸附阳离子和极性有机分子的能力，所吸附的阳离子与晶格内负电荷平衡。

例如，钠－蒙脱石中，Al—(OOH)八面体中的 Al^{3+} 部分被 Mg^{2+} 置换而吸附有 Na^{+}，蒙脱石晶层间可能存在的阳离子有 Mg^{2+}、Ca^{2+}、Na^{+}、K^{+}、H^{+}、Li^{+} 等，这些阳离子在一定条件下可以相互取代。它们的交换规律一般是：蒙脱石的悬浮液中，浓度高的阳离子可以交换浓度低的离子。在离子浓度相等的情况下，离子键强的阳离子排挤取代离子键弱的阳离子，它们的大致交换顺序是：

$$Li^{+} < Na^{+} < K^{+} < Mg^{2+} < Ca^{2+} < Sr^{2+} < Ba^{2+}$$

蒙脱石(膨润土)的属性常根据所交换阳离子的种类和含量而定。如果某一交换性阳离子(E)占蒙脱石阳离子交换容量$\left(\sum E\right)$的50%以上时，即以此阳离子来命名。

钠型膨润土较钙型或镁型膨润土的性质优越。例如，吸水速度慢，但吸水率和膨胀倍数大；阳离子交换量可达75～100 meq/100g(钙型膨润土一般在60 meq/100 g左右，meq为毫克当量)；在水介质中分散性好，钠－蒙脱石可分离成单个晶胞等。

我国有丰富的膨润土资源，辽宁黑山和法库属钙型膨润土，浙江有钠型、钙型膨润土，均可作润滑脂的原料。

用作润滑脂稠化剂的膨润土要求阳离子交换量为60～100 meq/100 g，蒙脱石含量大于85%，在水中易分散形成稳定的胶体，不含或少含非黏土矿物，粒度小于2 μm的占50%以上。钠型膨润土最好，某些优质钙型膨润土亦可。在制备膨润土稠化剂时，须先将原土粉碎，在水中分散并除去杂质，再经过表面改型，将其他类型膨润土改为钠型，然后将钠型膨润土的亲水表面用覆盖剂覆盖，使其憎水亲油，才能在非极性介质中形成稳定的分散体系。例如，用大量季铵阳离子与膨润土表面的无机离子进行交换，于是在表面上覆盖一层有机层，从而使表面具有亲油性。

一般膨润土常用的覆盖剂有酰胺基胺和季铵盐等，如十八烷基二甲基苄基氯化铵。

亲油的膨润土稠化剂能与矿物油、合成油制成高温润滑脂。膨润土润滑脂的特点：没有滴点，具有良好的高温性、抗水性、极压性、胶体安定性和良好的温稠关系。

2)炭黑：炭黑是有机物不完全燃烧或热分解的粉状产物，主要成分是碳。炭黑由9～600 nm大小的粒子组成。用电子显微镜观察发现：它是由多数颗粒结成的无规则的链枝状或团状结构。

炭黑用作稠化剂时，其稠化能力与分散程度和颗粒结构有关。炭黑的粒子越小、比表面积越大，稠化能力越强。乙炔黑的稠化能力强，制相同稠度的润滑脂只需用皂基稠化剂的1/3～1/2。乙炔黑可稠化矿物油或硅油。炭黑制成的润滑脂耐热性好、胶体安定性好、抗水性好，温度变化时，稠度的变化小。

3）硅胶：硅胶的主要成分是二氧化硅。根据制法不同，硅胶分为沉淀硅胶、气凝胶硅胶和发烟硅胶。沉淀硅胶和气凝胶硅胶的固相是以酸中和硅酸钠溶液产生二氧化硅凝胶，洗去钠盐后烘干。发烟硅胶又称白炭黑，可通氧气燃烧四氯硅烷或用气相法水解四氯硅烷制成。硅胶的粒度小于1 μm，具有较大的比表面积，能稠化润滑油制成润滑脂。硅胶本身不熔化，所制成的润滑脂无滴点，但抗水性差、机械安定性差，易老化硬化，受热会失去润滑作用。这些缺点可以通过硅胶的表面改质得到解决，硅胶表面改质覆盖剂有硅氧烷低聚体、六甲基二硅氧烷、氟醇、丁醇、季戊四醇和二苯基硅二醇等。

4）氮化硼：氮化硼$(BN)_n$是一种新型固体润滑剂，可作高温脂的稠化剂。粒度为15～75 nm、比表面积为150～650 m^2/g的氮化硼可作为稠化剂。氮化硼不溶于水，所制得的润滑脂具有良好的抗水性。氮化硼具有高的熔点和分解温度，所制得的润滑脂具有高滴点，在高温下有较长寿命。氮化硼用途广泛，适合制作高温航空脂，应用于导弹和火箭等。

3. 添加剂

润滑脂添加剂是添加到润滑脂中以改进其使用性能的物质。它可以改进润滑脂本身的性质或增加其原来不具有的性质。润滑脂添加剂的种类和原理与润滑油添加剂基本一致。但由于一般的润滑脂呈弱碱性并含有各种稠化剂，对添加剂的感受性与润滑油有所不同，对润滑油有效的添加剂可能对润滑脂无效，这都需要通过试验来确定。有些添加剂是极性化合物，可能对润滑脂的胶体结构产生影响，因此，应尽量选用合适的添加剂。润滑脂添加剂的种类如表5－2所示。

表5－2　润滑脂添加剂

种类	化合物举例	用量/%
抗氧剂	苯基－α－萘胺	0.1～1.0
	二苯胺	0.1～1.0
	2，6－二叔丁基对甲酚	0.05～1.0
	二丁基二硫代氨基甲酸锌	0.11～1.0
	二芳基硒	2.0～5.0
抗腐剂	磺酸钠	0.2～3.0
	山梨糖醇单油酸酯	1.0

续表

种类	化合物举例	用量/%
防锈剂	牛脂脂肪胺	0.01～6.0
金属钝化剂	巯基苯并噻唑	0.01～0.05
极压剂	氯化石蜡 二硫代磷酸锌 二苄基二硫化物	2.0～15.0
颜色安定剂	对苯酚衍生物 呋喃吖嗪	0.01～0.1 0.01～0.1
增黏剂	聚异丁烯	0.02～1.0
染料	油溶性红或绿	0.01～1.0
结构改善剂	丙烯乙二醇 甘油	0.1～1.0 0.1～1.0

(1)胶体结构稳定剂(结构改善剂或胶溶剂)

稳定剂是在润滑脂中起稳定润滑脂胶体结构的添加剂。它在润滑脂中的含量很少，但作用很大。有些润滑脂不添加适量的稳定剂，就不能形成较稳定的胶体结构，基础油和稠化剂就会分离，稳定剂含量过多或过少会影响润滑脂的结构和性能。

稳定剂是一些极性较强的化合物，如有机酸、甘油、醇、胺等。水也是一种稳定剂。在通常的皂基润滑脂中，如果以脂肪作皂化原料，则皂化反应生成的甘油起稳定剂的作用。

除了水和甘油以外，工业上也使用其他稳定剂，少量的金属皂或酸的金属盐也可作为稳定剂。

稳定剂的作用示意图如图5－6所示。在皂－油体系中，稳定剂由于含有极性基团(如—COOH、—NH_2、—OH等)，能吸附在皂分子极性端间，使皂分子在皂纤维中的排列距离增大，使基础油膨化到皂纤维内的量增大。此外，皂纤维内外表面增大，皂油间的吸附也增大，从而使皂和基础油形成较稳定的胶体结构。

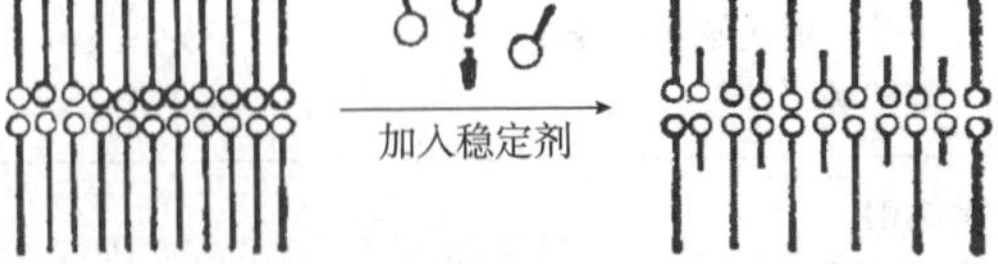

图5－6 稳定剂作用示意图

稳定剂的种类根据稠化剂和基础油而定。合适的稳定剂及其用量都是通过试验来确定的。试验发现：稳定剂用量过少，则皂的聚集程度较大，膨化和吸附的油量较少，皂－油体系不稳定；稳定剂用量过多，皂纤维本身的硬度下降，润滑脂的稠度下降。所以，稳定剂的用量要适当。

(2)抗氧剂

润滑脂氧化的机理与润滑油基本一致，但含有金属皂的润滑脂比基础油容易氧化，所以，金属皂基润滑脂必须加抗氧剂。润滑脂中抗氧剂的功用是阻碍基础油、脂肪酸碳链和甘油氧化。润滑脂抗氧剂的种类如表5－3所示，常见的有胺类和酚类抗氧剂。胺类抗氧剂有二苯胺、苯基－α－萘胺、苯基－β－萘胺、苯二胺等，使用温度可超过150 ℃。酚类抗氧剂有2，6－二叔丁基对甲酚、α－萘酚、β－萘酚、二异丁基对甲酚、2，4，6－三甲基苯酚等。2，6－二叔丁基对甲酚在高温时挥发性较大，只能在100 ℃以下使用。一般来讲，胺类抗氧剂适用于中性或弱碱性润滑脂，酚类抗抗氧剂适用于含游离酸的润滑脂。

表5－3　润滑脂抗氧剂

化合物类型	用量/%	备注
二苯胺	0.1～1.0	
苯基－α－萘胺	0.1～1.0	
乙二胺四乙酸四苄基酰胺	2.0～10.0	175 ℃以下有效
2，4－二氨基二苯基醚	0.01～5.0	适用于锂基脂
1－(烷基苄基)－3－苯基脲	0.1～5.0	适用于酯类油的皂基脂
2，6－二叔丁基对甲酚	0.05～1.0	
二烷基二硫代氨基甲酸锌或铅	0.1～3.0	
吩噻嗪	0.1～1.0	适用于高温
烷基酚亚磷酸酯	0.1～0.5	
双十二烷基硒	0.1～0.5	适用于高温
二芳基硒	2.0～5.0	
磷酸三钠	0.5～1.0	适用于钠基脂

(3)金属钝化剂

金属钝化剂本身并不抗氧化，但能消除和润滑脂接触的金属对氧化过程的催化作用。防止金属催化氧化的添加剂分为2类：一类是金属减活剂，它和金属皂离子反应生成催化不活泼的化合物，如双水杨酸叉乙二酸、草酸酰亚胺、某些金属皂的油酸盐等，用量0.001%～0.5%；另一类是金属钝化剂，它能在金属表面形成阻止金属和润滑脂接触的膜，常用的钝化剂有硫化物和磷化物，如巯基苯并噻唑、三芳(烷)基磷酸酯等。

(4)防锈剂

防锈剂是一些有机极性化合物，如金属皂、有机酸、酯、胺等。这些化合物的极性基可吸附在金属表面或与金属发生化学反应而生成盐，在金属表面形成致密而稳定的薄膜，使金属表面与水分和空气相隔离而产生防锈作用。

防锈剂主要有如磺酸钡、环烷酸钡、环烷酸铅、山梨糖醇单油酸酯、三乙醇胺、氧化石油脂等。

(5)抗腐剂

抗腐剂是指保护有色金属如铜、银、锡、镁、铝及其合金等免遭腐蚀的化合物(见表5-4)。抗腐剂除能抑制氧化过程中酸性物质的生成外，还能吸附在轴承表面而形成一层保护膜，或者与金属表面生成化学膜，从而减少对油品的催化氧化作用。有的抗腐剂主要起消除金属对油氧化的催化作用。铜对烃类氧化的催化作用较大，有机铜盐对油的氧化催化作用也较大，所以，铜钝化剂是一种重要的腐蚀抑制剂，苯并三氮唑及其衍生物是常用的铜腐蚀抑制剂。

表5-4　润滑脂抗腐剂

化合物类型	用量/%	备注
环烷酸铅	1.0	适用于复合皂基脂
环烷酸镁或锌	0.5~2.0	适用于锂基脂
环烷酸钡和磺酸钡混合物	1.0~5.0	
磺酸钠	0.2~3.0	
油酸镁	1.0~5.0	适用于锂基脂、膨润土脂
酰胺	0.1~5.0	适用于锂基脂
烯基-双丁二酰亚胺	0.1~3.0	适用膨润土脂
碱金属、碱土金属的铬酸盐	0.01~5.0	适用于硅油脂
亚硝酸钠	0.25~3.0	适用于膨润土脂和其他脂
山梨糖醇单油酸酯	1.0	

(6)拉丝性添加剂

拉丝性添加剂是用来提高润滑脂黏附性能的添加剂，常用的有聚异丁烯、聚甲基丙烯酸酯、聚正丁基乙烯基醚和天然橡胶等。

(7)抗磨极压添加剂

两个被润滑的相对运动金属表面承受的负荷较轻时，它们被一层弹性流体动力油膜分开。随着所受负荷增加，油膜厚度逐渐减小。当油膜厚度接近表面粗糙度时，油膜就被粗糙表面的微凸体穿透。在这个区域内，抗磨剂的作用是提高油膜强度，减少金属间的接触，防止磨损。当负荷进一步增加时，油膜整体崩溃，抗磨剂就不能保护金属表面。在这个区域内，极压添加剂就发挥作用。极压添加剂与金属表面发生化学反应生成一层薄膜，这层薄膜的抗剪切强度比基础金属要低，因此当油膜破裂时，可防止金属表面烧结。

一些含S、P、Cl的化合物具有极压抗磨性。一般含磷化合物的极压性较好，含硫化合物与含氯化合物的极压性较好。二烷基二硫代氨基甲酸盐(包括钼、锑、铅、锌盐)是润滑脂的多效添加剂，兼有抗氧、抗磨等作用。

4. 固体填料

填料是润滑脂中的固体添加物，大多是一些有润滑作用和增稠效果的无机粉末。大多数填料本身是固体润滑剂，加入脂中可提高脂的润滑能力。因为在润滑脂的润滑膜遭受短暂的冲击负荷或高热的情况下，固体润滑剂可起到补强作用。填料加入润滑脂后可使润滑脂增稠，以提高对流失的抵抗力，增强密封性和防护性。

常用的填料有石墨、二硫化钼、氮化硼、聚四氟乙烯及一些微纳米粉体。

(1)石墨

石墨是碳的同素异形体，具有良好的化学稳定性、抗辐射性、抗强酸和强碱性。石墨的热安定性很好，在空气中于550 ℃下安定，在真空中可达3500 ℃。石墨本身是一种固体润滑剂，具有良好的极压抗磨性能。

石墨的晶体结构如图5－7所示。它的晶体中，碳原子以闭合的六碳多环状态形成层状结构。在层内相邻的碳原子间的距离短，并且以共价键相连接，故结合力强，在层与层之间的距离长，而且是以范德华力相连，故结合力弱。当沿石墨晶体施加外力时，层与层之间容易分开，单层本身不易碎裂。当石墨作为润滑剂用于两摩擦面时，这种晶体的层结构的排列方向平行于摩擦力的方向，层与层之间较易分开，因而石墨具有良好的润滑性和抗磨性。

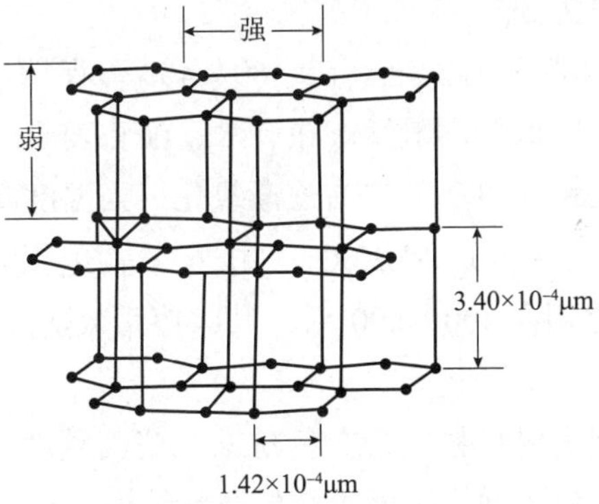

图5－7　石墨的晶体结构

在润滑脂中加入石墨后，由于石墨晶体对粗糙不平的金属表面有填平作用，因而提高了润滑脂的耐压强度。在润滑脂中使用的石墨既可以是天然的，也可以是人造的，应为鳞片状或胶体石墨。无定形石墨有腐蚀性，不能在润滑脂中使用。

石墨的润滑作用和抗擦伤性质明显不如二硫化钼。它只在有氧气和水蒸气的情况下具有润滑性。因此，石墨的润滑作用在真空中和在稀有气体中是无效的。

(2)二硫化钼

二硫化钼是一种鳞片状晶体，呈层状结构(见图5-8)。

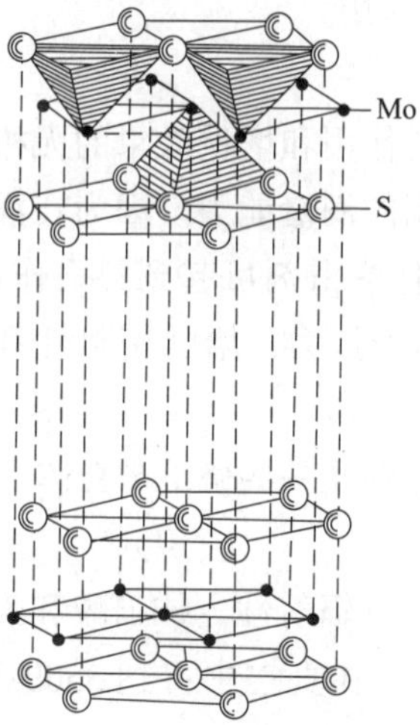

图5-8　二硫化钼的晶体结构

二硫化钼的晶体由很多二硫化钼分子组成，每一个二硫化钼分子层又由三个钼原子组成，中间一层为钼原子层，上下两层为硫原子层，硫原子层暴露在分子层的表面。

二硫化钼本身是一种固体润滑剂，具有低摩擦系数(一般为0.03～0.15)和良好的润滑性能。它的润滑作用是由它的晶体结构决定的，因为每个分子层内硫原子与钼原子之间结合力很强，而相邻两分子层的硫原子之间的结合力很弱，所以很容易沿分子层断裂，而产生滑移面。当摩擦表面有二硫化钼时，原来相对滑动的两金属表面的直接摩擦转变为二硫化钼分子层的相对滑移，从而降低摩擦、减少磨损。二硫化钼对高负荷、高转速的机械有良好的润滑效果，因为它的摩擦系数还会随负荷和转速增加而减少。

二硫化钼在金属表面结合力相当强，对金属的粗糙表面有填平作用，能提高耐压强度，能明显改善滑动摩擦，具有高速滑动和高负荷下的抗擦伤性能。二硫化钼在润滑脂中的用量为3%～10%。

二硫化钼在350～400℃时安定，在-60～400℃保持良好的润滑性能。在真空、无水和辐射条件下能保持润滑性。在有水、油和表面活性剂的情况下，润滑作用略有降低。二硫化钼在400℃左右逐渐氧化，当温度高于540℃时，氧化速度急剧加快，氧化后生成 SO_2 和 MoO_3。由于三氧化钼具有较大的摩擦系数(0.5～0.6)，故二硫化钼在400～600℃，其摩擦系数随温度上升而增大。

(3)氮化硼

氮化硼是一种新型润滑材料，为白色粉末，莫氏硬度为2。氮化硼的结构与石墨类似，也是一种六角形网，平面重叠的层状结构，但每两层间的氮与硼是交错重叠现象。氮化硼层间的结合力比层内的结合力弱得多，当受外力作用时，很容易产生层间滑移，运动阻力非常小，所以有良好的润滑性。

和石墨相比，氮化硼不仅具有石墨的一些优点，而且在高温时还具有石墨无法比拟的优越性能，如耐腐蚀性、传热性、绝缘性和良好的润滑性。

(4)其他超细粉体

作为润滑脂填料使用的超细粉体还有碳酸钙、层状硅酸盐、氧化钛、金属粉

(如铜、锡、锌、铝)等。

5.1.4 润滑脂的结构

1. 皂基脂结构的近代概念

使用了电子显微镜、X 射线衍射及热分析技术，证明了在润滑脂中存在皂晶体，而且有不同大小形状的皂纤维组成的网状结构骨架。因此，皂基润滑脂的结构，被公认是一个胶体结构分散体系，分散介质为液体润滑剂，分散相为皂纤维。由皂纤维形成网状结构骨架，将基础油固定在其中，从而形成半固体状的润滑脂。

金属皂大多具有晶体性质，金属皂加热时在基础油中分散，冷却过程中发生晶化，形成皂纤维，并由皂纤维组成三维结构骨架，使润滑油被固定在皂纤维的骨架之中，形成润滑脂。据 X 射线衍射分析，一种皂无论是在晶体状态还是皂纤维状态，它的晶胞都是相同的。

皂纤维中的皂分子是以羧基对羧基互相衔接的双分子层(见图 5－9)，烃基指向外，而且皂分子的长碳链大致沿皂纤维薄的横断面平行排列，而不是垂直排列。这说明沿皂纤维轴有劈开的趋势。皂分子与纤维轴不一定成直角，不同皂相对轴线的偏离角 β 也不相同，这可以根据两个串联皂分子的计算长度和用 X 射线测定的长间距计算出来。

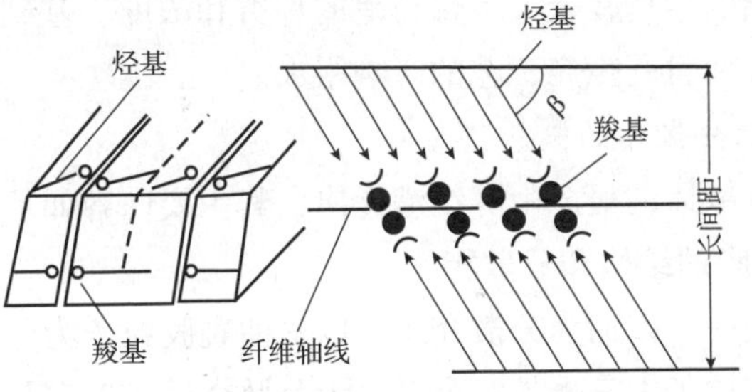

图 5－9 皂纤维中皂分子的排列

皂分子之间存在两种不同的力——离子力和范德华力。皂分子羧基端带负电的氧与邻近分子带正电的金属离子互相吸引，这种力属于离子力。它的大小与带电离子间距离的平方成反比。属于同一行的皂分子的氧和金属离子间的距离较短，属于相邻行的皂分子中的氧和金属离子间的距离较长，因而同行间存在的离子力较大，邻行间存在的离子力较小。所以皂分子间存在两种大小不同的离子力，一种较强的离子力作用于同一行相邻分子之间，使许多皂分子聚结成皂晶体；另一种较弱的离子力作用于相邻分子之间的垂直方向。

皂分子的烃基端，相邻的甲基及亚甲基之间存在的力属于范德华力。范德华力比离子力小得多，它与距离的六次方成反比。例如，硬脂酸锂的同一行内相邻皂分子间的总吸引力为 30 ×4.184 kJ/mol，是垂直于该行的力 3 ×4.184 kJ/mol 的 10 倍，是烃基末端甲基间的力 0.3 ×4.184 kJ/mol 的 100 倍。

由于在不同方向上作用力大小不同，因此皂分子形成纤维状的聚结体。

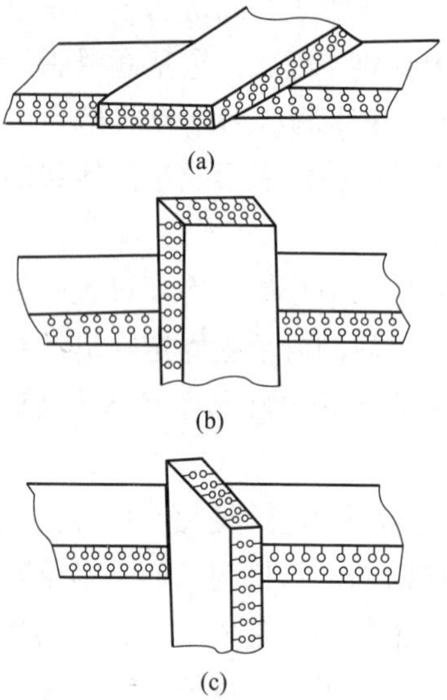

图 5 – 10　皂纤维的三种接触情况

皂纤维形成结构骨架时，仍然是离子力和范德华力作用的结果。根据皂纤维接触状态不同，接触点之间所受力的大小不同(见图 5 – 10)，两根皂纤维如果是烃基端相接触(a)，则烃基间作用力为范德华力；如果皂纤维烃基端表面对侧面(b)，则范德华力和离子力都起作用，且以范德华力为主；如果皂纤维是侧面对侧面(c)，则作用力为离子力和范德华力，且以离子力为主。

基础油中的皂在晶化过程中，形成皂纤维的大小、形状和数目，皂纤维本身的强度以及皂纤维接触点的强度，都影响润滑脂结构骨架的强度。润滑脂的性能是不同组分和加工方法所获得的润滑脂结构的反映。

总之，润滑脂的结构复杂，不仅与皂的种类和浓度、基础油的性质、极性化合物的存在有关，而且受生产工艺的影响很大。

2. 皂油凝胶粒分散体的概念

皂油凝胶粒分散体的概念由陈绍澧提出，其主要内容如下。

(1)皂基润滑脂的结构和分散相

皂基润滑脂是一个以油为分散介质、以皂油凝胶粒子为分散相的二相结构分散体系。皂油凝胶粒子本身也是一个以油为分散介质、以皂晶体为分散相的结构分散体系。皂油凝胶粒分散体的概念是从宏观和微观角度来看润滑脂的结构。从宏观上讲，皂基润滑脂是一个由分散相和分散介质组成的二相结构分散体系；从微观上讲，皂基润滑脂的分散相本身仍是一个由皂晶体和油组成的二相结构分散体系。

(2)皂基润滑脂中的基础油

按照皂油凝胶粒分散体的概念，基础油在润滑脂中有 3 种不同的存在形式：膨化油、吸附油和游离油。处于皂纤维内部的油称膨化油，这部分油由于受皂分子羧基端离子力的影响，被维系在晶格内很难被挤出；处于皂分子二聚体二维排列之间的油，因主要处于皂分子烃链末端之间的范德华力场之下，被维系在结构内的力比较弱。但是皂分子二聚体的二维排列层具有类似毛细管的作用，这部分油所受到的维系力与处于皂纤维表面的油有所不同。因此，前者称为毛细管吸附油，后者称为游离油。游离油处于皂纤维的外部，所受维系力较小，较易从体系中分出。例如，在重力作用下，游离油首先析出；当施加足够外力时，毛细管吸附油也可析出。

其实，3 种形式的基础油是很难区分的，它们虽有不同，如维系力不同，从润滑脂中析出的难易程度不同，但又互相联系，且在一定条件下可相互转化。例如，在皂油凝胶粒发生显著相转变时，膨化油、毛细管吸附油脱离粒子成为游离油。当体系受到机械作用后，皂油凝胶粒子受到破坏，可能产生两种结果：一是皂纤维数目增加和比表面积增大；二是分出游离油。如果在机械作用后，体系的分散相总比表面积的增大足以在重力下维持所增加的游离油量，体系的储存分油量就不会增加，甚至还可能减少。但是在加压下分油量就大得多，这说明分出了游离油。游离油的来源首先是机械作用使维系力较弱的毛细管吸附油分出，然后在高剪切应力作用下羧基端拆开释放出膨化油。由此可见，皂油凝胶粒子内部的油和游离油既有联系又有区别，并可相互转移，然而转移的因素不完全是一个纯机械过程，而与皂油凝胶粒子本身的相性质有密切关系。

(3) 皂油体系的相状态

一般认为，在不同温度下皂油体系可划分为 4 个相状态。

溶胶——溶胶即胶体溶液，粒子直径在 1～100 nm 的颗粒分散在油中形成的分散体系，皂分子高度分散在油中，形成比油黏度稍大的单相体系。

凝胶——是一种均匀的有弹性的体系，皂分子主要由其极性端带负电的羧基与带正电的金属离子间互相吸引而形成皂分子的聚结体，但此时皂聚结程度不是太大，油和皂形成单相体系。

伪凝胶——是一种二相分散体系，其中皂为不连续相，油为连续相，皂晶体形成疏松的空间结构骨架，将体积和重量都超过它本身好几倍的油包含于内。

悬浮体——是由皂晶体和油组成的二相分散体系，即完全呈晶态的皂悬浮于油中而形成，皂的聚结程度大，皂分子排列紧密，油只吸附在皂晶体的表面。

润滑脂在通常温度下处于何种相状态尚无定论，一般认为是伪凝胶，也有认为是悬浮体。但润滑脂的组成、制备工艺及受热、机械作用，润滑脂在常温下不一定只是一个相状态，根据皂油凝胶粒分散体的概念，认为润滑脂的分散相内含有皂和油，而且存在几个相混合的状态。

(4) 皂在油中的聚结过程

皂基润滑脂的制造过程实质上是皂在油中的分散和聚结过程。在温度不太高时，皂在油中的溶解度很小，几乎处于悬浮体状态。但在温度高时，皂分子可以高度分散在油中形成溶胶，溶胶状态的皂－油体系在温度降低时，随着皂分子热运动的减慢，其极性端的引力使皂分子在一定程度上形成定向排列，形成皂纤维和结构骨架，但因皂纤维中皂分子间距较大，油可以全部膨化到皂纤维内部，分不清哪是分散相，哪是分散介质，整个体系只有一个相，即凝胶。凝胶是一种半固体状的物质，具有弹性和可塑性。当温度再降低时，皂分子聚结程度提高，并在整个体系中形成结构骨架的主体，基础油被保持在结构骨架之中，吸附在皂纤维的表面或膨化至皂纤维的内部，体系成为伪凝胶。伪凝胶是一种二相分散体系，皂为分散相，油为分散介质。润滑脂在常温下多呈伪凝胶状态。在常温下，皂的聚结仍可缓慢进行，这时皂分子排列得更紧密，皂纤维聚结程度提高成为悬浮体。皂纤维本身因重力作用而沉降，产生动力聚沉现象。

(5)应用皂－油凝胶粒分散体概念解释润滑脂的性能

用皂－油凝胶粒分散体的概念可以解释润滑脂的一些性质，如分油、稠度、机械安定性等，还可以解释一些用近代概念难以解释的现象。①由显微镜观察到的皂晶体骨架的孔隙很大，且骨架表面积不大，当润滑脂受到机械破坏后，仍不致产生皂油大量分离的现象。用近代概念显然不易解释，但能用皂－油凝胶粒分散体的概念解释，因为在显微镜制样时一般要用溶剂处理，不但抽出了分散相内部的油，而且溶剂使皂晶体骨架受到破坏，以致所见到的皂晶体不是分散相在油中的真实形状。②皂纤维的大小和润滑脂的稠度有关。润滑脂受到机械长时间作用后稠度下降是因为皂纤维断裂，但在某些情况下发现稠度显著下降，而从电子显微镜观察皂纤维大小基本相似，这用近代概念无法解释，而用皂－油凝胶粒分散体的概念可以解释，因为机械作用后，体系中一部分膨化油或毛细管吸附油被释放出来，因而稠度下降，但皂纤维的大小、形状基本相似。

3. 非皂基润滑脂的结构

用电子显微镜观察非皂基润滑脂的结构，其稠化剂的形态各异。例如，钛菁铜润滑脂中稠化剂呈棒状；聚四氟乙烯润滑脂中稠化剂由许多颗粒聚结成块状，稠化剂颗粒直径为1～100 μm；芳基脲的稠化剂颗粒像一串串葡萄，也有网状和线状颗粒；膨润土润滑脂的稠化剂呈片状或长带状；硅胶润滑脂的稠化剂为球状颗粒。

由上述可见，各种非皂基润滑脂的稠化剂的形态各不相同。

1964年，Martinek和Corsi提出无机润滑脂结构的静电斥力理论，认为稠化剂粒子间存在静电斥力，静电斥力的大小遵守库仑定律，与粒子间距离的平方成反比。静电斥力防止稠化剂粒子聚集，从而形成润滑脂结构。

对于理想体系，粒子是大小均匀、无孔隙的小球，粒子呈面心立方或六方密堆积排列。粒子间距 Y 与粒子直径 D 和分散相体积分数 ϕ 有如下关系：

$$Y = D\left(\frac{0.9065}{\sqrt[3]{\phi}}\right)$$

对于无孔隙粒子，粒子直径 D 由表面积 A 和粒子密度 d 决定：

$$D = \frac{6}{Ad}$$

对于有孔隙粒子，粒子直径由显微镜或沉降速率测定。

实际上，稠化剂粒子除了球形，还可能呈棒状、针状、片状、不规则形状。因此，上述理论计算可能与实际情况存在差距。

5.2 润滑脂的分类

润滑脂品种繁多，各国的润滑脂分类方法不尽相同，众多分类方法可归纳为 3 种，即按润滑脂稠化剂类型分类和命名、按润滑脂使用性能和使用场合分类和命名、按制定的润滑脂分类体系分类和命名。

5.2.1 按稠化剂类型分类和命名

用润滑脂所含稠化剂的类型命名润滑脂是目前最方便和通用的方法。润滑脂分为皂基润滑脂、非皂基润滑脂（无机和有机润滑脂）和烃基润滑脂 3 大类，如表 5－5 所示。

表 5－5　润滑脂稠化剂的类型

皂基稠化剂	单皂稠化剂	钙皂、钠皂、锂皂、铝皂、钡皂、铅皂等
	混合皂	钙－钠皂、锂－钙皂
	复合皂	复合钙皂、复合钠皂、复合铝皂、复合锂皂
非皂基稠化剂	有机稠化剂	聚脲、酰胺、阴丹士林、酞菁铜、聚四氟乙烯等
	无机稠化剂	膨润土、硅胶、二硫化钼、炭黑等
烃基稠化剂		石蜡、地蜡、石油脂等

1965 年，我国曾发布了按润滑脂稠化剂类型分类的标准 GB 501—65。该分类方法曾起到一定作用，如表 5－6 所示。但按稠化剂类型分类存在较大的局限性，使用同一种稠化剂制备的润滑脂，如添加剂不同，则润滑脂产品的性能和用途可能会有较大差别；不同稠化剂制备的润滑脂，其性能也可能近似，或可以用于相同的部位。故标准 GB 501—65 在 1988 年被废止。

表 5-6　润滑脂分类分组表

组别			符号
皂基	单一皂基	钙基	G
		钠基	N
		锂基	L
		铝基	U
		钡基	B
		铅基	Q
		其他基	A
	混合皂基	钙-钠基	GN
		钙-铝基	GU
		铅-钡基	QB
		铝-钡基	UB
	复合皂基	复合钙基	FG
		复合铝基	FU
烃基			J
无机			W
有机			Y

5.2.2　按使用性能和使用场合分类和命名

大多数润滑脂具有多方面的使用性能和多种用途，我们一般选择其主要的使用性能和用途进行分类和命名(见表 5-7)，如按用途分为减磨润滑脂、防护润滑脂和密封润滑脂等。也可以根据润滑脂的应用场合分类，如汽车轮毂润滑脂、航空机轮润滑脂、铁道机车润滑脂、宽温度航空润滑脂、阻尼润滑脂等。

1983 年，我国曾提出按润滑脂用途分类的草案，参照日本润滑脂分类方法，将润滑脂分为 7 大类，每一类再细分为若干种。这种分类法虽然为用户提供了一定的方便，但实际上会使专用脂品种大量增加，反而对分类管理不利，不便于组织生产，故该草案并未正式发布执行。

表 5-7　润滑脂按用途分类

类别	种类	使用温度/℃	适用举例
一般用脂	1	-10~60	一般机械低负荷的各种轴承和滑动部件的润滑，抗水
	2	-10~80	一般机械中等负荷的各种轴承和滑动部件的润滑，中等抗水
	3	-10~100	一般机械中等负荷的各种轴承和滑动部件的润滑，不抗水

续表

类别	种类	使用温度/℃	适用举例
滚动轴承脂	1	-55～90	低温用，轻负荷仪表机械轴承
	2	-20～120	工业通用
	3	-40～150	宽温度范围，工业用
	4	-40～180	冶金、机械等高温轴承
汽车用脂	1	-10～60	汽车轮毂轴承、底盘、水泵
	2	-45～100	寒区汽车通用
	3	-30～120	汽车通用
	4	-10～150	盘式刹车汽车通用
集中供脂	1	-20～100	集中润滑，低、中负荷
	2	-10～120	集中润滑，高负荷
	3	-10～150	集中润滑，中负荷
	4	-10～150	集中润滑，高负荷
高负荷用脂	1	-10～60	一般温度，冲击负荷
	2	-10～120	冲击负荷
	3	-10～120	高负荷，冲击负荷
	4	-10～150	高温高负荷，冲击负荷
防护密封脂	1	-30～50	用于钢丝绳的封存
	2	-30～40	用于钢丝绳麻芯的浸渍
	3	—	用于软化鞍挽具、皮革零件及皮革制品金属部件防护
	4	-10～40	用于飞机发动机系统和滑油系统的开关及螺纹结合处密封
	5	-40～80	用于密封甘油、乙醇、水和空气导管系统的结合处的密封帽、螺纹及开关
专用脂	1	-10～65	用于船舶机械
	2	-40～80	适用于铁路机械制动缸润滑
	3	-10～100	食品机械润滑
	4	-10～120	砖脂，用于铁路机车大轴及高压低速摩擦界面润滑

5.2.3 按润滑脂国家分类标准分类和命名

我国于1990年等效采用ISO 6743-9：1987，制定了国家标准GB/T 7631.8—1990《润滑剂和有关产品(L类)的分类　第8部分：X组(润滑脂)》。该标准是按照润滑脂的使用性能来分类的，使用性能包括最低使用温度、最高使用温度、抗水和防锈水平、极压抗磨性能和稠度级号。这样，润滑脂代号可表示为：

L-X（字母1）（字母2）（字母3）（字母4）（稠度级号）

代号中字母的意义如表5-8和表5-9所示。

表5-8　润滑脂按使用性能的分类代号(GB/T 7631.8—1990)

适用范围	使用要求									标记	备注
	操作温度范围				水污染③	字母4	负荷EP	字母5	稠度		
	最低温度①/℃	字母2	最高温度②/℃	字母3							
用润滑脂的场合	0 -20 -30 -40 <-40	A B C D E	60 90 120 140 160 180 >180	A B C D E F G	在水污染的条件下，润滑脂的润滑性、抗水性和防锈性	A B C D E F G I	在高负荷或低负荷下，表示润滑脂的润滑性和极压性，用A表示非极压型脂；用B表示极压型脂	A B	000 00 0 1 2 3 4 5 6	由代号字母X与其他4个字母及稠度等级号联系在一起来标记的	在包含在这个分类体系范围里的所有润滑脂彼此相容是不可能的。而由于缺乏相容性，可能导致润滑脂性能水平的剧烈降低，因此，在允许不同的润滑脂相接触之前，应和产销部门协商

①设备起动或运转时，或者泵送润滑脂时，所经历的最低温度。

②在使用时，被润滑的部件的最高温度。

③如表5-9所示。

表5-9　水污染(抗水性和防锈性)代号的确定(GB/T 7631.8—1990)

环境条件①	防锈性②	字母4
L	L	A
L	M	B
L	H	C
M	L	D
M	M	E
M	H	F
H	L	G
H	M	H
H	H	I

①L表示干燥环境；M表示静态潮湿环境；H表示水洗。

②L表示不防锈；M表示淡水存在下的防锈性；H表示盐水存在下的防锈性。

代号示例：

一种润滑脂，在下述操作条件下使用：

最低操作温度：－20 ℃；

最高操作温度：160 ℃；

环境条件：经受水洗；

防锈性：不需要防锈；

负荷条件：高负荷；

稠度等级：3。

这种润滑脂的代号应为 L－XBEGB 3。

该分类法适用于各种设备、机械部件、车辆等的润滑和防护，可用于所有种类的润滑脂。但不适用于如接触食品、抗辐射、高真空用的特种润滑脂。

5.3 润滑脂的性能及指标

作为一种重要的润滑剂，润滑脂必须具备诸多优良性能，当然，性能要求因使用部位、使用条件等不同而不同，大致要求如下。

1)高温性。即使在高温下，润滑脂的分油、蒸发及锥入度变化也要小。

2)低温性。在低温下，起动摩擦转矩小，润滑良好。

3)氧化安定性。长寿命，不易氧化老化，可以维持长时间的润滑性能。

4)剪切安定性。受剪切时，稠化剂不易被破坏，即使结构被破坏也能较好复原，润滑脂不变软、不泄漏。

5)抗水性、防锈性。即使有泥水等浸入，也能防止润滑脂软化泄漏，防止部件生锈。

6)与橡胶、树脂材料的相容性。对与润滑脂接触或可能接触的材料无不良影响。

7)转矩特性。摩擦转矩小，温度上升幅度小。

8)环保、安全性。不含污染环境的物质以及对人体有害的物质。

9)质量。质量指标的偏差小，即使长期保存，性能变化也不大。

目前，我国的润滑脂性能评定方法标准共有 59 个，基本上与国外的方法相对应，其中有国家标准(GB)9 个、行业标准(SH)50 个，如表 5－10 所示。

表 5－10　中国润滑脂性能评定方法与国外润滑脂性能评定方法对照表

序号	方法名称	标准号	对应的国外标准
1	润滑脂和石油脂锥入度测定法	GB/T 269—1991	等效采用 ISO 2137—1985

续表

序号	方法名称	标准号	对应的国外标准
2	润滑脂压力分油测定法	GB/T 392—1977	等效采用 ГОСТ 7142—1974
3	润滑脂水分测定法	GB/T 512—1965	等效采用 ГОСТ 2477—1965
4	润滑脂机械杂质测定法(酸分解法)	GB/T 513—1977	等效采用 ГОСТ 6479—1973
5	润滑脂宽温度范围滴点测定法	GB/T 3498—2008	修改采用 ISO 6299—1998
6	润滑脂滴点测定法	GB/T 4929—1985	等效采用 ISO/DP 2176—1979
7	润滑脂防腐蚀性试验法	GB/T 5018—2008	修改采用 ASTM D1743—2005a
8	润滑脂和润滑油蒸发损失测定法	GB/T 7325—1987	等效采用 ASTM D972—1956(1981)
9	润滑脂铜片腐蚀试验法	GB/T 7326—1987	甲法等效采用 ASTM D4048—1981 乙法等效采用 JIS K 2220—1984
10	防锈油脂蒸发量测定法	SH/T 0035—1990	参照采用 JIS K 2246—1989
11	润滑脂相似黏度测定法	SH/T 0048—1991	参照采用 ГОСТ 7163—1963
12	润滑脂吸氧测定法(氧弹法)	SH/T 0060—1991	参照采用 JIS K 2246—1989
13	防锈油脂腐蚀性试验法	SH/T 0080—1991	参照采用 JIS K 2246—1989
14	防锈油脂盐雾试验法	SH/T 0081—1991	参照采用 JIS K 2246—1989
15	防锈油脂流下试验法	SH/T 0082—1991	参照采用 JIS K 2246—1989
16	润滑脂抗水淋性能测定法	SH/T 0109—2004	修改采用 ISO 11009—2000
17	润滑脂滚筒安定性测定法	SH/T 0122—1992	参照采用 ASTM D1831—1988
18	润滑脂极压性能测定法(四球机法)	SH/T 0202—1992	参照采用 ASTM D2596—1982
19	润滑脂极压性能测定法 (梯姆肯试验机法)	SH/T 0203—1992	参照采用 ASTM D2509—1977(1981)
20	润滑脂抗磨性能测定法(四球机法)	SH/T 0204—1992	参照采用 ASTM D2266—1967C81'
21	防锈油脂低温附着性试验法	SH/T 0211—1998	等效采用 JIS K 2246—1994
22	防锈油脂除膜性试验法	SH/T 0212—1998	等效采用 JIS K 2246—1994
23	防锈油脂分离安定性试验法	SH/T 0214—1998	等效采用 JIS K 2246—1994
24	防锈油脂沉淀值和磨损性测定法	SH/T 0215—1999	等效采用 JIS K 2246—1994
25	防锈油脂试验试片锈蚀度评定法	SH/T 0217—1998	等效采用 JIS K 2246—1994
26	润滑脂皂分测定法	SH/T 0319—1992	等效采用 ГОСТ 5211—1950
27	润滑脂有害粒子鉴定法	SH/T 0322—1992	参照采用 ASTM D1404—1983
28	润滑脂强度极限测定法	SH/T 0323—1992	等效采用 ГОСТ 7143—1973
29	润滑脂分油的测定　锥网法	NB/SH/T 0324—2010	参照采用 FED 791C321. 3—1986
30	润滑脂氧化安定性测定法	SH/T 0325—1992	参照采用 ASTM D942—1978(1984)
31	汽车轮轴承润滑脂漏失量测定法	SH/T 0326—1992	参照采用 ASTM D1263—1986

续表

序号	方法名称	标准号	对应的国外标准
32	润滑脂灰分测定法	SH/T 0327—1992	等效采用 ГОСТ 6474—1953
33	润滑脂游离碱和游离有机酸测定法	SH/T 0329—1992	等效采用 ГОСТ 6707—1976
34	润滑脂机械杂质测定法(抽出法)	SH/T 0330—1992	等效采用 ГОСТ 1036—1950
35	润滑脂腐蚀试验法	SH/T 0331—1992	等效采用 ГОСТ 9080—1977
36	润滑脂化学安定性测定法	SH/T 0335—1992	等效采用 ГОСТ 5743—1962
37	润滑脂杂质含量测定法(显微镜法)	SH/T 0336—1994	等效采用 ГОСТ 9270—1986
38	润滑脂蒸发度测定法	SH/T 0337—1992	等效采用 ГОСТ 9566—1974
39	滚珠轴承润滑脂低温转矩测定法	SH/T 0338—1992	参照采用 ASTM D1478—1980
40	润滑脂齿轮磨损测定法	SH/T 0427—1992	参照采用 FS 791 B335.2
41	高温下润滑脂在球轴承中的寿命测定法	SH/T 0428—2008	修改采用 ASTM D3336—2005ε1
42	润滑脂和液体润滑剂与橡胶相容性测定法	SH/T 0429—2007	修改采用 ASTM D4289—2003
43	润滑脂贮存安定性试验法	SH/T 0452—1992	等效采用 FS 791 C3467.1(1986)
44	润滑脂抗水和抗水－乙醇(1:1)溶液性能试验法	SH/T 0453—1992	等效采用 FS 791 C5415(1986)
45	防锈油脂包装贮存试验法(百叶箱法)	SH/T 0584—1994	等效采用 JIS K 2246—1989
46	润滑脂接触电阻测定法	SH/T 0596—1994	修改采用 ASTM D3709—1989
47	润滑脂抗水喷雾性测定法	SH/T 0643—1997	等效采用 ASTM D4049—1993
48	润滑脂宽温度范围蒸发损失测定法	SH/T 0661—1998	等效采用 ASTM D2595—1996
49	润滑脂表观黏度测定法	SH/T 0681—1999	等效采用 ASTM D1092—1993
50	润滑脂在贮存期间分油量测定法	SH/T 0682—1999	等效采用 ASTM D1742—1994
51	润滑剂的合成橡胶溶胀性测定法	SH/T 0691—2000	等效采用 FS 791C3603.5(1986)
52	润滑脂防锈性测定法	SH/T 0700—2000	等效采用 ISO 11007—1997
53	润滑脂抗微动磨损性能测定法	SH/T 0716—2002	等效采用 ASTM D4170—1997
54	润滑脂摩擦磨损性能测定法	SH/T 0721—2002	等效采用 ASTM D5707—1998
55	汽车轮毂轴承润滑脂寿命特性测定法	SH/T 0773—2005	修改采用 ASTM D3527—2002
56	润滑脂极压性能测定法(高频线性振动试验机法)	SH/T 0784—2006	修改采用 ASTM D5706—1997(2002)ε1
57	润滑脂氧化诱导期测定法(压力差示扫描量热法)	SH/T 0790—2007	修改采用 ASTM D5483—2002ε1
58	润滑脂在稀释合成海水中防腐蚀性试验法	NB/SH/T 0823—2010	修改采用 ASTM D5969—2005ε2
59	汽车轮毂轴承润滑脂低温转矩测定法	NB/SH/T 0839—2010	等效采用 ASTM D4693—2007

5.3.1 稠度

稠度是指润滑脂在受力作用时，抵抗变形的程度。稠度常用锥(或针)入度来表示。锥入度是在规定的测定条件下，一定重量和形状的圆锥体，在5 s内落入润滑脂中的深度，以1/10 mm(0.1 mm)表示。

1. 评定方法

我国的测定方法是GB/T 269—1991《润滑脂和石油脂锥入度测定法》，参照ISO 2137—1985；美国材料与试验协会标准方法为ASTM D217。

不工作锥入度：将润滑脂样品在尽可能不搅动的情况下，移到润滑脂工作器中，在25 ℃测定的锥入度。

工作锥入度：工作锥入度是指润滑脂在工作器中以每分钟60次的速度工作1 min后，在25 ℃下测得的结果，以1/10 mm表示。

延长工作锥入度：润滑脂样品在工作器中工作1万次或10万次后测得的锥入度数值，以1/10 mm表示。

块锥入度：具有足够硬度以保持其形状的润滑脂在25 ℃的锥入度。

除上述按标准方法规定的全尺寸圆锥体测定锥入度外，还有用1/4尺寸或1/2尺寸的圆锥体测定微锥入度。1/4型圆锥体及杆总重(9.38 ± 0.025) g，1/2型圆锥体及杆总重为(37.5 ± 0.05) g。这两种锥入度限于测定0 ~ 4级润滑脂，微锥入度不大于100单位的少量样品用，限用于因样品量的限制不能使用全尺寸锥入度测定仪(见图5 - 11)测定的场合，不能用以代替全尺寸锥入度。需要时，可由公式换算成全尺寸锥入度。

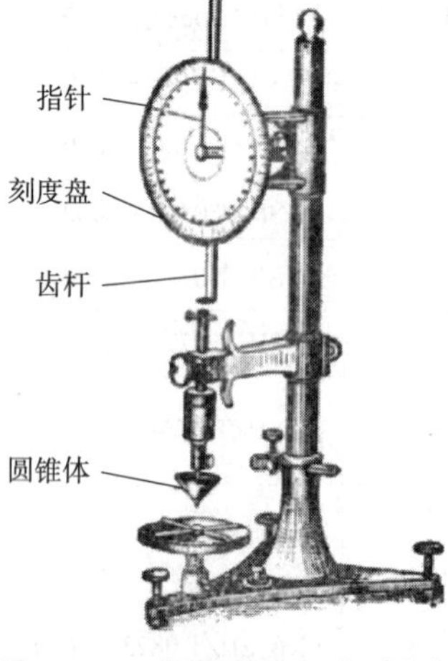

图5 - 11 润滑脂锥入度测定仪

1/4比例的锥入度(p)换算成全尺寸锥入度(P)的公式为：

$$P = 3.75p + 24$$

1/2 比例的锥入度(r)换算成全尺寸锥入度(P)的公式为：

$$P = 2r + 5$$

式中 P——全尺寸锥入度，1/10 mm；

p、r——1/4 比例锥体和 1/2 比例锥体锥入度，1/10 mm。

2. 使用意义

(1)划分润滑脂稠度级号

锥入度越大，表示润滑脂的稠度越小，润滑脂越软。反之，锥入度越小则表示稠度越大，润滑脂越硬。我国标准按工作锥入度范围，将润滑脂分为 9 个系列(见表 5－11)，系列号即通常所说的牌号，号数越小，润滑脂越软，锥入度越大。

表 5－11 润滑脂牌号与锥入度的关系

润滑脂牌号	锥入度/1/10 mm	适用润滑法	状态	主要用途
000	445 ～ 475	集中	液体	循环滑油系统(冬)
00	400 ～ 430	集中	半液体	循环滑油系统(夏)
0	355 ～ 385	集中、涂抹	非常软	集中滑油系统(冬)
1	310 ～ 340	集中、脂杯	很软	集中滑油系统(夏)
2	265 ～ 295	脂杯、脂枪	软	轮轴(冬)
3	220 ～ 250	脂杯、脂枪	中软	轮轴(夏)
4	175 ～ 205	脂杯、脂枪	硬	轴箱填充(亚热)
5	130 ～ 160	涂抹	很硬	轴箱填充(热)
6	85 ～ 110	脂块填充	非常硬	轴头填充

摘编自：欧风．油品应用技术手册[M]．北京：中国石化出版社，1999.

(2)选用润滑脂须考虑适宜的锥入度

工作锥入度是选择润滑脂必须考虑的因素之一。选择润滑脂的稠度需要根据机械使用条件及加脂方法决定。例如，在选择轴承用润滑脂的稠度时，若轴承的 DN 值为 75000～300000 mm·r/min，一般适宜使用 3 号润滑脂。但如用压力脂枪加注，或用集中给脂系统给脂，特别是操作温度低于正常温度，或集中给脂系统的管线较长时，可用较软的润滑脂。若速度因数小于 75000 mm·r/min，一般推荐用 1 号或 2 号润滑脂；在极低温度使用特别是用压力脂枪加注润滑脂，可使用稠度为 0 号的润滑脂。在寒区冬季用脂枪加注润滑脂时，如润滑脂稠度过大(锥入度过小)，就会出现加注困难。

但需注意，锥入度本身没有一定的物理意义，只是在指定条件下说明稠度的相对数值，不能单纯用它来表示润滑脂的使用性能。因为有些润滑脂稠度相近，但其他与使用有关的性质(如黏度、强度极限等)却截然不同。润滑脂的使用性能受许多因素的影响，如工作条件、污染等。不能将锥入度认为是和润滑油黏度相当的一个参数，例如，对重载或低速的机器需使用黏度较大的润滑油，但并不需要较稠的润滑脂。此外，锥入度和润滑脂使用温度的关系也不能一概而论，不能认为越硬的润滑脂越适于高温。

(3)润滑脂研制中筛选配方和生产中控制质量

在润滑脂研制中，锥入度用来评定稠化剂在基础油中的稠化能力、筛选配方。一般来讲，润滑脂的配方、研制过程条件相同和制成后放置相同时间后的锥入度相近。国外有时用不搅动锥入度和未工作锥入度来检查产品的均一性。不搅动锥入度是在盛润滑脂的容器中不经搅动或工作所测定的锥入度，比未工作锥入度和工作锥入度的数值均小。由于润滑脂制成后放置会硬化，在生产后的一个月内，不搅动锥入度的数值均减小。

(4)以锥入度变化表示润滑脂的其他性能

1)机械安定性。延长工作锥入度常与工作锥入度相比较，以两者之差的大小表示润滑脂的机械安定性。或以滚筒剪切润滑脂前后微锥入度的差值表示润滑脂的机械安定性。

2)抗水性。以加水10%后工作10万次与无水工作60次锥入度的差值，或以加水和不加水滚筒试验微锥入度差值表示润滑脂的抗水性能。

3)硬化倾向。以加热后样品锥入度变化表示热硬化倾向；或以剪切后放置过程中锥入度的变化来表示润滑脂的老化硬化程度。

4)储存安定性。润滑脂在38 ℃储存6个月，一般规定前后锥入度变化值不大于±30。《润滑脂贮存安定性试验法》(SH/T 0452—1992)参照FS 791 C3467.1(1986)。

5.3.2 低温性和流变性

润滑脂的低温性能是指润滑脂在低温条件下，其稠度和黏度增大的程度和趋势。因此，在低温环境中使用的润滑脂必须具备良好的低温性能，尤其是航空用润滑脂低温性能要求更高。润滑脂的低温性能主要取决于基础油的性能。

润滑脂的流变性能是指润滑脂在受外力作用时，表现出的流动和变形特性。与润滑油不同，润滑脂具有胶体结构，属于非牛顿流体。常温下，通常用强度极限评估润滑脂的流动性质，判断其是否容易流动；低温下，采用相似黏度来判断其能否正常流动。润滑脂的流变性与其组成结构和测定时的剪切速率、温度有关。

1. 强度极限

润滑脂在产生流动时所需的最小剪切应力，称为润滑脂的剪切强度极限，或简称强度极限，或称极限剪切应力。

(1)评定方法

SH/T 0323—1992《润滑脂强度极限测定法》规定，将试样按要求抹在螺纹管及套管表面等部位，把螺纹管固定在塑性计壳体内，放入恒温浴加热，体系保持一定速率增压，当系统压力达到最大值后，压力开始下降，记下压力的最大值并计算结果(图 5－12)。

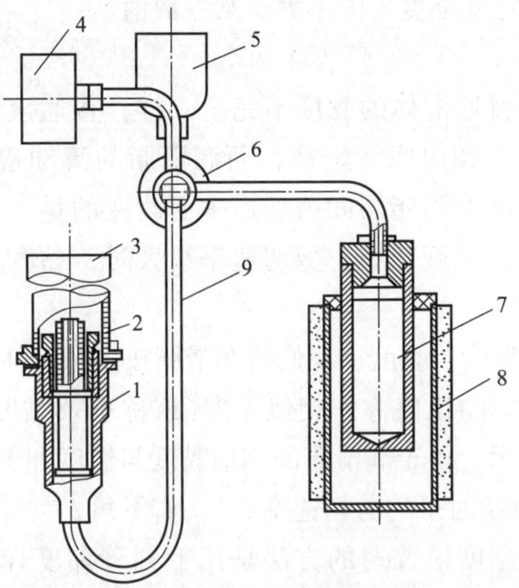

图 5－12　强度极限测定仪

1—壳体；2—螺母；3—玻璃罩；4—压力表；5—供油漏斗；
6—阀门；7—储油器；8—电炉；9—连接管

试样的强度极限 τ(Pa)按下式计算：

$$\tau = PR/2L$$

式中　P——最大压力，MPa；

R——螺纹管的半径，0.2cm；

L——螺纹管的长度，cm。

(2)使用意义

强度极限对润滑脂的使用有较大意义，由于润滑脂有一定的强度极限，所以润滑脂用于不密封的摩擦部件中不会流出。在垂直面上使用的润滑脂，如所受剪切应力大于其强度极限，就会滑落。在高速旋转的机械中使用的润滑脂如强度极限过小，就会被离心力抛出。

润滑脂强度极限与温度有关：温度越高，强度极限越小；温度低时，强度极限增大。因此，强度极限为润滑脂的高、低温性能提供了一定参考信息。在高温下，润滑脂的强度极限会减小。润滑脂如果在高温下能保持适当的强度极限，则不易滑落，适用于高温环境。润滑脂的强度极限如果变得过小，则使用温度会受到限制。与此相反，在低温下使用时，润滑脂的强度极限不应过大，否则，便会引起机械起动困难，或消耗过多的动力。测定润滑脂的强度极限具有一定的实用意义，高温时的强度极限可以说明润滑脂工作能力的大致上限，低温时的强度极限可判断其耐寒性能。大部分润滑脂在其使用温度范围内强度极限为 0.098 ~ 2.940 kPa。因此润滑脂在较高温度下工作时规定其强度极限不小于某一数值，而在低温下工作时规定其强度极限不大于某一数值。

2. 相似黏度

润滑脂的黏度和普通液体的黏度不完全一样，普通液体的黏度在一定温度时是一个常数，遵守牛顿内摩擦定律，而润滑脂的流动遵守牛顿内摩擦定律。它流动时的黏度，是一个随脂层间剪切速率而改变的量。剪切速率小时，黏度大；剪切速率增大时，黏度变小；剪切速率很大时，黏度小至一定程度而保持恒定。

为了便于比较润滑脂的黏度，我们将润滑脂按牛顿流体处理，将润滑脂流动时剪切应力与剪切速率的比值称作相似黏度(或称有效黏度、表观黏度)，单位是 Pa · s，常用 ηa 表示。由于润滑脂的相似黏度与温度和剪切速率有关，所以也常用 η_t^D 表示，D 为测定时平均剪切速率 s^{-1}，右下角 t 为测定温度(℃)。

测定润滑脂相似黏度最普遍的方法是用毛细管黏度计测出一定压力(或流量)下润滑脂通过毛细管的流量(或压力)，然后利用泊肃叶方程及下列公式计算。

剪切应力：$\tau = \dfrac{pR}{2L}$

平均剪切速率：$D = \dfrac{4Q}{\pi R^3}$

相似黏度：$\eta^a = \dfrac{\tau}{D} = \dfrac{pR}{2L} \Big/ \dfrac{4Q}{\pi R^3}$

式中 p——毛细管两端压力差；

R——毛细管半径；

L——毛细管长度；

Q——流量。

(1)评定方法

SH/T 0048—1991《润滑脂相似黏度测定法》采用非恒定流量式的毛细管黏度计，其测定原理是根据在压力变化过程中流量的测定，按泊肃叶方程计算出相似黏度。此法适用于不同温度下不同平均剪切速率(0.1 ~ 100 s^{-1})时 1 ~ 10000 Pa · s 的润滑脂的相似黏度测定。表观黏度是指用液压系统带动的浮动活塞迫使润滑脂样品通过毛细管，由预先测定的流速和系统中所施加的力，根据泊肃叶方程算出。

SH/T 0681—1999《润滑脂表观黏度测定法》采用恒定流量式的毛细管黏度计(SOD 黏度计)，适用温度范围为 -53 ~ +37.8 ℃；对润滑脂表观黏度的测量范围：在剪切速率为 10 s^{-1}时可测定 2.5 ~ 10000 Pa · s 的表观黏度。

(2)使用意义

相似黏度是润滑脂一项重要的基本特性，与其在机械中的使用性能有很大关系。如果使用的润滑脂黏度较大，摩擦损失相对较多。黏度过大会增加起动阻力，特别是在低温下润滑脂的黏度增大，更会使低温起动受到影响，甚至造成起动困难。因此，润滑脂在低温低剪切速率时的黏度对润滑脂的低温起动性能影响较大，对低温或宽温度范围用的润滑脂需要规定它的低温黏度。同时，极限黏度增大，轴承的运转力矩也增大。

3. 低温转矩

低温转矩是在规定温度下，以试验的润滑脂润滑 204 型开式滚珠轴承，当其内环以 1 r/min 的速度转动时，测定其作用在外环上的力矩。用起动转矩和运转转矩来表示：

起动转矩——开始转动时测得的最大转矩。

运转转矩——在转动规定的时间后测得的平均转矩。

(1)评定方法

SH/T 0338—1992《滚珠轴承润滑脂低温转矩测定法》要求将润滑脂试样装入试验轴承，再安装在试验机上并固定，调整好测力绳，测试温度达到时开始计时，恒温 2 h，计算结果(图 5 - 13)。

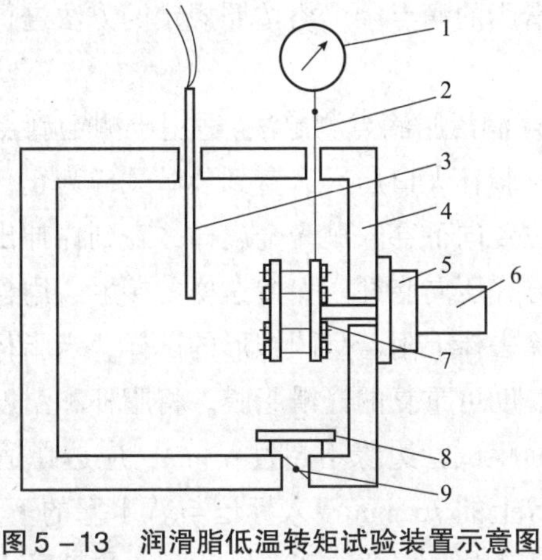

图 5 - 13　润滑脂低温转矩试验装置示意图

1—测力器；2—测力绳；3—热电偶；4—低温箱；5—减速器；
6—电动机；7—负荷轴承座；8—挡盘；9—调节活门

(2)使用意义

低温转矩的大小关系到用润滑脂润滑的轴承低温起动的难易和功率损失，如果低温转矩过大，就会导致起动困难并且增加功率损失。低温转矩对在低温下使用的微型电机、精密控制仪表等特别重要。精密设备要求轴承的转矩小而稳定，以保证容易起动和灵敏、可靠地工作。

目前我国的低温和宽温用润滑脂一般要求低温黏度不应过大。在美国，低温和宽温用航空润滑脂大多数要求在其使用温度下的起动转矩不大于1500 mN·m，运转转矩不大于500 mN·m。

5.3.3 热安定性

润滑脂在受热时，性质会发生多方面改变，例如，从不流动状态变成流动状态，稠度发生变化，出现分油和氧化等。这些变化都会影响润滑脂在高温下的使用性能。下面介绍几种常用的热安定性评定方法。

1. 滴点

滴点是润滑脂规格中重要的质量指示之一。润滑脂在一定的条件下加热时，从仪器的脂杯中滴下第一滴液体时的温度，即为该润滑脂的滴点。一般情况下，润滑脂在试验条件下由半固态变为液态时的温度，或者说，由不流动态转为流动态的温度，就是它的滴点，这种状态变化表明润滑脂含有常规的皂类稠化剂。若润滑脂不以常规皂类为稠化剂，可以不发生状态变化，而只析出油来。

滴点本身没有绝对的物理意义，它的数值因仪器设备和测定条件而异。各国标准方法中严格规定了脂杯的大小、形状、装样品的方法、温度计的位置及加热升温速度等。测定润滑脂的滴点须严格按照规定的方法进行。

(1)评定方法

GB/T 4929—1985《润滑脂滴点测定法》适用于测定滴点温度不是很高的润滑脂的滴点。将润滑脂从脂杯大口压入，直到装满试样为止，用刮刀除去多余的试样。在底部小孔垂直位置向下穿入抛光金属棒，直到棒伸出约25 mm，将棒以接触杯的上下缘周边的方式压向脂杯。保持这样的接触，用食指旋转棒上脂杯，使它螺旋向下运动。以除去棒上附着呈圆锥形的试样，当脂杯滑出棒的末端时，在脂杯内侧应留下一层厚度可重复的光滑脂膜。将脂杯和温度计放入试管中，把试管挂在油浴里，使油面距试管边缘不超过6 mm，应选择适当的试管里固定温度计的软木塞，使温度计上的76 mm浸入标记与软木塞的下边缘一致。搅拌油浴，按4 ~7 ℃/min的速度升温，直到油浴温度达到比预期滴点约低17 ℃的温度时，降低加热速度，使油浴温度再升高2.5 ℃之前，试管里的温度与油浴温度的差值为2 ℃或低于2 ℃。继续加热，以1 ~1.5 ℃/min的速度加热，使试管中温度和油浴温度之间的差值维持在 1 ~ 2 ℃。当温度继续升高时，试样逐渐从脂杯孔露出，从脂杯孔滴出第 1 滴流体时，立即记录两个温度计上的温度。油浴温度计与试管里温度计的读数的平均值即为试样的滴点(图 5 - 14)。

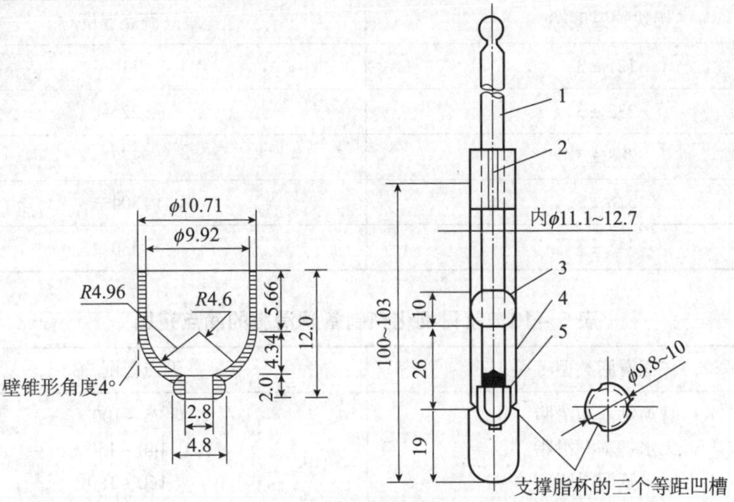

图 5 - 14　脂杯及装配的仪器

1—温度计；2—软木塞上的透气槽口；3—导环；4—试管；5—脂杯

《润滑脂宽温度范围滴点测定法》(GB/T 3498—2008)适用于测定润滑脂宽温度范围滴点，可测定滴点超过 330 ℃的各类润滑脂的滴点，且所需测定的时间较短。在铝块炉温度计孔中插入一支量程为 - 5 ~ 400 ℃的温度计，打开加热器，将炉温调节到润滑脂滴点高限温度所要求的水平。装置好滴点测定装置。从脂杯大口压入润滑脂试样，直到装满试样为止，用刮刀除去多余的试样，使脂面与杯口齐平；用金属棒从脂杯小口插入，直到金属棒伸出脂杯口约 25 mm 为止。同时用棒接触杯上下缘周边以挤压杯中试样，用食指使脂杯在金属棒上旋转，螺旋向下移动，脂的锥体部分被黏附在金属棒上而被除去。当脂杯接近金属棒的下端时，将金属棒小心地从脂杯中滑出，杯内留下一层厚度均匀的平滑脂膜；把脂杯放在试管中的脂杯支架上，重新装上温度计组合件。将试管组合件轻轻放入铝块炉中确保垂直。记录从脂杯中滴落下第一滴试样的温度及炉温。然后按下式计算滴点：

$$T = T_0 + \frac{T_1 - T_0}{3}$$

式中　T——滴点，℃；

T_0——从脂杯滴落第一滴试样时的温度，℃；

T_1——炉温，℃。

铝块炉温度对应的最高滴点温度见表5－12。常见稠化剂制备润滑脂的滴点范围见表5－13。

表5－12 铝块炉温度对应的最高滴点温度

铝块炉温度/℃	最高滴点温度/℃
121±3	116
232±3	221
288±3	277
316±3	304
343±3	330

表5－13 常见稠化剂制备润滑脂的滴点范围

润滑脂类型	滴点范围/℃
普通钙基润滑脂	75～100
无水钙基润滑脂	140～150
钠基润滑脂	160～180
锂基润滑脂	165～200
复合锂基润滑脂	约260
复合铝基润滑脂	约260
复合脲基润滑脂	约260
膨润土润滑脂	约260

（2）使用意义

1）大致区分不同类型的润滑脂。不同稠化剂制成的润滑脂滴点不同。烃基润滑脂滴点低，为50～60 ℃。不同皂基润滑脂滴点高低不同。钙基润滑脂和铝基润滑脂滴点均较低，无水钙基及钙－钠皂基润滑脂较钙基、铝基润滑脂滴点高，钠基及锂基润滑脂滴点在单皂基润滑脂中最高。复合皂基润滑脂及有机润滑脂滴点可超过250 ℃。无机润滑脂（如膨润土润滑脂、硅胶润滑脂）无滴点。

2）估计润滑脂的最高使用温度。滴点常用来估计润滑脂的最高使用温度，一般润滑脂的最高使用温度比其滴点低15～30 ℃，但有的润滑脂因受基础油蒸发性的限制，或因体系发生相转变，最高使用温度比滴点低得多。需要注意，滴点并不是润滑脂的最高使用温度，润滑脂不应在温度达到或高于其滴点时使用，否则会熔化流失。

3）在润滑脂的研制、生产和储存中用以检查质量。由于滴点测定设备简单、方法快速，长期以来，国内外在润滑脂研制、生产和验收中都广泛采用滴点测定来检查润滑脂的质量，故润滑脂规格中均规定了滴点项目。储存期间，润滑脂如氧化变质，滴点就会降低，因此滴点也是润滑脂的储存化验项目之一。

2. 蒸发损失

蒸发损失是指润滑脂在高温条件下基础油的蒸发损失程度。润滑脂的蒸发损失主要取决于基础油的类型、性质和馏分组成。

(1)评定方法

《润滑脂和润滑油蒸发损失测定法》(GB/T 7325—1987)适用于测定在 99 ~ 150 ℃范围内的任一温度下润滑脂或润滑油的蒸发损失。称量已洗净的试样杯和杯罩，将润滑脂试样填满试样杯，防止混入空气，用刮刀刮平使试样表面和脂杯边缘相平，盖上杯罩并拧紧，称量脂杯组合件。将脂杯组合件放入已达到试验温度的恒温浴蒸发器里，使干净的空气以规定的流速流过蒸发器，经过 22 h 试验后，从蒸发器中取出脂杯组合件，冷却至室温，称量并记下样品净质量。测定结果以蒸发损失的质量百分数表示(图 5 – 15)。

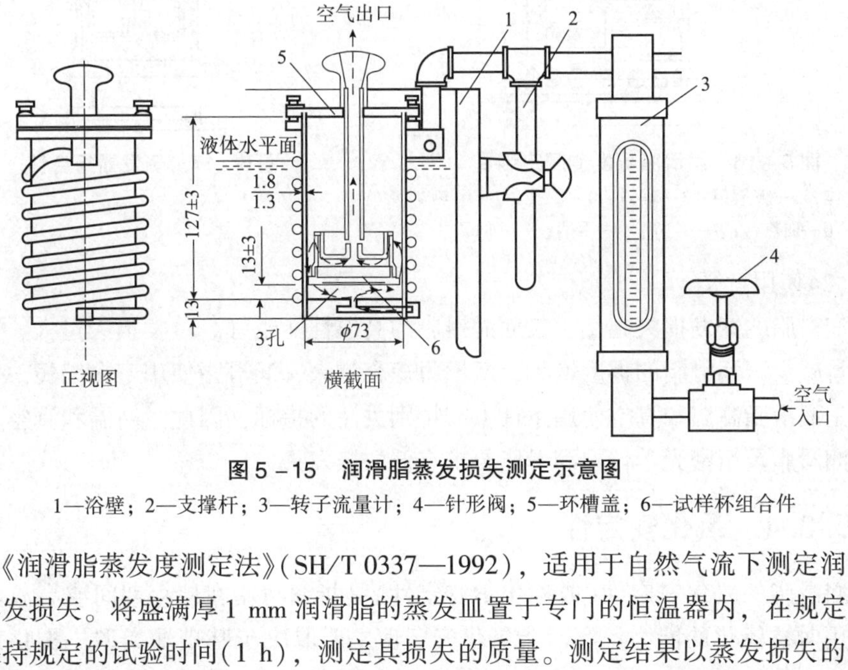

图 5 – 15　润滑脂蒸发损失测定示意图

1—浴壁；2—支撑杆；3—转子流量计；4—针形阀；5—环槽盖；6—试样杯组合件

《润滑脂蒸发度测定法》(SH/T 0337—1992)，适用于自然气流下测定润滑脂的蒸发损失。将盛满厚 1 mm 润滑脂的蒸发皿置于专门的恒温器内，在规定温度下保持规定的试验时间(1 h)，测定其损失的质量。测定结果以蒸发损失的质量百分数表示(图 5 – 16)。

《润滑脂宽温度范围蒸发损失测定法》(SH/T 0661—1998)适用于测定在 93 ~ 316 ℃范围内的润滑脂的蒸发损失，比 GB/T 7325—1987 测定的温度范围宽。将润滑脂试样装满清洁干燥的试样杯，避免混入空气，用刮刀刮平，使试样与试样杯边缘相平，盖上杯罩并拧紧。称量试验杯和杯罩并记录试样的净质量。把已称量和装配好的试样杯和杯罩拧紧在排气管上，然后装在加热器中，调整好温度和空气流量，使试样在空气流速为 2. 58 g/min 的规定试验温度下保持 22 h。试验结束后，从蒸发器装置上取出试样杯和杯罩，冷却至室温并称量。测定结果以蒸发损失的质量百分数表示。测定装置见图 5－17。

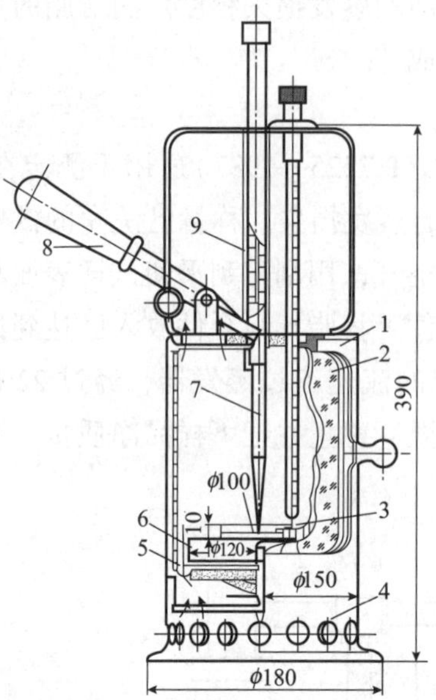

图 5－16　润滑脂蒸发度测定装置

1—壳体；2—玻璃门；3—钢饼；4—圆孔；5—电热器；6—加热台；7—顶杆；8—手柄；9—弹簧

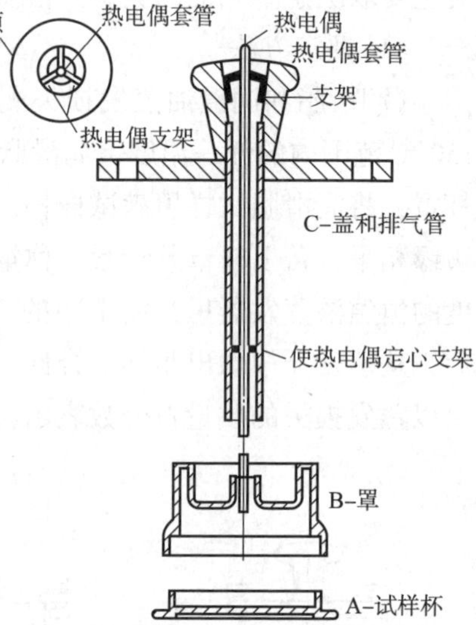

图 5－17　蒸发器组合件

(2)使用意义

润滑脂的蒸发损失越小，表面润滑脂的高温性能越好。蒸发损失过大，基础油含量减少，润滑脂的稠度增大，摩擦力矩会增大，润滑脂使用寿命缩短。蒸发损失是润滑脂高温和真空使用条件下需特别关注的指标，因此，高温和真空下使用的润滑脂及精密光学仪器润滑脂要求有低的蒸发损失。

5.3.4　氧化安定性

润滑脂的氧化安定性(或称化学安定性)是指润滑脂在储存期间或高温条件下使用时抗氧化的能力。润滑脂氧化安定性主要取决于基础油类型、稠化剂类型和添加剂。合成油的氧化安定性优于矿物油，加氢精制矿物油优于溶剂精制矿物油；非皂基稠化剂制备的润滑脂优于皂基润滑脂。皂基润滑脂中的金属有催化作用，一方面氧化生成低分子有机酸；另一方面发生聚合作用，使皂类形成硬而稠的胶状物，致使润滑脂分油、变色而失去塑性。皂基脂中氧化难易程度依次为铝基、钡基、钙基和锂基润滑脂。我们可以加入合适的抗氧剂或抗氧防腐剂提高润滑脂的氧化安定性。润滑脂的氧化安定性还受储存和使用中的条件(如温度、氧的浓度、水分等)的影响。烃基润滑脂的氧化安定性比皂基润滑脂好。

(1)评定方法

SH/T 0325—1992《润滑脂氧化安定性测定法》适用于在静态条件下测定润滑脂的氧化安定性，用氧化诱导期的长短、在试验期间氧弹中压力降的多少和试验后润滑脂的酸值大小来判断润滑脂的氧化安定性。将所测试的润滑脂放在不锈钢制的氧弹中，测定装置如图 5－18 所示。在 99 ℃和 0.770 MPa 的氧气压力下，样品经规定的时间(100 h)氧化后，测定压力降。

但是，氧弹法本身存在 3 个显著缺点：①试验周期很长；②试验期内压力降不能真实地代表吸氧量；③氧化后酸值的变化不能代表全部氧化产物及氧化程度。由于氧弹法存在上述缺点，国内外都开展了润滑脂动态氧化的研究。

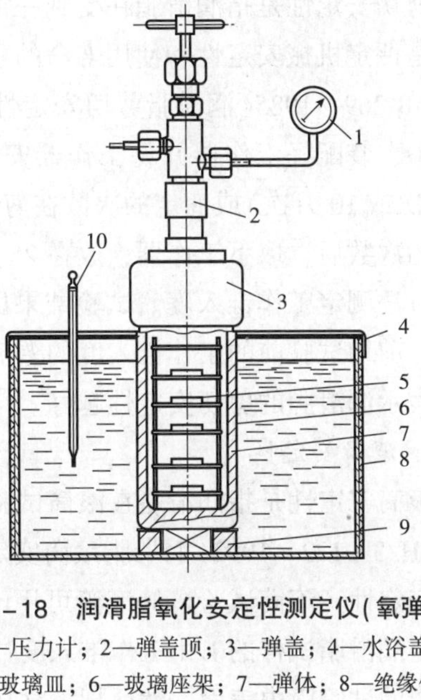

图 5－18　润滑脂氧化安定性测定仪(氧弹法)

1—压力计；2—弹盖顶；3—弹盖；4—水浴盖；5—玻璃皿；6—玻璃座架；7—弹体；8—绝缘体；9—槽孔；10—温度计

SH/T 0335—1992《润滑脂化学安定性测定法》：在 5 只洁净干燥的玻璃皿中分别装入约 4 g 润滑脂样品，再放入氧弹中，在一定温度、一定氧压下氧化一定时间后，测定试样氧化的酸值或游离碱，并与试样氧化前所测定的酸值或游离碱进行比较，以其酸值或游离碱的变化值和氧气压力降表明该试样的化学安定性。酸值和游离碱的变化值及氧气压力降越小，润滑脂的化学安定性越好。

红外光谱法测定润滑脂的氧化安定性，是利用氧化前后羰基峰的变化来揭示氧化作用。

(2)使用意义

氧化安定性是决定润滑脂的最高使用温度和使用寿命长短的重要因素之一，并影响润滑脂的防腐性、结构及其他性能。润滑脂氧化后，滴点下降，生成酸性腐蚀性的产物、胶质物和破坏润滑脂结构的物质，致使润滑脂变质，不能满足设备润滑要求，甚至腐蚀设备。因此，润滑脂应具有良好的氧化安定性，尤其是高温润滑脂、仪表润滑脂和长寿命润滑脂对氧化安定性有更高的要求。

5.3.5　机械安定性

润滑脂的机械安定性是指润滑脂在机械工作条件下，其骨架结构体系抵抗从变形到流动的能力。润滑脂的机械安定性是影响其使用寿命的重要因素，并与轴承润滑脂漏失量有很大的相关性。机械安定性主要取决于润滑脂稠化剂种类及制备工艺，也与润滑脂的结构、胶体安定性及温度等有关。

评定润滑脂的机械安定性对润滑脂的实际使用有很大的参考价值和实际意义。机械安定性好的润滑脂，使用寿命较长。

1. 剪切安定性

剪切安定性是指润滑脂在受到一定条件的机械剪切力时，抵抗稠度变化的能力，是评定机械安定性和使用寿命的重要指标之一。

GB 269—1985《润滑脂剪切安定性的测定方法》：将润滑脂试样装入工作器脂杯中，装配好工作器并将工作器安装在剪切试验机上，使试样按规定的次数(1 万次或 10 万次)或商定的次数在剪切试验机上以每分钟 60 次往复工作，达到规定的次数后，取下工作器，放在 25 ℃水浴中恒温 1. 5 h，然后按工作锥入度的测定方法测定工作锥入度。试验结果用剪切试验(1 万次或 10 万次)后的工作锥入度与剪切试验前的工作锥入度的差值来表示。剪切试验前后工作锥入度差值越小，表示润滑脂的剪切安定性越好。

2. 滚筒安定性

滚筒安定性是指润滑脂在滚筒试验机内经受机械碾压抵抗稠度变化的能力。

SH/T 0122—1992《润滑脂滚筒安定性测定法》：用滚筒试验机测定润滑脂的机械安定性。滚筒试验机的滚筒可用电动机带动转动，使筒内润滑脂受到剪切。先测定润滑脂试样的 1/4 工作锥入度数值。取 50 g 未工作的润滑脂均匀地涂在洗净烘干的试验筒内表面，然后把滚柱放入筒内，压紧筒盖，将滚筒安装好后，开动仪器。按规定温度和时间(一般为室温 2 h)连续碾压润滑脂。然后从滚筒中取出试样，测碾压后试样的 1/4 工作锥入度数值。试验结果用碾压后的 1/4 工作锥入度与碾压前的 1/4 工作锥入度的差值来表示。差值越小表示润滑脂的滚筒安定性越好。

3. 轴承润滑脂漏失量

润滑脂在轴承中使用时，由于它本身质量不高或变质，容易从轴承密封间隙中漏失。这不但会影响轴承的工作性能，而且漏失的油脂有时会使其他部件不能正常工作。因而应在规定条件测定不同润滑脂的轴承漏失量，评估润滑脂在低、中速推力轴承上的使用情况。

SH/T 0326—1992《汽车轮轴承润滑脂漏失量测定法》适用于在规定的试验条件下评价车轮轴承润滑脂的漏失量。但不等同于长时间的使用试验，也不能用来区别有相似漏失特性的车轮轴承润滑脂。所需仪器由一个专门的前轮毂及轴组合件组成，测定润滑脂从轴承中漏出的质量。轴承润滑脂漏失试验中漏出的润滑脂量越少，润滑脂的轴承漏失量越小，表明润滑脂的抗漏失特性越好。

5.3.6 胶体安定性

润滑脂在长期储存和使用中，抵抗分油的能力叫作润滑脂的胶体安定性。润滑脂是一种由稠化剂和基础油组成的胶体结构分散体系，其中的基础油在某些情况下会自动从体系中析出。在使用时，润滑脂中微量的分油对润滑有利，但分油量达到润滑脂原含油量的 50% 左右时，则会使润滑脂变稠变硬，胶体结构被破坏，失去润滑作用。胶体安定性主要取决于稠化剂含量、基础油黏度、制备工艺以及稠化剂和各组成之间的配伍性。

1. 评定方法

NB/SH/T 0324—2010《润滑脂分油的测定　锥网法》：用 60 目镍质圆锥网（角度为 60°）盛样品 10 g，在 100 ℃下，试验 30 h，测定润滑脂从圆锥网中分出油的量，结果用质量百分数表示。

GB/T 392—1977（2004）《润滑脂压力分油测定法》评价润滑脂在常温、受压情况下（2 h）分油的百分率，模拟润滑脂在大桶中储存时的析油倾向。

SH/T 0682—1999《润滑脂在贮存期间分油量测定法》评价润滑脂在常温、一定压缩空气压下（1.7 kPa）分油的百分率，模拟润滑脂在 16 kg 桶中储存时的析油倾向。

2. 使用意义

润滑脂的胶体安定性对润滑的储存和润滑脂在高温和受压条件下的使用具有一定的实际意义。胶体安定性好，润滑脂不易分油；反之，则易分油。

5.3.7 极压抗磨性

润滑脂的极压抗磨性是指润滑脂在重负荷和冲击负荷的工况中，抵抗结构被破坏和持续提供润滑保护的性能。为了提高润滑脂的极压抗磨性，我们须加入适当的极压抗磨添加剂才能使润滑脂具备承受较大压力和冲击力的性能。

实验室模拟试验方法中，常用不同的试验机，在不同试验条件下考察润滑脂及添加剂的抗磨性和极压性，最常用的有四球机、梯姆肯、法莱克斯及多种齿轮试验机，各试验机试件及其接触情况、试验条件各不相同，评定指标也不相同。

1. 评定方法

SH/T 0202—1992《润滑脂极压性能测定法（四球机法）》是测定运动部件在点接触条件下润滑脂的极压抗磨性能，适用于测定润滑脂的承载能力和油膜强度。方法规定在极压四球机上测定润滑脂极压性能的方法，除试样温度和加注试样的方法外，其他所有操作、判断和计算均与 GB/T 12583—1998 方法完全相同。由于润滑脂的稠度与其温度有关，所以方法对试样温度作了较严格的规定，即(27 ±8) ℃。润滑脂不能像润滑油那样自由流动，因此将润滑脂加注至油盒的方法不同于润滑油。具体方法是：将温度为(27 ±8) ℃的润滑脂装满油盒，填装时避免带进气泡，然后把3个干净的钢球嵌入油盒中，小心地将固定环压在3个钢球上，拧紧固定螺帽，刮走从固定螺帽压出的多余润滑脂。

SH/T 0203—1992《润滑脂极压性能测定法(梯姆肯试验机法)》是测定运动部件在线接触梯姆肯试验机法条件下润滑脂的极压抗磨性能。试验中的有关定义、设备操作方法及擦伤的判断与GB/T 11144—2007方法相同。其方法概要为试验润滑脂在(24 ±6) ℃条件下以(45 ±9) g/min的速率压到试验环和试验块之间，由主轴系统带动试验环在静止的试验块上转动，主轴转速为(800 ±5) r/min，试验时间为10 min ±15 s，通过观察试验块表面的磨痕，测出不出现擦伤时的最大负荷OK值。

SH/T 0204—1992《润滑脂抗磨性能测定法(四球机法)》适用于测定润滑脂在钢对钢件滑动时的抗磨性能，以钢球的磨痕直径表示润滑脂的抗磨性能。此法加注试样的方法与SH/T 0202—1992方法一致，其他所有操作及注意事项均与SH/T 0189—1992方法完全相同。

SH/T 0427—1992《润滑脂齿轮磨损测定法》适用于测定润滑脂的齿轮磨损值，评价润滑脂的相对润滑性能。此法将涂有润滑脂的已知磨损性能的试验齿轮在规定负荷下进行往复运转，经规定周数后将铜齿轮平均质量损失作为磨失值。

SH/T 0716—2002《润滑脂抗微动磨损性能测定法》是用润滑脂润滑的两个球推力轴承在频率为30.0 Hz，负荷为2450 N，时间为22 h和弧度为21的振动下，以其轴承座圈的质量损失来评价润滑脂对振动轴承抗微动的能力。

SH/T 0721—2002《润滑脂摩擦磨损性能测定法》用于测定在规定时间和负荷条件下润滑脂的磨损性能和摩擦系数，适用于在一定的时间内有极速振动或急起急停的运动。

SH/T 0784—2006《润滑脂极压性能测定法(高频线性振动试验机法)》用于测定在规定温度条件下润滑脂的极压性能，尤其适用于测定在高赫兹点接触状态下，高速振动或停 - 开运动时润滑脂的极压性能。

2. 使用意义

抗磨极压性是润滑脂重要的性能之一，可评估润滑脂受压时的极限工作条件，特别对重负荷条件下使用的润滑脂的极压抗磨性能要求更高。

5.3.8 其他性能

1. 抗水性

润滑脂的抗水性是指润滑脂在使用过程中与水或水蒸气接触时抗水冲洗和抗

乳化的能力。该性能主要取决于润滑脂的稠化剂类型。表5-14所示为各类稠化剂的抗水性能。烃类稠化剂的抗水性最好，既不吸水又不乳化，因此，烃基润滑脂抗水性特别好。皂基润滑脂的抗水性决定于金属皂的水溶性。金属皂的水溶性因皂的阳离子不同的而异：K > Na > Li > Mg > Pb，一般润滑脂的金属皂除钠皂和钙钠皂外，其他皂的抗水性都较好。钠皂既能吸水又能被水溶解，因此用钠皂制成的润滑脂抗水性很差，遇水后，轻则颜色发白，重则乳化变稀，加水后稠度变化很大，继续加水还可使润滑脂从油包水(水/油)型乳化体变为水包油(油/水)型乳化体，甚至变为流体。

表5-14 常见稠化剂的抗水性

稠化剂	抗水性
钙皂	优
复合钙皂	优
无水钙皂	优
钠皂	差
钙-钠皂	差—好
合成钠皂	优
铝皂	良
复合铝皂	良
锂皂	好—良
复合锂皂	良
聚脲	优
复合聚脲	优
钡皂	优
膨润土	良

(1)评定方法

SH/T 0109—2004《润滑脂抗水淋性能测定法》在试验条件下评价润滑脂抵抗从滚珠轴承中被水淋洗出来的能力。

SH/T 0643—1997《润滑脂抗水喷雾性测定法》中，润滑脂抗水喷雾性能是指润滑脂在直接接触水喷雾时，对金属表面的黏附能力。

SH/T 0453—1992《润滑脂抗水和抗水-乙醇(1:1)溶液性能试验法》中，润滑脂抗水和抗水-乙醇(1:1)溶液性能是指润滑脂在水和水-乙醇溶液中抗浸泡溶解的能力。

(2)使用意义

润滑脂的抗水淋性能与实际应用有着密切关系，是正确选择在潮湿环境下机械设备用润滑脂必须注意的问题；可以预测润滑脂在直接接受水喷雾冲击的工作环境下的使用性能。

2. 防腐防锈性

润滑脂在金属表面上能起到防锈、防腐蚀作用，防护效果的好坏与润滑脂的黏附性、保持能力、脂膜厚度、氧化安定性、胶体安定性、抗水性以及润滑脂是否含游离酸/碱、水分等有关，还与润滑脂中加入的防锈剂、防腐剂、金属钝化剂有关。

(1)评定方法

GB/T 5018—2008《润滑脂防腐蚀性试验法》参照 ASTM D1743—2005。将新的清洗净的涂有润滑脂试样的轴承在轻微负载推力下运转(60 ±3) s，使润滑脂如实际使用时分布。轴承在(52 ±1) ℃和 100% 相对湿度的条件下存放(48 ±0.5) h，然后清洗并目测检查轴承外圈滚道的腐蚀痕迹。

SH/T 0700—2000《润滑脂防锈性测定法》等效采用了 ISO 11007—1997。该方法规定了润滑脂在水基试验液存在条件下，模拟轴承在工作情况下的动态防锈性能。在特制的工作台上，按规定的条件，以 8 h 周期将安装了涂覆待测脂样轴承的轴台运行 3 次。结束后检查轴承的外滚道，用刻度盘测量锈蚀度。试验结束后，取下轴台的上半部分，提出轴和轴承，按方法取出轴承和 V 形密封环，旋出轴承的外环，用溶剂漂洗液进行清洗、擦干，并立即检查外环。根据轴承外环滚道有无锈蚀分为 6 个等级(见表 5 -15)。

表 5 -15　润滑脂防锈性分级

锈蚀分级	锈蚀情况
0	无锈蚀
1	肉眼能观察到的直径 1 mm 以下的斑点不超过 3 个
2	小面积锈蚀，锈蚀面占表面积(3680 mm^2)1% 以下
3	锈蚀面占表面积(3680 mm^2)1% ~5%
4	锈蚀面占表面积(3680 mm^2)5% ~10%
5	锈蚀面占表面积(3680 mm^2)10% 以上

GB/T 7326—1987(2004)《润滑脂铜片腐蚀试验法》用于测定润滑脂对铜的腐蚀性，对预测在润滑部件上(如含有铜或铜合金的一些轴承)可能的化学腐蚀有一定的意义。方法是把一块准备好的铜片全部浸入润滑脂试样中，在烘箱或液体浴中加热一定的时间。一般采用的条件是 100 ℃、24 h。在试验结束后，取出铜片，经洗涤后，甲法是将试验铜片与铜片腐蚀标准色板进行比较，确定腐蚀级别；乙法是检查铜片有无绿色或黑色的变化。

SH/T 0331—1992(2004)《润滑脂腐蚀试验法》适用于测定润滑脂对金属的腐蚀性。通过浸入润滑脂的金属片表面与润滑脂在一定温度下，经一定时间作用后发生的颜色变化来确定。同润滑油的腐蚀试验相似。

(2)使用意义

润滑脂的防腐防锈性能可阻止外界的空气、水及其他腐蚀性物质对金属等部件的接触，减缓腐蚀性物质渗透到金属表面。该性能可以保护金属等材料免于锈蚀。

3. 橡胶相容性

在某些设备中，润滑脂可能直接与橡胶等材料接触，如接触过程中引起橡胶材料的变形、溶胀或老化，就会影响设备的正常运行。因此，应对润滑脂与橡胶的相容性进行评定。

(1)评定方法

SH/T 0429—2007《润滑脂和液体润滑剂与橡胶相容性测定法》中，润滑脂和液体润滑剂与合成橡胶相容性是指润滑脂使标准弹性体在与润滑脂接触时保持其体积和硬度不发生变化的能力。将符合试验要求的合成橡胶试片放置于润滑脂中，恒温[100(或150)±2]℃，保持(70±0.5)h；根据试片硬度变化和体积变化百分数评价润滑脂与橡胶的相容性。

SH/T 0691—2000《润滑剂的合成橡胶溶胀性测定法》中，润滑剂的合成橡胶溶胀性是指润滑脂与标准弹性体接触时保持其体积不发生变化的能力。将符合试验要求的合成橡胶试片放置于润滑脂中，恒温(70±1)℃，保持(168±0.5)h后，测量试片的体积变化情况。

(2)使用意义

润滑脂与合成橡胶相容性可以评定润滑脂在含有合成橡胶材料的部件中的使用质量。

5.4 航空装备主要用脂

5.4.1 航空装备用脂简介

航空润滑脂是指飞机上一些不能使用润滑油进行润滑的摩擦部件所使用的润滑脂，以及飞机上作为封存、防锈、密封等用途的润滑脂。航空润滑脂比航空润滑油黏稠，对金属的黏附力也较强，适用于飞机上负荷大且周围不密封，或难以供给润滑油的摩擦部位，主要用来润滑和保护金属。航空润滑脂品种繁多，下面按用途介绍。

5.4.2 航空装备常用润滑脂

1. 航空减磨润滑脂

航空机械润滑脂主要用于减少航空机械的摩擦与磨损，防止零件擦伤，其使用范围如下。

1)用于各型飞机和发动机操作系统的各个关节，收放襟翼、起落架、副翼和炸弹舱门等的摇臂、螺栓、支承机构和其他机械零件，减少摩擦、防止生锈，并避免尘土、杂质进入机械中。

2)用于润滑各型飞机机轮轴承，如飞机机轮轴承使用931高温航空润滑脂来减少摩擦。

3)用于润滑飞机的螺旋桨套筒轴承、直升机桨毂轴套、自动倾斜装置构件与旋翼支承机构，防止机械磨伤、磨损和卡住。

2. 航空防护润滑脂

航空防护润滑脂主要用于保护零件表面，防止腐蚀，其使用范围如下。

1)用于保护各种飞机操作系统的钢索、活塞杆表面、机身结合处、各安装点以及没有保护层的金属表面，防止生锈。

2)用于保护直升机旋翼的连接皮革。

3)用于擦拭军械设备中的机关枪和机关炮，防止生锈。

4)用于封存飞机发动机、各种金属零件和机构，保护金属，避免生锈。

3. 航空仪表润滑脂

航空机件、仪表润滑脂主要用于减少机件与仪表的摩擦与磨损，保证部件长期稳定工作，其使用范围如下。

1)用于润滑各型飞机安装的特设机件与仪表。例如，发电机、起动机、起动箱、起动油泵和电动机构以及转弯仪、地平仪、自动驾驶仪、转速表等。

2)用于润滑无线电和雷达设备。例如，无线电台、信标机与各型雷达。

3)用于润滑机关枪、机关炮、照相机、照相枪以及航空军械器材。

各机件、仪表的用油部位是轴承、轴、蜗轮、蜗杆、齿轮、摩擦面等处。

4. 航空密封润滑脂

航空密封润滑脂主要用于密封燃料系统、液压系统等的各种导管螺纹接头和其他连接部位，其使用范围如下。

1)耐油密封润滑脂用于密封各型飞机燃料系统、滑油系统和液压系统的连接部位，防止漏油。

2)耐醇、耐水密封润滑脂用于密封飞机空气系统、防冰系统等连接部位，以保持密闭性。

常用的航空密封润滑脂如下。

①7903 号耐油密封润滑脂。7903 号耐油密封润滑脂由膨润土稠化酯类油并加入抗氧、抗腐等添加剂制成，具有良好的抗氧、耐压、耐油、耐高温、耐水、耐溶剂性能和良好的润滑性、密封性，工作温度范围 -10 ~ +150 ℃，属第一类油料。适用于密封和润滑与汽油、煤油、润滑油、水、乙醇和石油液化气等介质接触部位。可替代 2 号多效密封润滑脂(SY 1512—1965)、5 号耐汽油密封润滑脂(Q/CY 0067 -88ZA10 -5)，以及进口 Aeroshell Aviation Grease S. 7108(SAE - AMS - G -6032A)和 Kluber NOSOL UTA 润滑脂等。

②7804 号抗化学介质润滑脂。7804 号抗化学介质润滑脂由氟塑料粉调配聚全氟异丙醚制成，具有优良的化学稳定性和润滑性，工作温度 -30 ~ +260 ℃，属第一类油料。适用于特种武器装备轴承、齿轮及管路等与高活性、高氧化性化学介质接触部件的润滑和密封。主要用于飞机 EPU 应急动力系统与肼燃料接触部位的密封。

③7805 号抗化学密封脂。7805 号抗化学密封脂由聚全氟异丙醚油及氟塑料粉调配而成，为白色均匀油膏，具有优良的化学稳定性和润滑性，工作温度 -40 ~ +260 ℃，属第一类油料。适用于各型飞机氧气系统阀门和面罩等部件的密封与润滑。主要用于苏 -27、苏 -30、歼 -11 等飞机氧气系统阀门和面罩的密封。

④润滑密封硅脂Ⅰ型。润滑密封硅脂Ⅰ型(7502 号硅脂)是由白炭黑稠化硅油，并加入多种添加剂等制成的白色半透明、光滑均匀油膏，具有良好的高低温性能、润滑性和密封性，蒸气压很低，工作温度 -54 ~ +205 ℃，属第一类油料。主要用于橡胶与金属间，与化学品接触的玻璃、陶瓷或金属阀门旋器、接头等低速滑动部位，真空度达 1.33×10^{-4} Pa 的真空系统的润滑与密封。其可替代 MS -4 防腐绝缘脂(SAE AS8660—1999)、7501 号高真空硅脂(Q/SH 037.027—1997)和信越 SH -11 等。

5.5 润滑脂的选用

5.5.1 润滑脂的选择

1. 考虑使用目的

选择润滑脂时，首先应明确使用润滑脂的目的。按润滑脂所起的主要作用，润滑脂大致可分为减摩、防护、密封 3 大类。可根据需要涂润滑脂的部位、润滑脂所起的作用以哪一个为主，来选用符合要求的润滑脂。

减摩用润滑脂主要应考虑耐高低温的范围、耐转速的界限、负荷的大小等。

防护润滑脂应重点考虑接触的金属种类，接触的介质是水汽还是化学气体。在润滑脂的性能方面，应着重考虑对金属的防护性的指标，如抗氧化性、抗水性等。

密封润滑脂则首先应考虑接触的密封件材料，是橡胶、塑料还是金属。尤其是以橡胶和塑料为密封元件时，一定要搞清楚橡胶的牌号，根据润滑脂同橡胶的相容性来选择适宜的润滑脂。其次应考虑接触的介质，如水、醇类、油，是静密封还是动密封。若是静密封，则应选择黏稠一些的密封润滑脂；若是动密封，应选择基础油黏度不太大的润滑脂；介质是水或醇类，则应选用大黏度石蜡基酰胺脂、脲基润滑脂；若介质是油类，则应选用耐油密封脂。

2. *考虑工作温度*

润滑部位的工作温度是选择润滑脂的重要依据。使用润滑脂的典型部件是滚动轴承，就轴承温度和润滑脂的寿命的关系来看，轴承温度每上升 10 ~ 15 ℃，润滑脂的寿命约降低 1/2。

对于在室内使用的机器轴承，如机床、间断起动的电机、手动工具、仪表和精密机械等一般工作温度范围为 10 ~ 50 ℃。对于运输机械、建筑机械、农业机械等室外工作的机械轴承，一般工作温度随大气温度变化而变化。增大负荷、加快速度、环境温度升高、润滑脂装得太满以及长期连续工作等都会使滚动轴承温度升高。例如，沿着大道行驶的载重汽车的轮毂轴承，温度可达 40 ~ 80 ℃；大型发电机轴承，温度可达 80 ~ 90 ℃；飞机起落架、高温电机等的滚动轴承，温度可达 150 ~ 200 ℃或更高。

考虑润滑脂的耐温性能，不仅要看润滑脂的滴点高低，而且应考虑其基础油的类型、抗氧化性能、蒸发性能等。表 5 – 16 所示为按最高使用温度选择润滑脂的大致类型。

表 5 – 16　按最高使用温度选择润滑脂的大致类型

最高使用温度/℃	稠化剂类型	基础油类型
40 ~ 50	钙皂、锂皂	矿物油
100 ~ 120	锂皂、复合皂	矿物油
150	复合锂皂、复合铝皂、复合钡皂	矿物油、聚 α – 烯烃
180 ~ 200	复合锂皂、聚脲、膨润土、酰胺盐	酯类油、聚 α – 烯烃、烷基硅油
250	脲类有机物、含氟化合物	苯基硅油、全氟聚醚
300	氮化硼、硅胶等	高苯基硅油

以上说的是高温情况，润滑部位的工作温度有时较低。一般来说，温度处于 –30 ℃以下，必须使用合成油润滑脂，特别是一些仪表微型轴承，起动力矩小，

选用润滑脂时要特别注意。合成油润滑脂的最低极限温度是 -80 ℃。

3. 考虑设备转速

速度对润滑脂的轴承寿命影响很大。因此在选用润滑脂时，一定要考虑润滑部位的速度。采用 *DN* 值来表征速度因素。

对于滚动的圆柱滚子轴承，一般来说，内径在 50 mm 以下的，当 *DN* 值 <300000时采用润滑脂；*DN* 值 >300000 时，采用润滑油。内径在 50 mm 以上的，当 *DN* 值 $<300000/(d/50)^{1/2}$时，采用润滑脂；当 *DN* 值 $>300000/(d/50)^{1/2}$ 时，采用润滑油。对于圆锥和滚子轴承，一般来说，内径在 50 mm 以上的，当 *DN* 值 $<150000/(d/50)^{1/2}$ 时，采用润滑脂；当 $DN>150000/(d/50)^{1/2}$ 时，采用润滑油。根据 *DN* 值等选择润滑脂见表 5 - 17。

表 5 - 17　根据 *DN* 值等选择润滑脂

运转温度/℃	*DN* 值	环境状况	选用润滑脂稠度	
			手涂、脂杯、脂枪	集中润滑
-10 ~ 40	<8000	干燥空气	1 号、2 号	0 号、1 号
		水分或湿度	1 号、2 号	0 号、1 号
	>8000	干燥空气	2 号	0 号、1 号、2 号
		水分或湿度	2 号	0 号、1 号、2 号
40 ~ 80	<8000	干燥空气	2 号、3 号	0 号、1 号、2 号
		水分或湿度	2 号、3 号	0 号、1 号、2 号
	>8000	干燥空气	2 号、3 号	1 号、2 号
		水分或湿度	2 号、3 号	1 号、2 号
大于 80	—	—	2 号、3 号	1 号、2 号

4. 考虑承载负荷

矿石粉碎机、球磨机等机械的轴承受到较大的冲击负荷；大型电机的定子重量在成吨以上，所以轴承负荷比较大；齿轮的润滑条件相当苛刻，存在滚动摩擦和滑动摩擦，一般齿轮所传递的力都比较大；还有蜗轮蜗杆都需承受较大的负荷。在这些部位选用润滑脂必须考虑抗磨性和极压性。现在许多设备管理人员认为，只要是负荷大的部位就用二硫化钼润滑脂或石墨润滑脂，实际上可考虑在润滑脂中加抗磨极压添加剂(表 5 - 18)。

表 5 - 18　润滑脂稠度与使用的关系

NLGI 稠度等级号	适用场合
000、00	开式齿轮、齿轮箱和减速箱的润滑
0	开式齿轮、齿轮箱或集中滑油系统

续表

NLGI 稠度等级号	适用场合
1	转速较高的针式轴承、滚子轴承及集中滑油系统
2	中负荷、中等转速的抗磨轴承，汽车轮轴承
3	中负荷、中等转速的抗磨轴承，汽车轮轴承
4	水泵和其他低转速、高负荷的轴承和轴颈轴承
5、6	特殊条件下的润滑，如球磨机轴颈轴承

5. *考虑接触介质*

润滑部位所处的环境和所接触的介质对润滑脂的性能有极大影响，因此在选择润滑脂时，应慎重考虑。

潮湿或易与水接触的部位，不宜选择钠基润滑脂，甚至不可以选用锂基润滑脂。因为钠基润滑脂抗水性较差，遇水容易变稀流失和乳化。有些部位使用锂基润滑脂无法满足要求，如立式水泵的轴承经常浸泡在水中，用锂基润滑脂会发生乳化，很容易损坏。在这些部位应当选用抗水性良好的复合铝基润滑脂或脲基润滑脂。汽车、拖拉机和坦克底盘，常在潮湿和易与水接触的环境下工作，我国目前多用钙基润滑脂或锂基润滑脂，国外多选用抗水性能更好的锂－钙基润滑脂或脲基润滑脂。

与酸或酸性气体接触的部位，不宜选用锂基润滑脂或复合钙基润滑脂、复合铝基润滑脂、膨润土润滑脂。这些润滑脂遇酸(弱酸)或酸性气体，如空气中含微量 HCl，会变稀流失，造成轴承防护性不良，容易被腐蚀，润滑不良。这些部位应选抗酸性能好的复合钡基润滑脂或脲基润滑脂，若是接触强酸或强氧化介质，则应使用全氟润滑脂。

同海水或食盐水接触的部位，应当选用复合铝基润滑脂；同天然橡胶或油漆接触的部位，应避免选用酯类油尤其是双酯类油为基础油的润滑脂；接触燃料油类或石油质润滑油类介质的部位应选用如 7903 号耐油密封润滑脂等特种润滑脂；同甲醇接触的部位，应选用专用的耐甲醇润滑脂等。

6. *考虑加注方式*

润滑脂的加注方式分为人工加注和泵集中加注 2 种。涂抹或填充、脂枪加注、脂杯加注等都为人工加注。汽车上使用润滑脂时，都采用人工加注，如轮毂轴承采用人工填充法，钢板弹簧用人工涂抹法，钢板弹簧销等(设有注油嘴)采用脂枪加注法，分电器传动轴采用脂杯加注法。采用人工加注的部位，在选择润滑脂时主要考虑它的稠度，一般选用 1～3 号稠度的润滑脂，其中，2 号稠度的润滑脂加注比较容易，寿命也较长。

有些润滑设备采用集中加注法。潜艇的首尾升降舵活动关节均在仓外，当潜艇在水下工作时，无法向这些部位加注润滑脂，因此从仓内通过管道向这些部位定时定量压送润滑脂进行润滑。工业上，集中加注润滑脂更为广泛，如钢厂的输送辊轴承，因辊子排列距离很长，数量多，采用集中加注润滑脂比较方便。集中加注润滑脂要通过很长的管道，为了方便加注，不致使泵压过大，采用润滑脂的稠度一般为 0 ~ 1 号，最好选用 0 号稠度的脂。

从润滑脂稠度来考虑，一般密封脂，如阀门的阀杆密封脂，采用 4 ~ 5 号稠度；高转速或超高转速的部位，应采用 2 ~ 3 号稠度；一般多采用 1 ~ 2 号稠度；集中加注润滑脂采用 0 ~ 1 号稠度；减速箱齿轮用脂采用 00 ~ 000 号稠度。

5.5.2 润滑脂使用方法

1. 填充量

润滑脂的填充量要适当，一般填充量以占安装状态下轴承腔空间的 1/3 ~ 1/2 为宜。轴承润滑脂填充量的估算：

1) 滑动轴承润滑脂填充量 $Q = 4d$ cm^3/h（式中，d 为轴承直径，cm）；

2) 滚动轴承润滑脂填充量 $Q = \frac{D \times B}{200}$（式中，$D$ 为轴承外径，mm；B 为轴承宽度，mm）。

润滑脂填充量过多的危害：容易发生润滑脂泄漏、温度升高，可能使润滑脂稠度下降较多，加速润滑脂老化，摩擦力矩增大，润滑性能有可能下降。

滚珠和滚子轴承润滑脂的填充方法：

1) 轴承里要填满，但不应填满外盖以内空间的 1/2 ~ 3/4；

2) 装在水平轴上的一个或多个轴承要填满轴承里面和轴承的空隙，但外盖里的空隙只填 1/3 ~ 3/4；

3) 装在垂直轴上的轴承要填满轴承里面，但上盖只填空隙的一半，下盖只填空隙的 1/3 ~ 3/4；

4) 在高转速下使用或想抑制温度上升时，润滑脂填充量为轴承空间容积的 1/6 ~ 1/4 即可。

5) 在易污染的环境中，对低速和中速轴承要把轴承盖空隙全部填满润滑脂。

2. 合理更换

润滑脂发生变质后，会对润滑脂的使用性能产生很大的影响，应适时更换润滑脂。润滑脂使用寿命因润滑脂本身的组成性质，使用润滑脂的摩擦部位的种类和性质以及运转条件和周围环境及所含水分、杂质等情况的不同而异，无法作统一的规定。

影响润滑脂寿命的因素很多，除了其本身的质量外，从使用条件来说，主要是运转温度、转速和负荷，以及使用环境。最主要的是温度，通常，温度比规定最高使用温度上升 10～20 ℃，润滑脂的寿命会下降1/2。

滑动轴承大多采用油润滑，有一部分滑动轴承用脂润滑，当运转速度小于 2 m/s、在间隙运动及要对污物和水分进行密封时，采用润滑脂。滑动轴承的接触面为滑动摩擦，摩擦系数较大，转速低且负荷高，要求润滑脂有足够的油膜强度和良好的润滑性。在潮湿环境或水淋条件下工作时，润滑脂要有良好的抗水性。滑动轴承润滑脂的选用主要考虑速度、负荷、温度等。用脂润滑的滑动轴承的润滑周期如表 5－19 所示。

表 5－19　用脂润滑的滑动轴承的润滑周期

工作条件	转速/(r/min)	润滑周期
偶然工作，不重要的部件	<200 >200	5 天 1 次 3 天 1 次
间断工作	<200 >200	2 天 1 次 1 天 1 次
连续工作，工作温度<40 ℃	<200 >200	1 天 1 次 每班 1 次
连续工作，工作温度>40 ℃	<200 >200	每班 1 次 每班 2 次

5.5.3　润滑脂使用注意事项

1. 不能混用润滑脂

不同的润滑脂混合，特别是稠化剂种类不同的润滑脂混合，性能有可能发生显著变化。即使稠化剂相同，由于添加剂的相容性，也有性能变化的危险。因此，在润滑脂的使用中，不同种类、不同牌号、不同生产厂家的润滑脂不能混用，避免混用时相互干扰，降低润滑脂的使用性能和寿命。

新旧润滑脂也不能混合使用，即使是同一类型的润滑脂也不能混合使用。因为旧润滑脂内含有大量的有机酸和杂质，若与新润滑脂混合，将加速后者氧化变质。所以在换润滑脂时，应尽最大可能把废润滑脂除去。若条件允许，最好用洗油将加脂部位清洗干净，待干燥后才可加入新的润滑脂。在某些轴承上补加润滑脂时，应将废润滑脂挤出，直到在排脂口见到新润滑脂为止。

2. 不能用加入润滑油的方法使润滑脂变稀

有些人冬季使用润滑脂时，喜欢在润滑脂中加入润滑油调稀，这种做法是错误的。因为润滑脂是由稠化剂和基础油组成的胶体结构体系，稠化剂形成结构网络，将基础油吸附在网络中形成稳定的结构体系，所以稠化剂和基础油不会分离。若成脂以后再加入润滑油，即使经过搅拌，也不能均匀地分散包含在网络中，使用时很容易分离出来而流失，不利于润滑。

大多数润滑脂在储存一段时间后，稠度变大(锥入度测定值变小)，即有润滑脂变硬的现象。若不超过1个稠度号，可直接使用，一般不影响润滑。若稠度变化大，说明基础油分油过多，会增大机械部件润滑时的摩擦阻力，增加机械动力的消耗，不宜直接使用。对于稠度变大的润滑脂，同样不能用加入润滑油的方法使润滑脂变稀。

3. 避免混入杂质

杂质一旦混入润滑脂便很难被除去，会成为润滑部位磨损、烧结的原因。因此，切勿混入杂质。不使用润滑脂时，将容器的盖子盖严；使用润滑脂时，避免使用脏手、脏的刮铲，要用专用的润滑脂枪、干净的手、刮铲涂敷。

4. 不加热

润滑脂一加热就会发生氧化老化，润滑脂的性能也会下降。因此，润滑脂应该避免不必要的加热。锂基润滑脂一加热到120 ℃以上就会发生相变化，加热到180 ℃以上会溶解。这时即使再冷却到室温，润滑脂也不能复原到初期状态，不能发挥原本的性能。

5.5.4　润滑油脂的代用原则

1. 基本原则

1)尽量用同一类油品或用性能相近的油品代用。

2)黏度要相当，代用油品的黏度不能超过原油品的±15%，应优先选用黏度稍大的油品。

3)采用高档油品代替低档油品(替换代用)，也可采用低档油品代替中、高档油品(应急代用)。

4)选用代用油品时还应注意考虑设备的环境与工作温度。

2. 替换代用油品

替换代用油品必须满足以下要求之一：

1)与基本油品属同类油品，质量等级优于或相当于基本油品；

2)有关手册、文章、文件、规定指明可以替换代用的油品；

3)有长期的试验证明或者研究成果表明可以作为替换代用的油品，经论证确认适合使用的。

3. 应急代用油品

应急代用油品必须满足以下要求之一：

1）已确认为替换代用的油品；

2）与基本油品属同类或性能相近的油品，质量等级虽比基本油品低，但有关资料证明，能确保车辆行驶500 km以上而不损坏装备。

3）根据文献资料和油品主要性能，经研究论证证明确实可作为应急代用油品。

附录1 直升机用油产品规范

GB 439—1990 航空喷气机润滑油

GB 6537—2018 3号喷气燃料

GJB 135A—1998 合成航空润滑油规范

GJB 560A—1997 高闪点喷气燃料规范

GJB 561—1988 4450号航空齿轮油

GJB 940—1990 高低温二硫化钼润滑脂

GJB 942—1990 飞机、仪表、齿轮和传动螺杆润滑脂

GJB 1177A—2013 15号航空液压油规范

GJB 1219A—2009 航空活塞式发动机润滑油

GJB 1239A—2021 航空机轮润滑脂规范

GJB 1263—1991 航空涡轮发动机用合成润滑油

GJB 1602—1993 直升机摆动轴承润滑脂规范

GJB 1603—1993 大比重喷气燃料规范

GJB 1619A—2022 低温航空润滑脂规范

GJB 2376—1995 宽馏分喷气燃料规范

GJB 2661A—2008 飞机宽温度通用润滑脂规范

GJB 3459A—2021 军用溶剂稀释型防护渗透油规范

GJB 3460—1998(XG1 - 2015) 直升机用高极压润滑油规范 修改单1 - 2015

GJB 5311A—2015 合成烃耐燃航空液压油规范

GJB 8447—2015 直升机传动系统合成润滑油规范

GJB 8448—2015 直升机传动齿轮油规范

YLB 02—1999 20号航空封存防锈油规范

YLB 19—2005 931高温航空润滑脂

YLB 20—2005 132 - 25精密仪表油

YLB 38—2011 937航空润滑脂

YLB 1002A—2006 32号精密仪表油

YLB 1007—1995　18 号精密仪表油规范

YLB 1008—1995　烃基导电脂

YLB 1009—1995　933 号航空仪表润滑脂

SH/T 0011—1990　7903 号耐油密封润滑脂

SH/T 0039—1990　工业凡士林

SH/T 037. 051—1988　1 号不流散仪表油

SH 0358—1992　10 号航空液压油

SH/T 0376—1992　4 号高温润滑脂(50 号高温润滑脂)

SH/T 0431—1992　7017 - 1 号高低温润滑脂

SH/T 0432—1992　7502、7503 号硅脂

SH 0437—1992　7007、7008 号通用航空润滑脂

SH/T 0438—1992　7011 号低温极压润滑脂

SH/T 0454—1992　特 3、4、5、14、16 号精密仪表油

SH 0456—1992　特 7 号精密仪表脂

SH 0459—1992　特 221 号润滑脂

SH/T 0692—2000　防锈油

Q/SH 006. 1. 10—1989　18 号双曲线齿轮油

Q/SH 006. 1. 20　5 号防锈油

Q/SH 037. 034—1988　7008 - 1 号通用航空润滑脂

Q/SYK 2. 13—2012　2 号防护渗透油

Q/SY KL0022—2001　1 号罗盘油

Q/SK KL0010—2001　12 号航空液压油

Q/20191915 - 2. 105—2003　16 号软膜防锈油

AIR 1501　1501 保护剂

AIR 1502　1502 冷涂溶剂稀释硬膜防腐剂

AIR 1503/B　航空发动机活塞防腐油

AIR 1504/B　航空涡轮发动机封存油

AIR 3405　航空涡轮燃料

AIR 3407　宽馏分涡轮燃料

AIR 3520　飞机、导弹和武器用石油基液压油

AIR 3525/B　石油基齿轮油

AIR 3565/A　石油基润滑脂

AIR 3634　水置换防护剂

AIR 4205/B 飞机高温润滑脂
AIR 4206/B 飞机石墨润滑脂
AIR 4207/B 飞机宽温度范围滚珠和滚柱轴承润滑脂
AIR 4210/B 飞机仪表、齿轮和传动螺杆润滑脂
AIR 4214/B 耐汽油和滑油的阀塞润滑脂
AIR 4215/B 飞机通用润滑脂
AIR 4217/A 高低温二硫化钼润滑脂
AIR 4222 飞机宽温度范围通用润滑脂
AIR 4225/B 通用合成航空润滑脂
AIR 4247/A 螺纹用石墨－地蜡防咬复合物
AIR 8132 冷涂溶剂稀释软膜防腐剂
AIR 8136 热涂软膜防腐剂
MIL－L－3150B 中黏度通用防护油
MIL－G－3545C 飞机高温润滑脂
MIL－T－5544 螺纹用石墨－地蜡防咬复合物
MIL－H－5606G 飞机、导弹和武器用石油基液压油
MIL－T－5624 涡轮燃料军用规格
MIL－G－6032 耐汽油和滑油的阀塞润滑脂
MIL－L－6081 喷气发动机润滑油
MIL－H－6083E 石油基防腐与操作液压油
MIL－PRF－6086C 石油基齿轮油
MIL－C－6529C 航空涡轮发动机封存油
MIL－G－7187 飞机石墨润滑脂
MIL－G－7711A 飞机通用润滑脂
MIL－L－7808 飞机涡轮发动机合成润滑油
MIL－C－8188D 飞机涡轮发动机合成防腐油
MIL－S－8660B 硅酮化合物
MIL－C－16173D 冷涂溶剂稀释软膜防腐剂(Ⅱ)
MIL－G－21164D 高低温二硫化钼润滑脂
MIL－L－21260 30 内燃机封存磨合油
MIL－L－22851 航空活塞式发动机润滑油
MIL－C－23411 AWD 40 防腐渗透油
MIL－L－23699D 飞机涡轮发动机合成润滑油

MIL－G－23827　飞机仪表、齿轮和传动螺杆润滑脂

MIL－G－25537　飞机、直升机摆动轴承润滑脂

MIL－G－25760　飞机宽温度范围滚珠和滚柱轴承润滑脂

MIL－G－38220　飞机高速滚珠轴承润滑脂

MIL－G－81322D　飞机宽温度范围通用润滑脂

MIL－G－81827　飞机高负荷宽温度范围通用润滑脂

MIL－T－83133　涡轮燃料军用规格

MIL－H－83282D　合成烃抗燃液压油

附录2　直升机用油分析测试标准

GB/T 259—1988　石油产品水溶性酸及碱测定法

GB/T 260—2016　石油产品水含量的测定　蒸馏法

GB/T 261—2021　闪点的测定　宾斯基－马丁闭口杯法

GB/T 265—1988　石油产品运动粘度测定法和动力粘度计算法

GB/T 267—1988　石油产品闪点和燃点测定法(开口杯法)

GB/T 269—2023　润滑脂和石油脂锥入度测定法

GB/T 392—1977(1990)　润滑脂压力分油测定法

GB/T 508—1985　石油产品灰分测定法

GB/T 510—2010　石油产品凝点测定法

GB/T 511—2010　石油和石油产品及添加剂机械杂质测定法

GB/T 512—1965　润滑脂水分测定法

GB/T 513—1977　润滑脂机械杂质测定法(酸分解法)

GB/T 601—2016　化学试剂 标准滴定溶液的制备

GB/T 1720—2020　漆膜划圈试验

GB/T 1723—1993　涂料粘度测定法

GB/T 1725—2007　色漆、清漆和塑料 不挥发物含量的测定

GB/T 1727—2021　漆膜一般制备法

GB/T 1731—2020　漆膜、腻子膜柔韧性测定法

GB/T 1732—1993　漆膜耐冲击性测定法

GB/T 1733—1993　漆膜耐水性测定法

GB/T 1735—1979　漆膜耐热性测定法

GB/T 1768—1979　漆膜耐磨性测定法

GB/T 1884—2000　原油和液体石油产品密度实验室测定法(密度计法)

GB/T 1885—1998　石油计量表

GB/T 2013—2010　液体石油化工产品密度测定法

GB/T 2361—1992　防锈油脂湿热试验法

GB/T 2540—1981 石油产品密度测定法(比重瓶法)

GB 3142—1982 润滑剂承载能力测定法(四球法)

GB/T 3186—2006 色漆、清漆和色漆与清漆用原材料 取样

GB/T 3498—2008 润滑脂宽温度范围滴点测定法

GB/T 3535—2006 石油产品倾点测定法

GB/T 3536—1983 石油产品闪点和燃点测定法(克利夫兰开口杯法)

GB/T 4472—2011 化工产品密度、相对密度的测定

GB/T 4756—2015 石油液体手工取样法

GB/T 4929—1985 润滑脂滴点测定法

GB/T 4945—2002 石油产品和润滑剂酸值和碱值测定法(颜色指示剂法)

GB/T 5018—2008 润滑脂防腐蚀性试验法

GB/T 5096—2017 石油产品铜片腐蚀试验法

GB/T 6536—2010 石油产品常压蒸馏特性测定法

GB/T 6540—1986 石油产品颜色测定法

GB/T 6682—2008 分析实验室用水规格和试验方法

GB/T 6739—2022 色漆和清漆 铅笔法测定漆膜硬度

GB/T 1724—2019 色漆、清漆和印刷油墨 研磨细度的测定

GB/T 7304—2014 石油产品酸值的测定 电位滴定法

GB/T 7305—2003 石油和合成液水分离性测定法

GB/T 7325—1987 润滑脂和润滑油蒸发损失测定法

GB/T 7326—1987 润滑脂铜片腐蚀试验法

GB/T 9269—2009 涂料黏度的测定 斯托默黏度计法

GB/T 9273—1988 漆膜无印痕试验

GB/T 9750—1988 涂料产品包装标志

GB/T 9754—2007 色漆和清漆 不含金属颜料的色漆漆膜的20°、60°和85°镜面光泽的测定

GB/T 10125—2021 人造气氛腐蚀试验 盐雾试验

GB/T 11133—2015 石油产品、润滑油和添加剂中水含量的测定 卡尔费休库仑滴定法

GB/T 12579—2002 润滑油泡沫特性测定法

GB/T 12583—1998 润滑剂极压性能测定法(四球法)

GB/T 13377—2010 原油和液体或固体石油产品 密度或相对密度的测定 毛细管塞比重瓶和带刻度双毛细管比重瓶法

GB/T 13491—1992　涂料产品包装通则
SH/T 0024—1990(2000)　润滑油沉淀值测定法
SH/T 0025—1999　防锈油盐水浸渍试验法
SH/T 0036—1990　防锈油水置换性试验法
SH/T 0048—1991　润滑脂相似粘度测定法
SH/T 0063—1991　防锈油干燥性试验法
SH/T 0069—1991　发动机防冻剂、防锈剂和冷却液 pH 值测定法
SH/T 0080—1991　防锈油脂腐蚀性试验法
SH/T 0081—1991　防锈油脂盐雾试验法
SH/T 0090—1991　发动机冷却液冰点测定法
SH/T 0105—1992　溶剂稀释型防锈油油膜厚度测定法
SH/T 0109—2004　润滑脂抗水淋性能测定法
SH/T 0115—1992　润滑脂和固体烃滴点测定法
SH/T 0122—1992　润滑脂滚筒安定性测定法
NB/SH/T 0164—2019　石油及相关产品包装、储存及交货验收规则
SH/T 0187—1992　润滑油极压性能测定法(法来克斯法)
NB/SH/T 0189—2017　润滑油抗磨损性能的测定 四球法
SH/T 0195—1992　润滑油腐蚀试验法
SH/T 0196—1992　润滑油抗氧化安定性测定法
SH/T 0202—1992　润滑脂极压性能测定法(四球机法)
SH/T 0204—1992　润滑脂抗磨性能测定法(四球机法)
SH/T 0208—1992　航空液压油氧化安定性及腐蚀测定法
SH/T 0211—1998　防锈油脂低温附着性试验法
SH/T 0214—1998　防锈油脂分离安定性试验法
SH/T 0216—1999　防锈油喷雾性试验法
SH/T 0218—1993　防锈油脂试验用试片制备法
SH/T 0225—1992　添加剂和含添加剂润滑油中钡含量测定法
SH/T 0226—1992　添加剂和含添加剂润滑油中锌含量测定法
SH/T 0229—1992(2004)　固体和半固体石油产品取样法
SH/T 0259—1992　润滑油热氧化安定性测定法
SH/T 0311—1992　置换型防锈油人汗置换性能试验方法
SH/T 0321—1992　润滑脂漏斗分油测定法
SH/T 0323—1992　润滑脂强度极限测定法

NB/SH/T 0324—2010　润滑脂分油的测定　锥网法

SH/T 0325—1992　润滑脂氧化安定性测定法

SH/T 0326—1992　汽车轮轴承润滑脂漏失量测定法

SH/T 0327—1992　润滑脂灰分测定法

SH/T 0328—1992　润滑脂腐蚀试验法(常温法)

SH/T 0329—1992(2004)　润滑脂游离碱和游离有机酸测定法

SH/T 0331—1992(2004)　润滑脂腐蚀试验法

SH/T 0333—1992　润滑脂防护性能测定法

SH/T 0335—1992　润滑脂化学安定性测定法

SH/T 0336—1994(2004)　润滑脂杂质含量测定法(显微镜法)

SH/T 0337—1992　润滑脂蒸发度测定法

SH/T 0338—1992(2004)　滚珠轴承润滑脂低温转矩测定法

SH/T 0429—2007　润滑脂和液体润滑剂与橡胶相容性测定法

NB/SH/T 0430—2019　制动液平衡回流沸点测定法

NB/SH/T 0436—2021　航空用合成润滑油与橡胶相容性测定法

NB/SH/T 0450—2019　合成油氧化腐蚀测定法

SH/T 0451—1992　液体润滑剂贮存安定性试验法

SH/T 0452—1992(2004)　润滑脂贮存安定性实验法

SH/T 0471—1992　航空涡轮润滑油在低温下静置后的运动黏度和黏度变化测定法

NB/SH/T 0505—2017　含聚合物油剪切安定性的测定法　超声波剪切法

SH/T 0533—1993(2004)　防锈油脂防锈试验试片锈蚀评定方法

SH/T 0604—2000　原油和石油产品密度测定法(U 形振动管法)

HG/T 2458—1993　涂料产品检验、运输和贮存通则

JB/T 4323.2—2019　水基金属清洗剂　试验方法

ASTM D3336—2020　滚珠轴承润滑脂高温寿命标准试验方法

参考文献

[1]倪先平．直升机手册[M]．北京：航空工业出版社，2003.

[2]路录祥．直升机结构与设计[M]．北京：航空工业出版社，2009.

[3]张弓，何歆，冯建文，等．涡轴16发动机结构审定[M]．北京：航空工业出版社，2021.

[4]管文．直升机减速器微量润滑研究[M]．北京：科学出版社，2015.

[5]汪燮卿．中国炼油技术[M]．北京：中国石化出版社，2021.

[6]中国石油化工股份有限公司科技开发部．石油和石油产品试验方法行业标准汇编[M]．北京：中国标准出版社，2020.

[7]中国石油化工股份有限公司科技开发部．石油化工产品及试验方法国家标准汇编[M]．北京：中国标准出版社，2020.

[8]苏鹏，张永虎．油品应用及管理[M]．4版．北京：中国石化出版社，2021.

[9]许世海，熊云，刘晓．液体燃料的性质及应用[M]．北京：中国石化出版社，2010.

[10]陈国需，方建华，王泽爱．润滑油性质及应用[M]．北京：中国石化出版社，2016.

[11]何燕，向硕．润滑脂性质及应用[M]．北京：中国石化出版社，2024.

[12]赵阔，谭胜，黄红军．防锈油脂与气相缓蚀技术[M]．北京：冶金工业出版社，2017.

[13]王宝仁，孙乃有．石油产品分析[M]．北京：化学工业出版社，2022.

[14]刘翔．航空油品质量计量管理[M]．北京：中国石化出版社，2021.